中国室内环境与健康研究进展报告

2013 - 2014

RESEARCH ADVANCE REPORT OF
INDOOR ENVIRONMENT AND HEALTH IN CHINA

中国环境科学学会室内环境与健康分会　组织编写

邓启红　主编

钱　华　赵卓慧　莫金汉　副主编

中国建筑工业出版社

图书在版编目（CIP）数据

中国室内环境与健康研究进展报告 2013-2014/中国环境科学学会室内环境与健康分会组织编写，邓启红主编．—北京：中国建筑工业出版社，2014.1

ISBN 978-7-112-16298-7

Ⅰ.①中… Ⅱ.①中… ②邓… Ⅲ.①室内环境-关系-健康-研究报告-中国 Ⅳ.①X503.1

中国版本图书馆 CIP 数据核字（2014）第 004262 号

责任编辑：齐庆梅
责任设计：董建平
责任校对：姜小莲　关　健

中国室内环境与健康研究进展报告
2013－2014
RESEARCH ADVANCE REPORT OF
INDOOR ENVIRONMENT AND HEALTH IN CHINA
中国环境科学学会室内环境与健康分会　组织编写
邓启红　主编
钱　华　赵卓慧　莫金汉　副主编
*
中国建筑工业出版社出版、发行（北京西郊百万庄）
各地新华书店、建筑书店经销
北京红光制版公司制版
北京建筑工业印刷厂印刷
*
开本：787×1092 毫米　1/16　印张：16　字数：278 千字
2014 年 4 月第一版　　2014 年 4 月第一次印刷
定价：**68.00** 元
ISBN 978-7-112-16298-7
（25040）

顾问委员会

（按拼音排序）

编 写 委 员 会

作者介绍与编写分工

1 绪论

张寅平（博士、教授）清华大学（zhangyp@tsinghua. edu. cn）

莫金汉（博士、讲师）清华大学（mojinhan@gmail. com）

2 室内环境与儿童健康：哮喘及过敏性疾病

李百战（博士、教授）重庆大学（baizhanli@cqu. edu. cn）

黄　晨（博士、教授）上海理工大学（hcyhyywj@163. com）

喻　伟（博士、讲师）重庆大学（Yuweixscq@126.　com）

赵卓慧（博士、副教授）复旦大学（zhzhao@fudan. edu. cn）

钱　华（博士、副教授）东南大学（keenwa@gmail. com）

邓启红（博士、教授）中南大学（qhdeng@csu. edu. cn）

张寅平（博士、教授）清华大学（zhangyp@tsinghua. edu. cn）

3 室内 $PM_{2.5}$污染

王清勤（博士、教授）中国建筑科学研究院（13911055448@qq. com）

赵　力（博士、高工）中国建筑科学研究院（zhaolicabr@163. com）

陈　超（博士、教授）北京工业大学（chenchao@bjut. edu. cn）

曹国庆（博士、高工）中国建筑科学研究院（cgq2000@126. com）

孟　冲（博士、工程师）中国建筑科学研究院（oscarmc@163. com）

4 室内半挥发性有机物污染

王新轲（博士、副教授）西安交通大学（wangxinke98@gmail. com）

王立鑫（博士、讲师）北京建筑大学（wanglixin0922@gmail. com）

夏文迪（研究生）中南大学（xiawendi@csu. edu. cn）

王　琪（硕士、工程师）上海市建筑科学研究院（wangqijky@163. com）

邓启红（博士、教授）中南大学（qhdeng@csu. edu. cn）

5 室内家具有害物质释放检测与标准

张晓杰（高级工程师）上海市质量监督检验技术研究院（zhangxjie@sqi. org. cn）

许　俊（工程师）上海市质量监督检验技术研究院（xujun@sqi. org. cn）

6　车内空气污染检测与评价

胡　玢（博士、教授）北京市劳动保护研究所（bjhub@sina. com）

7　绿色建筑室内空气质量评价

林波荣（博士、教授）清华大学（linbr@tsinghua. edu. cn）

李景广（博士、教授）上海市建筑科学研究院（lijingguang@vip. sina. com）

刘彦辰（博士研究生）清华大学（liuych _ hvac@126. com）

8　“十一五”期间我国建筑室内环境科技成果

韩继红（博士、教授）上海市建筑科学研究院（hjhsribs@vip. sina. com）

陈　军（博士、高工）上海市建筑科学研究院（cejunchen@163. com）

熊建银（博士、副教授）北京理工大学（xiongjy@bit. edu. cn）

序

2010年“全球疾病负担”研究的结果近年来分别在《柳叶刀》等期刊发表，这一研究指出室外空气颗粒物污染已成为导致全球人群过早死亡的最主要的环境因素，在中国，暴露在室外颗粒物污染会导致每年123万人过早死亡。而国际癌症研究机构于2013年10月的一份报告，首次将室外空气污染列为第一类致癌物。

2013年以来，京津冀、长三角和珠三角等区域频繁发生持续多日的严重灰霾污染，一些主要城市大气细颗粒物$PM_{2.5}$超标严重，对城市空气质量和人体健康等造成巨大影响。面对室外空气的严重污染，缩短在室外停留时间成为很多环保和公共卫生专家对公众自我保护的建议。然而，这些建议忽略室内空气污染是导致人体健康危害的另一个重要因素。人们大多时间停留在室内，室内空气污染累积暴露产生的健康危害不容忽略，也越来越引起了人们的高度重视。在中国的城镇化过程中，在绿色、节能、环保建筑的实践中，改善室内空气质量应该成为生态文明建设、保护人体健康的一项重要任务。

目前人们非常关注的问题除了室内装修导致的空气污染、中央空调导致的人体不适等问题外，还包括室内空气污染到底有哪些类型和来源，室内空气污染与室外空气污染的关系，室内污染对易感人群如儿童会产生何种危害，以及如何评价绿色建筑室内环境等。

中国环境科学学会室内环境与健康分会组织编写的《中国室内环境与健康研究进展报告2013—2014》，结合环境、公共卫生、工程热物理、生命科学、化学等多个学科对以下8个方面的进展进行了总结：(1) 室内空气质量及其健康危害，(2) 室内环境与儿童健康，(3) 室内$PM_{2.5}$污染，(4) 室内半挥发性有机物污染，(5) 室内家具有害物质释放检测与标准，(6) 车内空气污染检测与评价，(7) 绿色建筑室内环境评价，(8)“十一五”期间我国建筑室内环境科技成果。

该项报告以通俗易懂的语言、翔实的数据和说明，对我国室内环境与健康研究进展进行了系统的总结，有助于公众、政府和科研人员了解我国在这一领域的最新进展，为政府的室内环境质量改善决策和进一步开展室内环境研究提供了科学依据，并将有助于推动室内环境与健康领域的学科发展。

前　言

《中国室内环境与健康研究进展报告 2013－2014》以我国室内空气质量与健康为主题，重点针对儿童健康、细颗粒物污染（$PM_{2.5}$）、半挥发性有机物污染（SVOCs）、绿色建筑、家具污染物散发及车内空气污染等社会关注的热点问题，总结了我国上述领域的研究现状、研究进展与存在问题，为我国室内环境与健康领域的发展提供了重要信息。

本研究进展报告充分发挥中国环境科学学会室内环境与健康分会多学科优势，对以下室内环境与健康问题进行深入探讨：

（1）室内空气质量及其健康危害。分析说明了我国近二十年来室内外环境空气污染的严峻形势及其产生的健康危害，指出 $PM_{2.5}$、甲醛和其他有机污染物是导致我国室内环境健康问题的主要因素，提出了改善我国室内空气质量的若干建议。

（2）室内环境与儿童健康。采用环境流行病学的调查方法与手段，对住宅室内环境与儿童的健康状况进行现状研究，评估和分析了住宅室内环境对儿童的健康效应，总结与比较了我国不同城市儿童哮喘及其他过敏性疾病的患病率变化与分布规律及其与住宅室内环境的关系。

（3）室内细颗粒物（$PM_{2.5}$）污染。总结了国内外室内 $PM_{2.5}$ 污染现状，分析了室内 $PM_{2.5}$ 污染的主要影响因素，介绍了目前室内 $PM_{2.5}$ 主要控制方法与技术。

（4）室内半挥发性有机物（SVOCs）污染。介绍了 SVOCs 的基本概念、健康影响以及国内外室内 SVOCs 浓度水平，分析了室内 SVOCs 污染的影响因素，指出重视我国室内 SVOCs 污染治理、加大研究投入的必要性。

（5）室内家具有害物质释放检测与标准。介绍了我国现行家具有害物质释放检测标准及其不足，比较了国内外相关检测方法的优劣，为完善我国家具有害物质释放检测标准提出了建议。

（6）车内空气污染检测与评价。介绍了我国车内空气污染现状，分析比较了国内外车内空气污染检测与评价方法及相关标准，指出降低车内空气污染物的浓度水平的关键技术与措施。

（7）绿色建筑室内环境质量评价。分析比较了国内外不同绿色建筑评价标准及其评分方法，指出室内环境质量是各标准的一个重要考察指标，介绍比较了各标准关于室内空气品质的评价内容与要求。

（8）“十一五”期间我国建筑室内环境科技成果。系统介绍了“十一五”期间我国“城镇人居环境改善与保障关键技术研究”和“室内典型空气污染物净化关键技术与设备”等重大研究项目，并阐述了基于上述项目我国“十一五”期间室内空气污染控制所取得的关键技术成果，指出我国在关键技术研究和集成创新等方面与发达国家仍存在差距，亟需加大力度持续、深入地开展室内环境健康保障与改善关键技术系统化、规模化研究。

综上所述，报告全面分析了我国室内空气污染物的主要特征及其健康危害，提出了改善室内空气质量的关键措施，为改善我国建筑室内环境质量、提高居民的舒适与健康水平、促进我国室内环境与健康领域发展提供了重要科学依据与技术支撑。特别感谢北京大学环境科学与工程学院院长朱彤教授百忙之中为本书作序。由于本报告撰写时间较紧、涉及内容较为广泛、参与编写人员较多、编写人员学术水平有限，因此报告内容难免有不妥之处，恳请读者批评指正。

编写委员会

2013 年 12 月

PREFACE

Indoor environmental pollutions, including fine particulate matter pollution ($PM_{2.5}$), semi-volatile organic compounds (SVOCs), emissions of building materials or furniture, air pollution inside vehicles, have attracted increasing attention in China. This book "Research Progress Report of Indoor Environment and Health in China (2013-2014)" summarizes current research status, progress and problems of indoor environment and health in China as well as provides valuable suggestions for the development of this field.

Research on indoor environment and health involves multi-disciplines, such as environmental science, public health, engineering, life science and chemistry. This research progress report mainly discusses the following aspects:

(1) Chapter 1: Indoor Air Quality and Health Effects. We analyzed and illustrated the dramatic changes of pollutions in atmosphere and indoor environment, and the significant increase of diseases related to indoor air pollution over the past two decades in China. $PM_{2.5}$, formaldehyde and other organic pollutants are the main factors leading to the indoor environmental health issues. Suggestions are finally proposed to improve indoor air quality in China.

(2) Chapter 2: Indoor Environment and Children's Health. This chapter studied the relationship between residential environment and the health status of children through a countrywide environmental epidemiology study in China. The relationships between disease incidence and children' s exposures to residential pollutions are analyzed. Some possible problems presented in residential environment are discussed.

(3) Chapter 3: Indoor $PM_{2.5}$ pollution. We summarized the achievement and

progress in the research on $PM_{2.5}$ in indoor or outdoor environments. The health effects of $PM_{2.5}$ pollution to human beings are detailed summarized. Some major factors which affect indoor $PM_{2.5}$ pollution are introduced. Various standards about $PM_{2.5}$ in different countries are compared and discussed. The typical technologies for indoor $PM_{2.5}$ control are also described.

(4) Chapter 4: Indoor semi-volatile organic compounds (SVOCs) pollution. We introduced the basic concepts, the health effects and the indoor concentration levels of SVOCs. The factors affecting indoor SVOCs pollution are also presented in detail. China has higher SVOCs concentrations indoors compared with western countries. However, there are lack of attention and research of indoor SVOCs pollution in China. To reduce China indoor SVOCs pollution, increasing research investment and developing standards of indoor SVOCs pollution are urgently required.

(5) Chapter 5: Detection and Standard of the Hazardous Substances Emitted from Indoor Furniture. This chapter was concerned with current testing standards of hazardous substances emission in China and points out their deficiency. The advantages and disadvantages of detection methods in China and other western countries are compared. Based on the comparisons, recommendations for improving the testing standards for hazardous substances emission are made.

(6) Chapter 6: Control and Standards of Vehicle Air Pollution. We described the current situation of China's vehicle air pollution and the development status of domestic and foreign regulations. It analyzes and compares the detection methods and evaluation methods for vehicle air pollution. It is concluded that we must improve existing production processes, improve the quality of raw materials, reduce the content of hazardous substances, eliminate high pollution technology and raw materials and use environmentally friendly products to reduce the concentration level of air pollutants in vehicle.

(7) Chapter 7: Indoor Environmental Assessment of Green Building. We described the contents of indoor environment in green building. The scoring methods

and the contents about indoor air quality in current green building standards are compared and discussed. Indoor environment quality is an important indicator for each standard and an integral part of the green building.

(8) Chapter 8: Scientific and Technological Achievements of Building Indoor Environment during China's Eleventh Five-Year Period. Two major research projects in last five-year in China, "Key Technologies Research of Urban Living Environment Improvement and Protection" and "Key Purify Technology and Equipment for Typical Indoor Air Pollutants", are introduced in Chapter 8. Key technology innovations achieved in this period are also summarized. Gaps still exist in the research of indoor air pollution control between China and developed countries. Thus, greater efforts are needed to develop new technologies for healthy indoor environment.

This report provides a comprehensive analysis of the characteristics of China indoor pollutions and their health effect. Controlling the pollution source, ventilation and indoor air purification are proposed to improve indoor air quality. The book provides scientific basis for the government decision-making and protection of indoor environment. It is helpful to develop China sustainable indoor environment which is characterized by healthy, comfortable and energy-saving.

Editors Committee

December, 2013

目　录

绪　　论　1

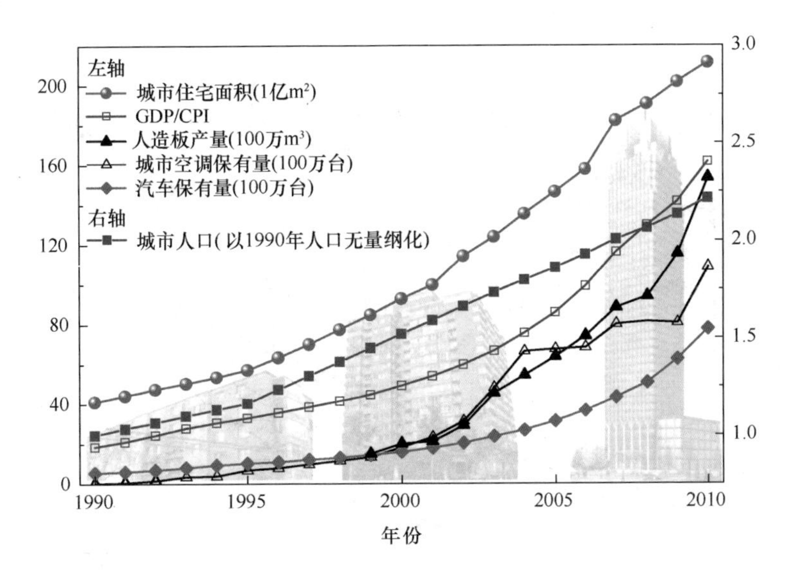

1990～2010年间中国现代化和城镇化进程

源自：Zhang YP, et al. Environ. Health Perspect. 121 (2013) 751-755.

中国20多年快速的现代化和城镇化进程，导致了中国城市的室内外环境经历了全世界最急剧的变化。如何充分认识该变化过程中一些重要的室内环境问题及其健康危害，借鉴发达国家的经验和教训，并探寻具有我国特色的、行之有效的室内环境污染控制策略和措施，降低健康风险，实现可持续室内环境（其特点是健康、舒适和节能），是我国室内环境与健康及相关领域从业人员值得研讨和解决的问题。这些问题往往涉及多个学科，需相关学科研究者的联合攻关。此外，室内环境与健康问题的解决不仅依赖于科技进步，而且依赖于有关管理部门、企业和全社会认识的提高，“管、产、学、研、用”同心协力才能使问题真正逐步得到解决，才能真正营造和保持“可持续室内环境”。

1.1 我国室内外空气污染形势严峻

过去 20 多年来，我国快速的工业化和经济发展导致了大量农村人口进入城市，城市面积和人口都显著增长，同时也造成了严重的环境污染。1990～2010 年间，城市人口已逾翻倍，城市住宅面积从 40 亿 m^2 增加到 210 亿 m^2，汽车数量从 500 万辆增加到 7800 万辆，我国煤消耗量从 10.5 亿吨标准煤增长到 31.2 亿吨标准煤[1]，参见图 1-1。

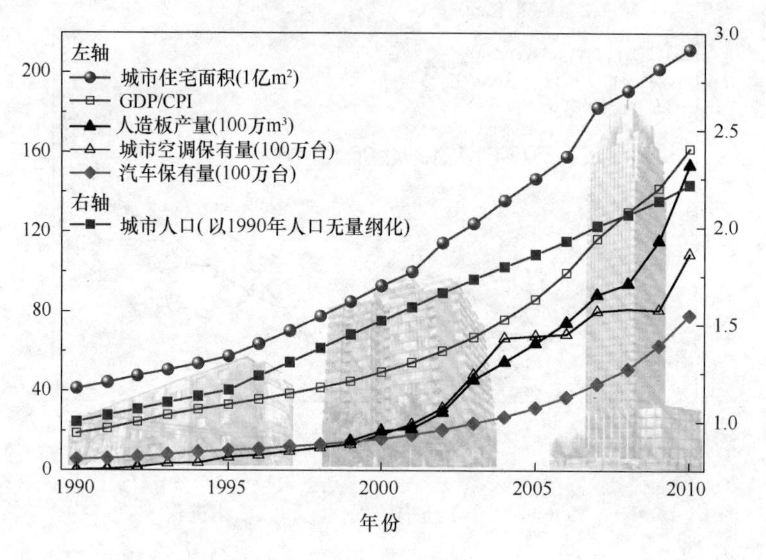

图 1-1　1990～2010 年间中国快速现代化和城镇化进程的部分指标[2]
（GDP 单位：10 亿 RMB；取 1990 年消费价格指数（CPI）为 100；1990 年城市人口为 3.02 亿。人工复合木材数据来自参考文献[3]。其他数据来自参考文献 [1]）

由于上述变化，我国城市室外空气污染比农村或郊区更加严重，这主要是由于城市室外污染源密度更高、强度更大所致。我国城市 PM_{10}、$PM_{2.5}$、臭氧、氮氧化物和硫氧化物污染水平均居世界之最[4,5]。2011 年北京年均 $PM_{2.5}$ 浓度比美国华盛顿高约 1 个数量级[6]。我国大气污染问题持续严峻，特别是进入 2013 年以来，主要由 $PM_{2.5}$ 导致的雾霾天气侵袭我国东部大部分地区，受害面积高达 190 万 km^2[7]，为此，$PM_{2.5}$ 污染和可能带来的健康危害问题引发了我国政府、媒体和公众的高度关注。室外空气中的污染物通过建筑通风和渗透进入室内。我国城市居民在室内度过的时间逾 80%[8]，即使对于这些源自室外的污染物，其暴露也多出现在室内[9-14]。

与此同时，我国城市室内环境也经历了急剧变化：大量人工复合材料用于建筑装饰装修材料、家具和室内物品，人工复合木材产量从 1999 年的 1500 万 m^3 增长到 2010 年的 1.54 亿 m^3[3]，其中一些材料会释放甲醛、苯等挥发性有机化合物（Volatile Organic Compounds，简称 VOCs）；城市居民空调使用量显著增加，1990 年空调不足 100 万台，2010 年已逾 1 亿台[1]。

1.2 室内空气污染健康危害显著增长

我国 2009 年城市死亡率最高的 10 种疾病如图 1-2 所示，其中 7 个实心柱表示和空气污染相关的疾病[2, 15]。

图 1-2 显示了近几十年在城市癌症死亡率中居首位的肺癌、乳腺癌、心脏病死亡

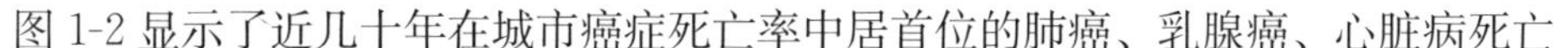

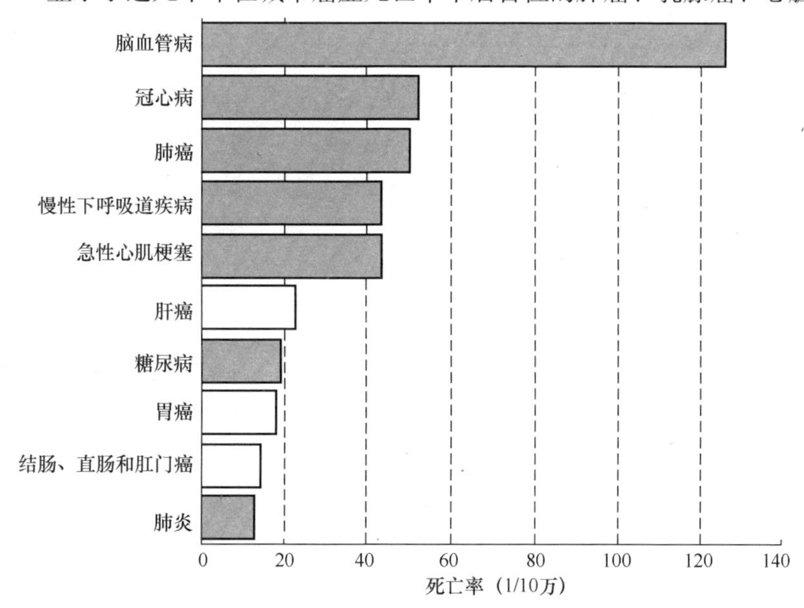

图 1-2 我国城市死亡率最高的 10 种疾病（深灰色实心柱表示和空气污染相关的疾病）[2, 15]

率和出生缺陷率的变化情况[2]。从图 1-3 中可以看出，对于上述疾病，城市中的问题更为严重，且城市与农村上述疾病的死亡率差距还在拉大。吸烟是诱发肺癌的重要原因，2004～2005 年间，Gu 等人[16]估计了城市吸烟归因癌症死亡率为 24.5/100000，而农村的相应数据为 17.5/100000。减去这些数据，可得到城市非吸烟归因肺癌死亡率为 16.5/100000，农村相应数据为 8.2/100000。最近的一项研究调查了我国 31 个城市中的 71000 个受试者，发现室外空气污染与肺癌和心肺死亡率相关[17]。实际上，室外空气污染大多也是进入室内后被人们吸入体内，造成健康危害。

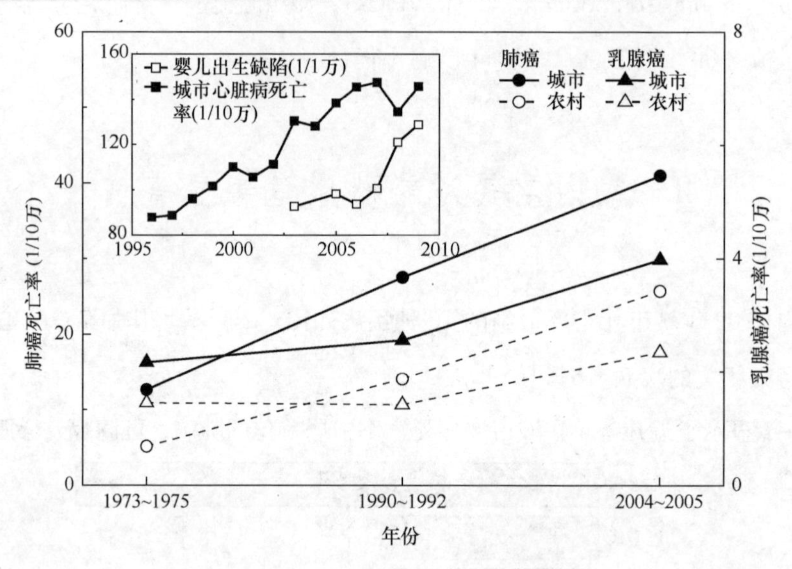

图 1-3　中国一些疾病发病率或死亡率[2]

（肺癌死亡率含吸烟原因，去除吸烟因素[16]，2004～2005 年肺癌死亡率为 16.5（城市）和 8.2（农村）/10 万人。肺癌、乳腺癌和心脏病死亡率数据来自参考文献［15］，出生缺陷数据来自参考文献［22］）

图 1-3 也显示了中国乳腺癌死亡率的增长情况。美国医药研究所[18]最近发表的研究结果认为：汽车尾气中的某些污染物（例如，苯、环氧乙烷和 1，3-丁二烯）可能和较高的乳腺癌风险有关。不仅如此，他们还认为，双酚 A、壬基酚以及常见室内污染物[19]会和乳腺癌相关，并提出需开展进一步的研究对此证实。除了双酚 A 和壬基酚，我国城市室内环境中大量存在的一些半挥发性有机化合物（Semi-Volatile Organic Compounds，简称为 SVOCs），如塑料产品中添加的增塑剂、室内材料和物品中添加的阻燃剂等也会作为内分泌干扰物（endocrine disruptors）对人的健康造成危害[20, 21]。

图 1-3 中显示了城市居民 1996～2009 年间出生缺陷的变化情况，这期间出生缺陷率几乎翻倍，而相应的农村出生缺陷率只增加了 22%[2, 22]。Li 等人[23]讨论了此问题，并注意到中国西部污染较轻的地区出生缺陷率比污染较为严重的沿海地区要低。研究认为，造成出生缺陷的环境污染因素有：聚氯联苯（PCBs）[24]，多环芳烃（PAHs）[25]，o，p-DDT 和 α-六氯化苯（俗称六六六）[26]，这些污染物会出现在室内空气和降尘中[21,27, 28]。

图 1-3 中还显示了城市心脏病死亡率从 2003 年的 90 人/10 万人增加到 2009 年的 130 人/10 万人。Brook 等人的研究表明，空气中的颗粒物与此增长有关[29]。

2005～2009 年间，城市肺炎死亡率从 6.0 人/10 万人到 12.6 人/10 万人，而同时间的农村肺炎死亡率从 7.1 人/10 万人到 9.8 人/10 万人[15]。在美国，研究者发现肺炎就诊率（hospital admissions）和大气臭氧及 PM_{10} 浓度有关[30]。在我国台湾地区的台北和高雄，研究者发现肺炎住院率（hospitalization for pneumonia）和大气污染情况相关[31,32]。

我国北京大学的朱彤教授等人和美国学者合作，对 2008 北京奥运会前、期间和后的心血管疾病及其相关生物标志物（biomarkers）做了研究，受试人员为健康的医学院学生，实验期间全部在室内[33]。研究发现，在奥运会期间，由于空气污染水平下降，几种与血小板粘连及活化（platelet adhesion and activation）相关的生物标志物显著提高。奥运会后，由于空气污染水平恢复到奥运会前水平，这些室外标志物也趋于奥运会前水平。这一研究同时显示了受试者对空气污染的暴露基本在室内，但大气污染中的浓度变化导致了人体相关反应的显著变化。

图 1-4 显示了我国城市和农村 2003～2009 年间脑血管疾病死亡率[15]。大城市和小城市以城区居民数百万为界。2003～2009 年间脑血管疾病死亡率虽然在小城市基本没变，但在大城市和农村地区却变化显著。在农村地区，死亡率的增长可能反映了生物质燃料（炊事和采暖用）颗粒物的室内暴露问题。在大城市，死亡率增加可能和城市机动车增加、工业和电厂排放导致的大气颗粒物浓度或毒性增加有关。

据调查，1990～2000 年间，我国城市 14 岁以下儿童的哮喘发病率增加逾 50%，达到 2.0%[34]。2008 年同年龄段的横断面调查显示，北京、重庆和广州的哮喘发病率分别为 3.2%、7.5% 和 2.1%。这一增长也被认为和大气污染有

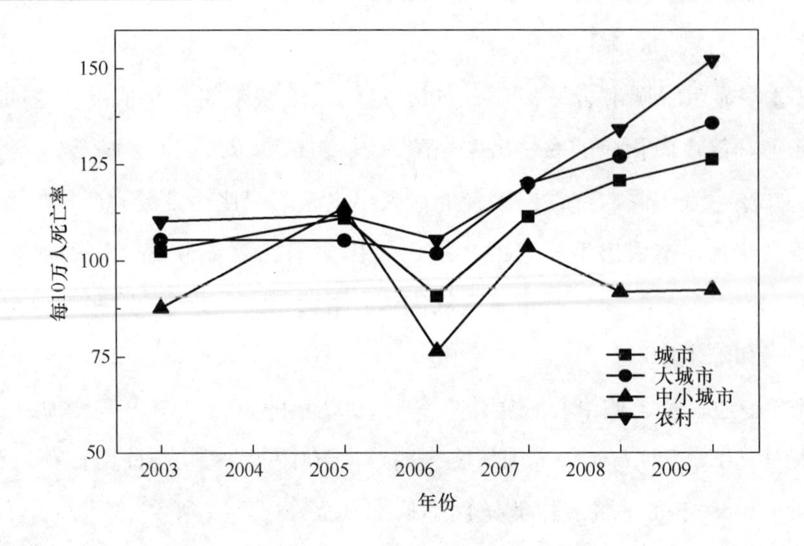

图 1-4 2003～2009 年间城市和农村脑血管疾病死亡率情况[15]

关[35]。室内环境中经常使用的增塑剂、阻燃剂和杀虫剂也被认为和哮喘发病率有关[36,37]。

2010 年 9 月，我国十所大学的研究者在中国十个重要城市启动了中国室内环境与儿童健康研究（China，Children，Homes，Health，简称 CCHH），如图 1-5 所示。CCHH 分为两个阶段：阶段 I 是一个关于儿童哮喘、过敏性疾病和部分空气传染病的患病率以及住宅环境暴露现状的问卷调查（2010.11～2012.4）；阶段Ⅱ是一个病例-对照研究，包含室内环境空气样本、灰尘和人体尿液中污染物及其代谢产物种类和浓度的检测（2012 年 11 月以后）。该研究旨在：(1) 调查我国不同气候区、室外空气质量和经济水平的代表性城市的哮喘、过敏及部分空气传染病的患病率；(2) 调查患病和健康儿童住宅室内环境因素；(3) 研究哮喘和过敏症状与室内环境因素的关联性；(4) 比较中国不同城市的危险性因素和保护性因素；(5) 比较 CCHH 的研究发现与其他国家或地区相近研究的发现的异同；(6) 为中国地区儿童哮喘预防提供理论基础[38]。

研究发现：全年潮湿、冬季寒冷且无采暖的南方城市哮喘发病率＞6.9%，与人均 GDP 及室外 PM_{10} 浓度相关性较弱；干燥且冬季有采暖的北方城市哮喘发病率均＜4%，与人均 GDP 及室外 PM_{10} 相关性较强（其中北方城市中唯一的例外是北京，哮喘发病率为 6.3%）。哮喘、鼻炎、湿疹和肺炎与气候、人均 GDP、室外

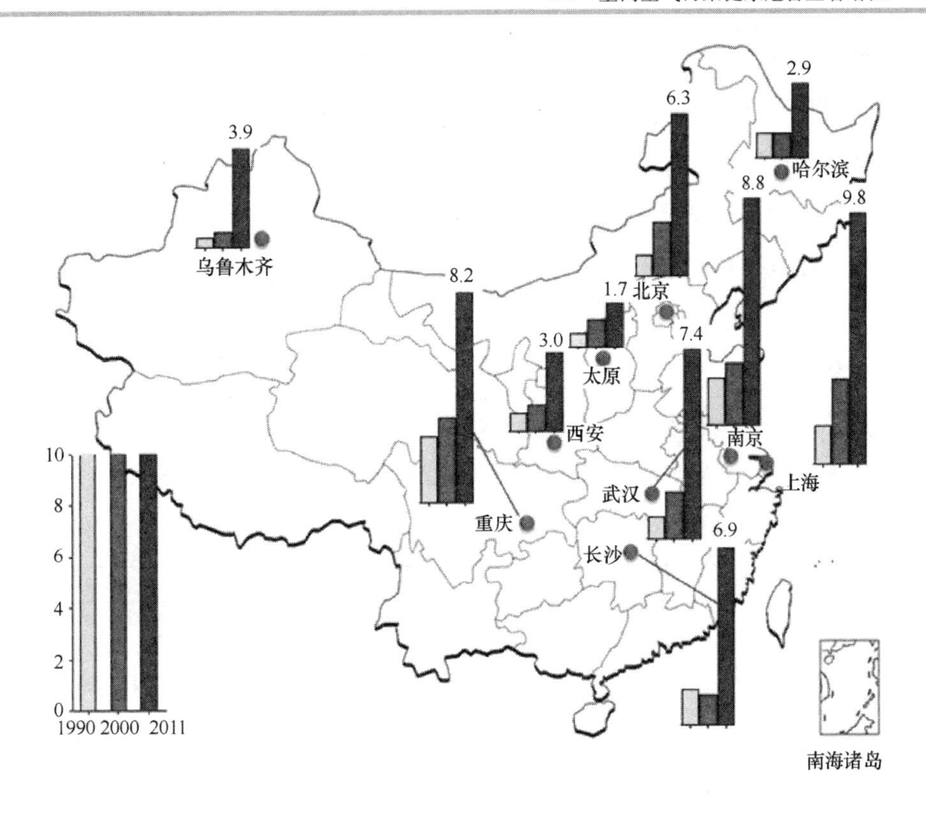

图 1-5 全国 10 城市儿童（3～6 岁）哮喘患病率情况（除太原 3～5 岁和武汉 5～6 岁外）[38]

PM_{10}浓度无显著相关性[38]。关于本部分的内容，此次进展报告第 2 章中有详细介绍。

Chen 等人[39]开展的我国 16 个城市过早死亡率（premature deaths）调研发现，其死亡风险和室外 PM_{10}污染相关。位于珠江三角洲的四个城市的短期死亡率变化与大气中的 O_3 和 NO_2 浓度水平相关[40]。Kan 等人[4]总结了 12 组以上的流行病学研究后发现，短期患病率及死亡率与城市的 PM_{10}、$PM_{2.5}$、O_3、NO_2 和 SO_2 浓度水平相关。Chen 等人[9,41]基于美国不同城市间住宅的平均换气次数数据，发现它们可以很好地解释城市间死亡率差异和大气中 O_3 及 PM_{10}浓度间的关系，换气次数高，意味着更多的室外 O_3（或 PM_{10}）可进入室内，室内 O_3（或 PM_{10}）浓度就高，相应的死亡率也就高。这进一步说明，人们对源于室外的空气污染物的主要暴露和健康危害多发生在室内。

Loh 等人[42]利用在美国室内外测得的不同有机化学污染物浓度和个体暴露模

型，估测了其癌症方向，发现：导致癌症高风险的污染物依次为1，3-丁二烯、甲醛和苯（利用加州环境健康和危害评价办公室提供的风险因子[43]）；总风险中的69％来自室内污染暴露；室内源污染中甲醛暴露风险为70％，苯为20％。Logue等人[44]研究了由于室内空气污染导致的慢性健康危害产生的工作时间损失，按危害从大到小依次排列为：$PM_{2.5}$、丙烯醛、甲醛和臭氧。在中国，室内空气中$PM_{2.5}$、甲醛和其他有机污染物往往比美国等发达国家要高得多（表1-1），因此其产生的健康危害会更加严重。

最新全球疾病负担研究指出：$PM_{2.5}$是我国排名第4的健康危险因素，2010年导致120多万人过早死亡及2500万健康生命年的损失[45,46]。

中国一些城市住宅室内空气中甲醛浓度水平测试结果（mg/m^3）[27]　　表1-1

城市	采样数	几何评价	范围	采样时间段
北京	1207	0.18±0.17	—	2002～2004年
	530	0.21±0.15	0.03～1.83	2003年冬天
	389	0.28±0.21	0.03～1.88	2003年夏天
	83	0.05	0.01～0.28	—
	67	0.06±0.05	0.00～0.18	2003～2004年
	104	0.05±0.03	0.00～0.19	
	25	0.05±0.03	0.02～0.13	
上海	166	0.10±0.06	—	2002～2004年
	182	0.21±0.14	0.03～0.87	2003年冬天
	17	0.05	0.00～0.36	2003年
	17	0.11	0.04～0.66	
	17	0.39	0.13～6.44	
天津	154	0.13±0.08	—	2002～2004年
	164	0.27±0.17	0.03～1.10	2003年冬天
重庆	198	0.14±0.08	0.03～0.46	2003年冬天
	202	0.40±0.17	0.12～1.18	2003年夏天
	70	0.31	0.07～0.99	2003～2004年
	40	0.20	0.05～0.52	
	50	0.11	0.04～0.38	
武汉	319	0.24	0.01～1.02	2005年
	128	0.09	0.01～0.38	
太原	140	0.05	—	2006年冬天
	201	0.07	—	2006年夏天
乌鲁木齐	59	0.43	0.00～3.17	2002～2004年
西安	457	0.12	0.01～1.13	2006～2007年
贵阳	695	0.06	—	2004～2005年
大连	136	0.53	0.22～0.83	2004年
	36	0.19	0.02～0.35	
香港	100	0.11±0.09	—	2002年冬天

提高室内空气质量的若干建议 **表 1-2**

目 的	建 议 措 施
降低大气污染对室内空气质量的影响	1. 在我国室外空气污染较严重的地区，在学校、医院和敏感人群居住的场所，对集中空调中的新风系统，注意选择气流阻力较低、颗粒过滤效率合适的过滤器，在保证人们健康风险可接受的前提下，尽量减少增加的能耗[48]。 2. 在臭氧浓度较高的地区，新风系统中还要注意采用活性炭过滤器，降低室内臭氧浓度，减少健康危害[49,50]
控制室内空气污染源	1. 控制厨房油烟污染，尽量采用性能较好的抽油烟机。 2. 避免室内吸烟。 3. 研发和推广低污染散发室内材料和物品。 4. 引导人们不要过度装修，要尽量选用低污染散发建筑装饰装修材料（特别注意大面积材料如地板和墙纸的选用）和家具。 5. 避免采用含有内分泌干扰物质的材料。不是所有的增塑剂和阻燃剂都是内分泌干扰物，但已被流行病学调研和/或动物学研究表明为内分泌干扰物的材料或物质就要引起高度关注（譬如含邻苯二甲酸酯的增塑剂），尽量在室内环境中少用甚至不用[51]。 6. 控制室内环境湿度，防止霉菌。 7. 保持足够的新风量，稀释室内空气源产生的空气污染（如甲醛、苯系物等）。 8. 对室内空气污染超标的空间，采用对症下药、性能合适的空气净化器
制定和改善室内空气质量相关标准和法规	1. 建议进一步修改《民用建筑工程室内环境污染控制规范》GB 50325—2010（强制标准）和《室内空气质量标准》GB/T 18883—2002。目前前者只涉及氡、甲醛、苯、氨和TVOCs（总挥发性有机化合物），后者只涉及 SO_2、NO_2、CO、CO_2、NH_3、O_3、甲醛、苯、甲苯、二甲苯、α-苯并芘，TVOCs和可吸入颗粒物（PM_{10}），污染物还应包括一些被发现对人很有危害的污染物 [42，44]，包括：乙醛、丙烯醛、1，3-丁二烯、三氯甲烷、萘、二氯（代）苯和细颗粒物（$PM_{2.5}$）。 2. 建立我国建筑装饰装修材料、地板和家具污染物释放控制标准和相应标识制度，有效控制室内空气污染源[27,52,53]。 3. 提高我国现有空气净化器国家标准或行业标准的科学性，关注其净化寿命和有害副产物，在合适的时机建立空气净化器标识制度[54]。 4. 建立科学、适用的空调通风系统空气净化标准，当城市大气污染超标时可有效控制室外空气中的污染物长驱直入进入室内，从而降低人们的污染暴露水平和健康风险。 5. 在室内环境控制中要综合考虑节能、健康，尽量可同时满足两者的要求（譬如采用具有全热回收的新风换气机）[55]；夏季夜间室外空气温度较低的地区，建筑可利用夜间通风，不仅节约白天的空调能耗，而且减少了白天通风引入的臭氧[56]。当两者出现矛盾时，要优先满足健康要求
在建筑设计阶段就要考虑室内空气质量要求	1. 在建筑设计阶段，建筑师、暖通空调工程师和室内环境设计师就要经常一起讨论，优选出既能满足功能要求又能满足美观要求的方案，否则，当室内环境质量出现问题再想办法补救时，往往力不从心或代价很大。 2. 建筑设计阶段要考虑防止室内表面的凝水问题和管道泄漏问题，避免室内出现湿表面，减少霉菌生长的温床，减少不良健康反应（如咳嗽、哮喘、头痛等）[57]。 3. 在室内环境设计中，尽量采用低污染散发材料和家具。 4. 避免过度装修，房间要便于打扫，避免铺设地毯和吸附能力强的装饰物（当它们吸附一定量的污染物后如不及时更换会成为室内污染源）

1.3 提高我国室内空气质量的建议

在未来20年内，预计我国有3.5亿农村人口要进入城市[47]。空气污染（主要发生在室内）对人的健康影响不容忽视，需要对此有足够重视，并采取相应措施应对和防范。近期应采取的措施，Zhang等人[2]抛砖引玉，提出如下建议，见表1-2。表1-2中建议的方法和措施，会增加一些经济成本，但比起由于室内空气污染造成的健康问题带来的经济损失还是非常值得的！更重要的是，它们提高了人们的生活甚至生命质量，提高了人们的健康水平，其价值是难以估量的。从长期来说，室内环境与健康及相关领域的研究者加强跨学科研究、联合攻关是解决问题的基础。如果说，20世纪70年代以前，室内环境研究者只需关注其舒适特性及其实现方式，上世纪末至今更多关注建筑节能的话，那么从今以后相当长一段时间内，我国城市室内环境研究者应该关注的问题次序可能将逐渐转变为：健康、舒适和节能，三者将构成可持续室内环境不可分割的重要特征！与此同时，室内环境与健康研究也会从过去不同相关学科合作不够深入逐渐发展到深入交叉和融合的阶段，因为其中有很多尚未解决的重要机理和关键技术问题从单一学科（如建筑环境、能源科学和工程、环境科学和工程、公共卫生和材料科学）很难有效解决。这一方面给室内环境及相关领域的研究者带来挑战，另一方面也带来了机遇。

与此同时，室内环境与健康问题的解决不仅依赖于科技进步，而且依赖于有关管理部门、企业和全社会认识的提高，“管、产、学、研、用”同心协力才能使问题真正逐步得到解决，才能真正营造和保持“可持续室内环境”。

参 考 文 献

[1] 中华人民共和国国家统计局，国家数据-年度数据(1991-2011)，http://data.stats.gov.cn/workspace/index? m=hgnd.

[2] Zhang YP, MoJH, Wescher CJ.2013.Reducing health risks from indoor exposures in today's rapidly developing urban China, Environ. Health Perspective 121: 751-755.

[3] 中国国家林业局. 2011. 中国林业发展报告 (2000-2011).

[4] Kan HD, Chen RJ, Tong SL. 2012. Ambient air pollution, climate change, and population

health in China. Environ Int 42:10-19.

[5] Zhang Q, He K, Huo H. 2012. Cleaning China's air. Nature 484:161-162.

[6] Dominici F, Mittleman MA. 2012. China's air quality dilemma: Reconciling economic growth with environmental protection. JAMA: the journal of the American Medical Association 307: 2100-2102.

[7] 2013年2月25日监测数据，来 源：中 国 天 气 网 http://www.weather.com.cn /news/1810351.shtml.

[8] 王贝贝等．环境科学研究，1421-1427.2010.

[9] Chen C, Zhao B, Weschler CJ. 2012. Assessing the influence of indoor exposure to "outdoor ozone" on the relationship between ozone and short-term mortality in us communities. Environ Health Perspect 120:235-240.

[10] Chen C, Zhao B, Weschler CJ. 2012. Indoor exposure to "outdoor PM_{10}": Assessing its influence on the relationship between PM_{10} and short-term mortality in U. S. Cities. Epidemiology 23:870-878.

[11] Hodas N, Meng Q, Lunden MM, Rich DQ, Ozkaynak H, Baxter LK, et al. 2012. Variability in the fraction of ambient fine particulate matter found indoors and observed heterogeneity in health effect estimates. J Expo Sci Environ Epidemiol 22:448-454.

[12] Meng QY, Spector D, Colome S, Turpin B. 2009. Determinants of indoor and personal exposure to $PM_{2.5}$ of indoor and outdoor origin during the RIOPA study. Atmos Environ 43 (36): 5750-5758.

[13] Mullen NA, Liu C, Zhang YP, Wang SX, Nazaroff WW. 2011. Ultrafine particle concentrations and exposures in four high-rise Beijing apartments. Atmos Environ 45:7574-7582.

[14] Wang SX, Zhao Y, Chen GC, Wang F, Aunan K, Hao JM. 2008. Assessment of population exposure to particulate matter pollution in Chongqing, China. Environ Pollut 153: 247-256.

[15] 中国卫生部. 中国卫生统计年鉴（2003-2009）. 2010.

[16] Gu D, Kelly TN, Wu X, Chen J, Samet JM, Huang JF, et al. 2009. Mortality attributable to smoking in China. New Engl J Med 360:150-159.

[17] Cao J, Yang CX, Li JX, Chen RJ, Chen BH, Gu DF, Kan HD. 2011. Association between long-term exposure to outdoor air pollution and mortality in China: a cohort study. J Hazard Mater 186(2-3): 1594-1600.

[18] IOM (Institute of Medicine). Breast cancer and the environment: A life course approach. Washington, DC: The National Academies Press. 2012.

[19] Rudel RA, Camann DE, Spengler JD, Korn LR, Brody JG. 2003. Phthalates, alkylphenols, pesticides, polybrominateddiphenyl ethers, and other endocrine-disrupting compounds in indoor air and dust. Environ SciTechnol 37:4543-4553.

[20] Guo Y, Kannan K. 2011. Comparative assessment of human exposure to phthalate esters from house dust in China and the United States. Environ SciTechnol 45:3788-3794.

[21] Wang LX, Zhao B, Liu C, Lin H, Yang X, Zhang YP. 2010. Indoor SVOC pollution in China: A review. Chin Sci Bull 55: 1469-1478.

[22] 中国卫生部. 2011. Report on Women and Children's Health Development in China. Available: http://www.moh.gov.cn/publicfiles/business/cmsresources/mohfybjysqwss/cmsrsdocument/doc12910.pdf [accessed 3 September 2012].

[23] Li WH, Chen B, Ding XC. 2012. Environment and reproductive health in China: Challenges and opportunities. Environ Health Perspect 120:a184-185.

[24] Dai L, Zhu J, Liang J, Wang YP, Wang H, Mao M. 2011. Birth defects surveillance in China. World Journal of Pediatrics 7(4): 302-310.

[25] Perera F, Li TY, Zhou ZJ, Yuan T, Chen YH, Qu L, et al. 2008. Benefits of reducing prenatal exposure to coal-burning pollutants to children's neurodevelopment in China. Environ Health Perspect 116:1396-1400.

[26] Ren AG, Qiu XH, Jin L, Ma J, Li ZW, Zhang L, et al. 2011. Association of selected persistent organic pollutants in the placenta with the risk of neural tube defects. ProcNatlAcadSci U S A 108:12770-12775.

[27] 刘兆荣，张金萍，李湉湉，方志华，周中平，白郁华. 中国室内空气中主要污染物浓度调查，中国室内环境与健康研究进展报告 2012. 北京：中国建筑工业出版社，2012: pp37-46.

[28] Weschler CJ, Nazaroff WW. 2008. Semivolatile organic compounds in indoor environments. Atmos Environ 42(40): 9018-9040.

[29] Brook RD, Rajagopalan S, Pope CA, Brook JR, Bhatnagar A, Diez-Roux AV, et al. 2010. Particulate matter air pollution and cardiovascular disease an update to the scientific statement from the American heart association. Circulation 121:2331-2378.

[30] Medina-Ramon M, Zanobetti A, Schwartz J. 2006. The effect of ozone and PM10 on hospi-

tal admissions for pneumonia and chronic obstructive pulmonary disease: A national multicity study. Am J Epidemiol 163:579-588.

[31] Cheng MF, Tsai SS, Wu TN, Chen PS, Yang CY. 2007. Air pollution and hospital admissions for pneumonia in a tropical city: Kaohsiung, Taiwan. J Toxicol Environ Health A 70: 2021-2026.

[32] Chiu HF, Cheng MH, Yang CY. 2009. Air pollution and hospital admissions for pneumonia in a subtropical city: Taipei, Taiwan. InhalToxicol 21:32-37.

[33] Rich DQ, Kipen HM, Huang W, Wang G, Wang Y, Zhu P, et al. 2012. Association between changes in air pollution levels during the Beijing Olympics and biomarkers of inflammation and thrombosis in healthy young adults. JAMA : the journal of the American Medical Association 307:2068-2078.

[34] 陈育智等. 全国儿科哮喘协作组，2004. 2000 年与 1990 年儿童支气管哮喘患病率的调查比较. 中华结核和呼吸杂志，43-47.

[35] Watts J. 2006. Doctors blame air pollution for China's asthma increases. Lancet 368: 719-720.

[36] Hsu NY, Lee CC, Wang JY, Li YC, Chang HW, Chen CY, et al. 2012. Predicted risk of childhood allergy, asthma, and reported symptoms using measured phthalate exposure in dust and urine. Indoor Air 22: 186-199.

[37] Bornehag CG, Nanberg E. 2010. Phthalate exposure and asthma in children. Int J Androl 33: 333-345.

[38] Zhang YP, Li BZ, Sundell J, Huang C, Yang X, et al. 2013. A 10 city cross-sectional questionnaire survey in China: A preliminary understanding for the riddles of rapid increased prevalence of Chinese children's asthma, Chinese Science Bulletin 58, doi: 10.1007/s11434-013-5914-z. 张寅平，李百战，黄晨，等人，中国 10 城市儿童哮喘及其他过敏性疾病现状调查，科学通报，2013，58(25): 2504 - 2512.

[39] Chen RJ, Kan HD, Chen BH, Huang W, Bai ZP, Song GX, Pan GW. 2012c. Association of particulate air pollution with daily mortality: the China air pollution and health effects study. American Journal of Epidemiology 175: 1173-1181.

[40] Tao Y, Huang W, Huang XL, Zhong LJ, Lu SE, Li Y, et al. 2012. Estimated acute effects of ambient ozone and nitrogen dioxide on mortality in the Pearl River delta of southern China. Environ Health Perspect 120: 393-398.

[41] Chen C, Zhao B. 2011. Review of relationship between indoor and outdoor particles: I/O ratio, infiltration factor and penetration factor. Atmos Environ 45: 275-288.

[42] Loh MM, Levy JI, Spengler JD, Houseman EA, Bennett DH. 2007. Ranking cancer risks of organic hazardous air pollutants in the united states. Environ Health Perspect 115: 1160-1168.

[43] California Office of Environmental Health and Hazard Assessment: http: //oehha. ca. gov/

[44] Logue JM, Price PN, Sherman MH, Singer BC. 2012. A method to estimate the chronic health impact of air pollutants in U. S. residences. Environ Health Perspect 120: 216-222.

[45] Lim SS, Vos T, Flaxman AD, et al. 2012. A comparative risk assessment of burden of disease and injury attributable to 67 risk factors and risk factor clusters in 21 regions, 1990-2010: a systematic analysis for the Global Burden of Disease Study 2010. Lancet, 380: 2224-2260.

[46] Yang G, Wany Y, Zeny Y, et al. Rapid keath transition in China 1990-2010: findings from the Global Burden of Disease Study 2010. Lancet, 2013, 381: 1987-2015.

[47] Lan L. 2012. Chinese cities 'near top' of world carbon emissions list. China Daily, May 4, http: //www. chinadaily. com. cn/cndy/2012-05/04/content _ 15204309. htm [accessed 30 August 2012].

[48] Stephens B, Novoselac A, Siegel JA. 2010. The effects of filtration on pressure drop and energy consumption in residential HVAC systems (RP-1299), HVAC&R Research 16(3): 273-294.

[49] Kunkel DA, Gall ET, Siegel JA, Novoselac A, Morrison GC, Corsi RL. 2010. Passive reduction of human exposure to indoor ozone. Build Environ 45: 445-452.

[50] Cros CJ, Morrison GC, Siegel JA, Corsi RL. 2012. Long-term performance of passive materials for removal of ozone from indoor air. Indoor Air 22(1): 43-53.

[51] Vandenberg LN, Colborn T, Hayes TB, Heindel JJ, Jacobs DR, Jr. , Lee DH, et al. 2012. Hormones and endocrine-disrupting chemicals: Low-dose effects and nonmonotonic dose responses. Endocr Rev 33: 378-455.

[52] Liu WW, Zhang YP, Yao Y, Li JG. 2012, Indoor decorating and refurbishing materials and furniture volatile organic compounds emission labeling systems: A review, Chin Sci Bull 57: 2533-2543.

[53] Liu WW, Zhang YP, Yao Y. 2013. Labeling of volatile organic compounds emissions from

Chinese furniture: Consideration and practice, *Chinese Science Bulletin*. In press.

[54] Zhang YP, Mo JH, Li YG, et al. 2011. Can commonly-used fan driven indoor air cleaning techniques improve indoor air quality-A literature review, Atmos Environ 45: 4329-4343.

[55] Kovesi T, Zaloum C, Stocco C, Fugler D, Dales RE, Ni A, et al. 2009. Heat recovery ventilators prevent respiratory disorders in Inuit children. Indoor Air 19(6): 489-499.

[56] Weschler CJ. 2006. Ozone's impact on public health: Contributions from indoor exposures to ozone and products of ozone-initiated chemistry. Environ Health Perspect 114 (10): 1489-1496.

[57] Bornehag CG, Blomquist G, Gyntelberg F, Jarvholm B, Malmberg P, Nordvall L, et al. 2001. Dampnessin buildings and health - Nordic interdisciplinary review of the scientific evidence on associations between exposure to "dampness" in buildings and health effects (NORDDAMP). Indoor Air 11(2): 72-86.

2 室内环境与儿童健康：哮喘及过敏性疾病

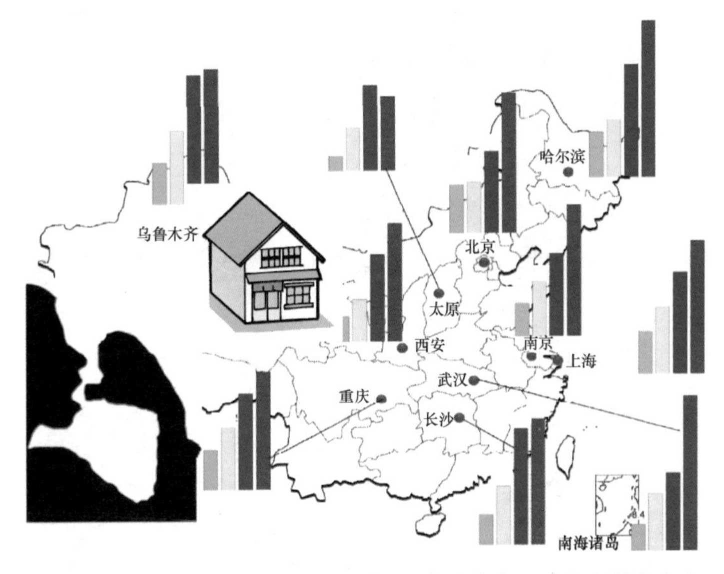

我国典型城市儿童（3～6岁）过去12个月鼻炎、喘息和湿疹症状及既往肺炎的患病率（%）[13]

近年来，由室内空气污染而引起的人口健康问题日益突出，室内环境已经成为许多国家关注的重大问题之一。住宅是人们停留时间最长的一类室内环境。随着人类社会的不断进步与发展，在满足了基本的安全和御寒要求之后，人们开始希望建筑能满足舒适、健康和节能的要求。在寒冷的冬季或者炎热的夏季，为了节能，人们往往会减少通风换气量，使污染物浓度不能充分稀释，室内湿度增高，增加了霉菌滋生的可能性，室内空气品质恶化，影响人们的舒适和健康。相对于成年人来说，学龄前儿童在室内停留的时间更长，在这种情况下，儿童在住宅内会面临着更大的健康威胁。尽管如此，关于室内环境的流行病学研究中只有10%的研究关注了儿童健康与住宅室内环境。因此，系统的研究我国住宅室内环境因素对儿童健康的影响迫在眉睫。

2.1　儿童哮喘及过敏性疾病

住宅与人的日常生活关系最为密切。随着人们居住水平的不断提高，人们选择住宅已不再仅仅依据距离远近、地段好坏、房间大小等简单的标准，也不是单纯地追求美观、舒适、豪华，而是更注重住宅的内在品质——室内环境。因受各种因素影响，在室内环境质量日趋降低的今天，住宅的性能对人生理、心理健康发展以及人与自然协调发展都有着不可替代的作用。人一生中平均有80%以上的时间在室内度过，60%以上的时间生活在住宅中，而现代城市中室内空气污染的程度则比室外高出许多倍！尤其令人担忧的是，儿童、孕妇、老人和慢性病人等人群更加经常地停留在室内，并受到室内空气污染的危害。其中，儿童比成年人更容易受到室内空气污染的影响。据国内外学者报道，城市儿童每天约90%的时间在室内度过，其中在居室内的时间高达16小时，占到了一天时间的67%[1]。而且，儿童的身体正在成长中，呼吸量按体重比较成人高50%。因此，室内环境的日益恶化对儿童的健康有着关键的影响作用。

2.1.1　国内外儿童患病现况

哮喘，又称为支气管哮喘，是慢性呼吸道炎症，在儿童中属于较常见的一种威胁健康的疾病。根据发病诱因不同，哮喘可以分为过敏性和非过敏性两种。患病人员经常会出现喘息困难或喘鸣，发病时胸部会有紧紧的不舒适感觉，这些症状易发生于半夜或凌晨。儿童期是哮喘发作最为敏感的时期，部分儿童期发生的哮喘会延续到成年后。哮喘将成为目前和将来非常具有挑战性的慢性疾病之一。

鼻炎，指的是鼻腔黏膜和黏膜下组织的炎症，表现为充血或者水肿，患者经常出现鼻塞、流清水涕、鼻痒、喉部不适、咳嗽等症状。许多患有哮喘的儿童同时患有过敏性鼻炎，这是因为过敏性哮喘和过敏性鼻炎同为气道炎症性疾病，除发病部位和临床表现不同外，其诱因、发病机制、遗传及机体内部免疫功能是十分相似的。过敏性鼻炎为上呼吸道炎症，哮喘为下呼吸道变应性炎症，由于上、下呼吸道之间存在神经反射，所以可以认为过敏性鼻炎和哮喘只是同一种疾病的不同发展阶段。

湿疹，是一种常见的炎症性皮肤病，可发生于任何季节任何年龄及人体任何部位，其临床表现具有对称性、渗出性、瘙痒性、多形性和复发性等特点，常在冬季复发或加剧。儿童湿疹是一种变态反应性皮肤病，就是平常说的过敏性皮肤病，主要是对食入物、吸入物或接触物不耐受或过敏所致。湿疹好发于面部、头部、耳周、小腿、腋窝、肘窝等部位，患有湿疹的儿童起初皮肤发红、出现皮疹，继之皮肤发糙、脱屑，抚摩孩子的皮肤如同触摸在砂纸上一样，遇热、遇湿都可使湿疹表现显著。

世界卫生组织（World Health Organization，简称 WHO）报道，哮喘带来相关花费在全世界范围内比结核病和艾滋病的总数还高，专家预测到 2025 年还将再出现 1 亿新的哮喘病患者，这将带给各国政府、社会、家庭及病人自身十分沉重的负担[2-4]。

近些年来，哮喘和过敏性疾病的高发病率趋势越来越受到人们关注，很多国际知名组织开始进行了全球范围的调查研究，如图 2-1 所示。国际儿童哮喘及过敏性疾病研究（International Study of Asthma and Allergies in Childhood，简称 ISAAC）分别于 1992～1998 年和 1999～2004 年期间对 56 个国家儿童的哮喘及过敏性疾病患病情况进行了调查[6,7]。调查结果显示，三种过敏症状的总体平均患病率在十年间（从 20 世纪 90 年代初到 20 世纪末）呈现上升趋势：13～14 岁年龄组

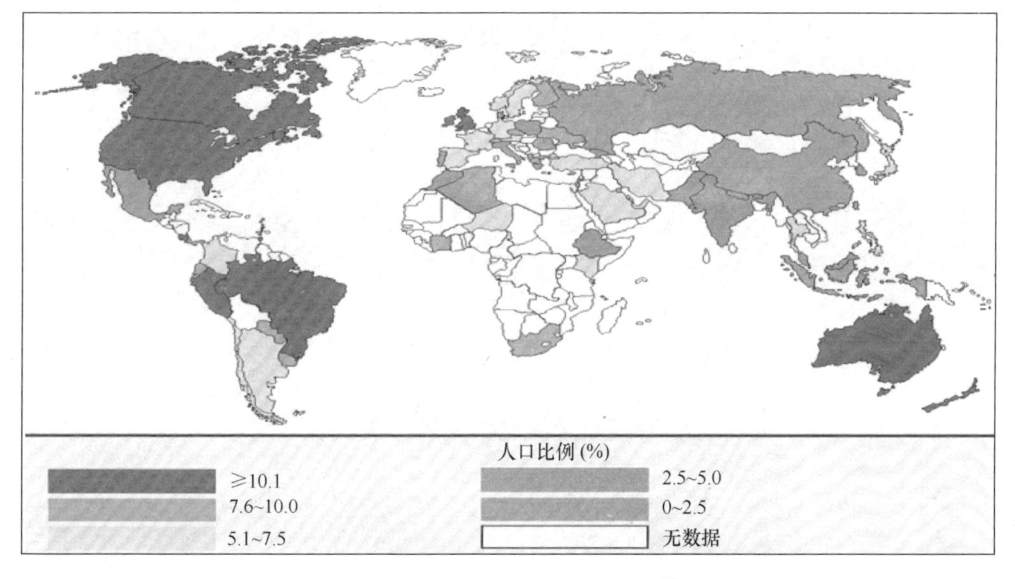

图 2-1 世界哮喘患病率分布图[5]

从 1.1%上升至 1.2%，6～7 岁年龄组从 0.8%上升至 1.0%；同时，儿童哮喘及过敏性疾病的患病率存在着地区差异，中国儿童哮喘患病率较西方国家低[6]。

我国儿童哮喘协作组分别在 1990 和 2000 年，对全国 27 个省市的 0～14 岁年龄段儿童的哮喘患病情况，进行了系统的整群抽样调查，调查地区包括中南地区（河南、湖北、湖南、广东、广西）、西南地区（重庆、贵州、西藏）、华东地区（上海、江苏、浙江、安徽、福建、江西、山东）、东北地区（辽宁、吉林、黑龙江）、西北地区（陕西、甘肃、宁夏）、华北地区（北京、天津、河北、山西、内蒙古），如图 2-2 所示[7]。调查结果显示 1990 年全国儿童平均哮喘患病率为 0.91%，27 个省市儿童哮喘患病率波动在 0.09%～2.60%之间；2000 年全国儿童平均哮喘患病率为 1.54%，27 个省市儿童哮喘患病率波动在 0.52%～3.34%之间。27 个省市除哈尔滨、长沙、广州、温州、济南 2000 年哮喘患病率较 1990 年无明显变化外，其余 22 省市哮喘患病率均较 1990 年有所上升，其中，重庆市 0～14 岁儿童哮喘患病率从 1990 年的 2.6%上升到 2000 年的 3.34%，并且在这两次调查中，哮喘患病率均为全国 27 个省市中最高[8]。全国不同地区的哮喘患病率进行对比发现，北方地区（华北、东北和西北）哮喘现患患病率（0.99%）低于南方地区（包括中南和西南，1.54%），而华东地区的哮喘现患患病率为最高（2.37%）[7]。

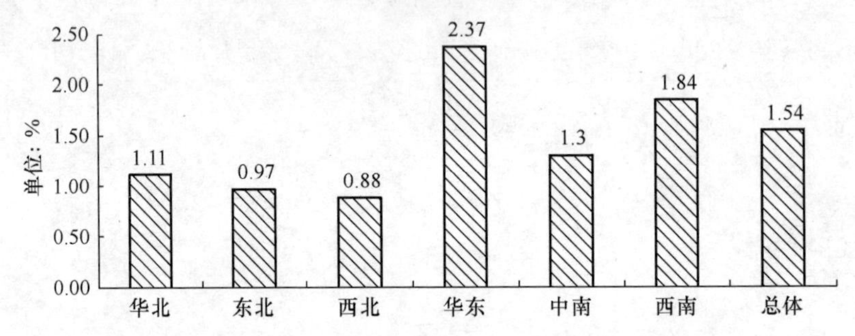

图 2-2 2000 年中国不同地区儿童（0～14 岁）哮喘现患患病率分布

（现患患病率指两年内有哮喘发作的病例数与同期总调查人数之比）

2.1.2 室内环境对儿童哮喘及过敏性疾病的影响

与哮喘和过敏性疾病的发病相关联的因素错综复杂，但主要可分为两个方面，即患者的个人体质和环境因素。患者的体质主要包括“遗传性”、机体免疫状态、精神心理状态、内分泌及健康状况等自身的主观条件，这些都是患者易感哮喘的重要自身因素。环境因素包括各种过敏原、刺激性气体、病毒感染、居住地区及居室条件、职业、气候状况、药物摄入、运动、食物过敏和饮食习惯。社会因素和经济条件等也可能与哮喘发生发展存在关联[9,10]。

国内外研究成果显示，尽管遗传是导致过敏性疾病的主要原因，但是遗传无法解释不同人群之间巨大患病率差异，更不可能是导致目前发病率上升的因素。越来越多的研究者认为，随着工业化社会的进展，近几十年人类的生活环境发生了很大变化，这种变化使得儿童的免疫系统受到诸如全球大气、水、土壤污染和食品、生活日用品、生活环境等化学制剂的刺激，这些因素对哮喘易感儿童非常不利，可导致其气道高反应性的发生，而这些因素在十几年前并不存在或剂量很少[11]。尽管生活环境对于过敏性和呼吸道疾病影响的确切因素和作用机理还不是很清楚，但是越来越多的学者和研究支持这种新型环境化学制剂与过敏性疾病存在“剂量一效应”的假说。环境因素（包括室内过敏原、细菌微生物、化学成分等）可能是致病并导致患病率急剧升高的主要原因[9]。另一方面，ISAAC 针对室外大气污染开展了国际多城市研究，结果表明，虽然大气污染会加重过敏病人的哮喘症状，但单纯的大气污染无法解释哮喘、过敏性疾病在不同地域之间的患病率差异。例如中国城市的大气污染比较严重（如颗粒物、SO_2 等），哮喘患病率却偏低；而像新西兰这样室外空气污染水平较低的地区却有着较高的哮喘患病率[6]。因此，国内外专家将研究的重点由室外环境转向室内环境，与哮喘和过敏性疾病相关的室内环境因素越来越受到关注。

2.2 中国室内环境与儿童健康研究（CCHH）

世界范围内曾经做过很多项关于哮喘和过敏性疾病的研究，然而，由于缺乏哮喘的标准定义及较为统一的研究方法，国内外各个研究得到的患病情况和影响患病的因素并不具有可比性。近年来，人们对哮喘的遗传、病理及临床特点已经有了较深的认识。1991 年在新西兰和德国的倡导下，国际儿童哮喘及过敏性疾病研究（ISAAC）诞生，ISAAC 采用标准化方法定义儿童哮喘及过敏性疾病。

ISAAC 核心问卷对有关哮喘、过敏性鼻炎及湿疹症状及其严重程度采用统一评价。尽管ISAAC第一阶段调查早已结束，世界各地的流行病学研究者仍继续采用ISAAC问卷关于哮喘、过敏性鼻炎及湿疹的核心问题，更有研究在核心问卷的基础上增加有关环境因素的问题，以考察地区差异等因素对哮喘及过敏性疾病的影响，并得出了很多可比性结论。关于儿童哮喘和过敏性疾病与室内环境的研究已经在瑞典、丹麦、保加利亚、美国、韩国、中国台湾等地陆续开展。这些研究首先采用问卷调查、横断面整群抽样方法，探索儿童哮喘和过敏性疾病的患病率及生活环境对患病的影响，然后根据问卷调查结果采集“病例”和“健康”儿童的住宅室内环境参数、空气样本及灰尘样本，研究室内微量化学或生物成分对儿童哮喘等的影响。

我国大陆地区关于儿童哮喘及过敏性疾病的研究多为医学界进行的流行病学调查，研究成果包括参与ISAAC第一阶段的调查及全国儿科哮喘协作组进行的调查，患病率较以往显著上升已经达成共识。这些研究中除遗传学的研究之外，也有少数研究室内环境的影响，但大都为小样本量并只关注环境因素的某些方面。因此，为了系统地研究环境因素，尤其是室内环境对儿童哮喘及过敏性疾病的影响，中国室内环境与儿童健康研究（CCHH：China，Children，Homes，Health）应运而生[12-13]。

中国室内环境与健康研究（CCHH），历经多次大型的学术会议和讨论，先后整合了建筑学（清华大学，上海理工大学，东南大学，西安建筑科技大学，哈尔滨工业大学）、环境科学（重庆大学，山西大学）、公共卫生与预防医学（复旦大学，新疆医科大学）、生命科学（华中师范大学）等不同学科的力量（图2-3），与国际室内环境和儿童哮喘研究的专家和高校院所紧密合作，以我国哮喘和过敏性疾病高发的学龄前儿童人群为研究对象，涵盖了中国东部、中部、西部共十个主要的城市，以目标人群停留时间最长、影响最大的住宅室内环境为切入点，采用问卷调查和实地入户采样分析相结合的研究方法，定性定量地分析住宅室内环境中的化学性污染（含多种新现化学物）、生物性污染及个体成长环境、生活方式、饮食等多方面的环境暴露，探讨住宅室内环境与我国儿童哮喘及过敏性疾病的关联及其健康效应，为进一步开展国际不同地区和国家的对比和合作研究奠定基础。

CCHH研究主要采用环境流行病学的调查方法与手段，对住宅室内环境与儿

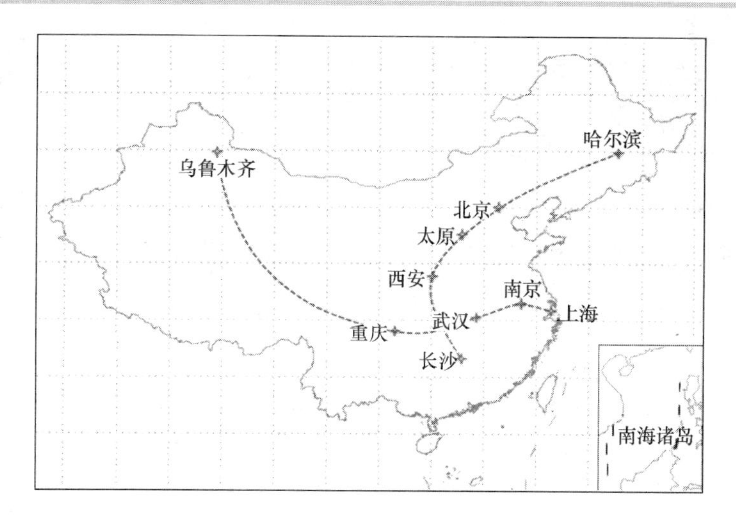

图 2-3 CCHH 项目研究主要城市分布

童的健康状况进行现状研究，并在此基础上评估疾病/症状的发生和可能引起（或预防）相应疾病/症状发生的环境暴露因素之间的联系。项目研究分为两个阶段（图 2-4）：第一阶段为横断面调查研究，即在中国主要的城市，采用问卷调研的方法对儿童的住宅室内环境和儿童健康状况进行现状调查，获得全国主要城市住宅室内环境特点及儿童哮喘及过敏性疾病的患病分布情况；第二阶段是病例－对照研究，根据第一阶段调查获得的基础数据，挑选出病例组（患病儿童）和对照组（健康儿童）进行对比研究，通过入户实地环境和儿童生物学样品采样测试、专业人员现场评估以及对测试家庭父母的二次调查进一步明确影响儿童各种健康问题的室内环境暴露因素。

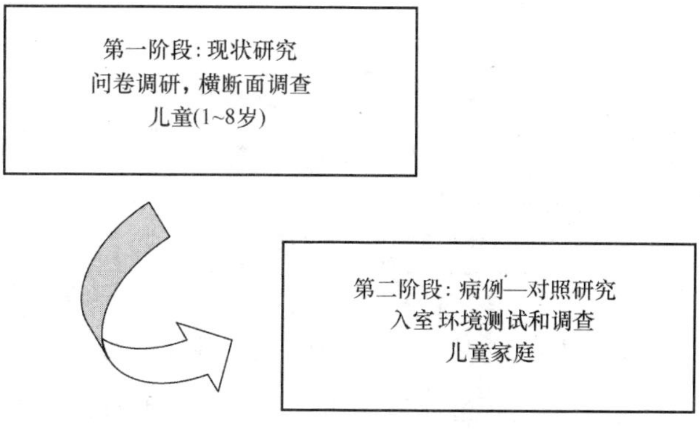

第一阶段：现状研究
问卷调研，横断面调查
儿童(1~8岁)

第二阶段：病例—对照研究
入室环境测试和调查
儿童家庭

图 2-4 CCHH 项目研究流程图

2.2.1　问卷调查研究

中国室内环境与儿童健康研究从中国的实际情况出发，并参照在国际上有影响力的室内环境与儿童健康研究，如 DBH（Dampness in Buildings and Health）等，在全国 10 个城市首先开展了住宅室内环境与儿童健康影响的问卷调查。

（1）调查目的

项目进行问卷调查的主要目的是获得住宅室内环境与儿童健康的现状，为系统的研究环境因素对儿童健康的影响提供基础数据。项目调查的对象为幼儿园在校儿童，这部分儿童年龄主要集中在 3～6 岁。

（2）问卷设计

项目采用的问卷主要包括儿童健康和室内环境两方面的内容，其中，儿童健康方面主要采用国际儿童哮喘及过敏性疾病研究协会（ISAAC）中关于人体哮喘和过敏性疾病的核心问题，此问卷也在中国大陆地区参与 ISAAC 国际研究中使用[14]，且经与临床研究的对比，其有效性得以验证[15]。室内环境方面主要是参考在瑞典、丹麦、保加利亚、美国、新加坡等相关研究中使用的关于建筑信息、行为习惯和环境因素的问题，这些问题均在世界范围内得到了广泛的认可和验证，在此基础上结合中国社会经济水平、人文风俗和建筑特点进行了调整和修改。调查问卷考虑了住宅室内环境中可能与人体健康相关的因素，采用了近 80 个问题（部分问题还有多个子问题），这些问题最终分为五部分：人口统计学特征、人体健康、住宅环境、生活习惯及儿童饮食习惯（图 2-5）[13]。

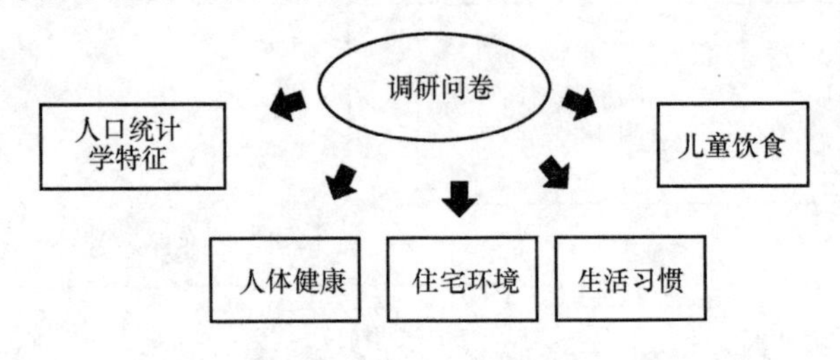

图 2-5　CCHH 第一阶段研究问卷调查内容

人口统计学特征主要包括儿童性别、年龄、儿童出生时及现阶段的身高/体重、母乳喂养持续时间、儿童入园情况、母亲怀孕周期、母亲怀孕时的年龄及职业情况等。

人体健康信息涉及儿童哮喘、过敏和呼吸道症状（包括喘息困难、夜间干咳、鼻炎、湿疹、肺炎、耳炎和感冒）等的既往病史（含经医生诊断的疾病史）和过去12个月的发病情况，以及食物过敏、家庭过敏史、病态建筑综合征等[16-17]。

住宅环境涉及建设年代、住宅类型及所处位置（城区/郊区/农村）、住宅面积、装饰与装修材料、供热与通风系统、潮湿情况、气味感知等。这一部分旨在了解调查家庭的环境特点，也是本研究中最为重要的理论构建测度问题之一，其中绝大多数问题均根据我国不同地域的实际情况进行了增删与修正。

生活习惯涉及宠物喂养、清洁习惯、室内设备、家庭成员吸烟情况、开窗习惯等。这一部分中，部分问题采用了瑞典的 DBH 研究，如宠物喂养、吸烟情况等，旨在更加全面地获得调查对象生活习惯对人体健康的影响[18]。

儿童饮食习惯涉及儿童吃汉堡、炸鸡等快餐食物及儿童经常吃的零食（甜点、速溶速冻食物、膨化食品）等的摄入频率。饮食对儿童健康，包括呼吸道和过敏性疾病的健康有重要的影响，这部分问题的设计也是问卷设计中的一个创新之处，旨在了解儿童日常饮食对其健康的影响。

问卷初步设计完成后通过预调查对问卷进行了进步的改进和完善。在率先开展研究的重庆市，随机选择了一所幼儿园的 100 名儿童，按照调研方案中的实施流程开展试调查。结果显示，预调查问卷回收率为 82%，比较高的问卷回收率说明以幼儿园为平台进行问卷调查的可行性，肯定了在调研过程中与幼儿园老师沟通的重要性，可以充分发挥幼儿园老师对儿童家长的积极引导作用。同时，利用幼儿园的家长会等与家长进行面对面交流沟通，为问卷调查实施细节的把握提供了帮助，提高问卷调查结果的准确性和实施的操作性。

通过预调查有效地验证了问卷问题措辞和答案选项设计的合理性和目的性，分析了问题的设计目的与调查结果的一致性，调整问题措辞以保证问题目的的明确性，对比答案的实际分布特点分析设计答案选项的代表性和有效性，对“其他”等无意义的选项所占比例过高的问题重新设置答案选项，对分布差异性很大的问题进行深度分析，结合调查对象的态度和认知、问题的措辞描述等对问卷进行完善。最后，通过与幼儿园老师的沟通和未返回问卷原因的询问，获得调查过程中容易引起不响应的原因，调整问卷整体的布局、颜色和问题顺序，改善调研实施细节。最终经过专家论证确定中国室内环境与儿童健康研究（CCHH）全国普遍使用的问卷版本（图 2-6）。

编号：______

中国室内环境与儿童健康

课题组

儿童健康与住宅空气品质研究

儿童哮喘、过敏性疾病与室内空气品质调查

告家长书

各位家长：

您好！

调查表明，现代人平均有超过 80%的时间在室内，且 65%的时间是在家里。大部分研究表明室内空气污染的程度远远高于室外环境！哪类人群是经常停留在室内并容易受到室内空气污染的严重影响呢？是儿童、孕妇、老人和慢性病病人。因此，室内空气污染对儿童的危害不容忽视！

室内装修、室内家具、杀虫喷雾剂、化妆品、厨房的油烟以及寄生于室内装修材料、生活用品和空调中的螨虫、霉菌及细菌等有害物质不仅单独对处于发育期儿童的健康产生极大的影响，它们的相互作用还会加重对儿童健康的危害。

保护孩子的健康，不仅是您的责任，也是我们科研人员的义务和责任。为此，国内多所顶尖高校和科研院所众多教授、博士、硕士成立了中国室内环境与儿童健康课题组，涉及儿童医学、室内空气品质、环境分析等多个领域。专业的科研人员将有针对性的深入分析居住环境对儿童健康的威胁程度，研究居住环境对儿童健康的影响、保障孩子健康成长。

现在您手中这份问卷就是关于您孩子的居住环境和身体健康状况的一个调查。我们将会通过您填写的资料、分析居住环境中威胁孩子健康的潜在因素、研究影响孩子健康成长的环境因子，根据孩子的居住环境和历史健康状况对孩子未来的健康状况进行预判，有针对性的寻找减少孩子患病可能性的途径与方法。我们将以深厚的理论知识为后盾，减少您的孩子在以后生活中可能存在的健康隐患，为他们的健康成长保驾护航。本次调查采用不记名方式，调查结果统一由学校进行保密处理、数据信息仅做科研使用，所有发表的科研成果中将不会涉及您孩子和家庭的任何信息。

因此，为了您孩子的健康，我们真诚的希望，您能够百忙之中抽出时间填写这些问题，向我们真实展现您的居住环境和孩子的健康状况。我们相信，在您和我们的共同努力之下，您的孩子的明天一定会更好。

最后，再一次衷心感谢您对我们科研工作的帮助与支持！

中国室内环境与儿童健康课题组

2011 年 6 月 1 日

图 2-6　中国室内环境与儿童健康研究（CCHH）调研问卷

（3）样本量计算

样本容量的大小受到包括总体方差、估计精度与可靠程度等因素的影响，样本容量的设计就是要找到一个可以满足各方面条件的样本容量[19]。中国室内环境与儿童健康研究第一阶段问卷调查的目标是儿童健康与室内环境，为多目标抽样调查。针对目标抽样，样本量确定一般分为两种原则：一种是取大原则，即取根据各项研究指标确定样本容量中的最大值为调查的样本容量，这样处理会满足抽样误差的要求，但这样做有可能导致调查费用支出较大，甚至有浪费的情况出现；另一种为“重要性”原则，即将所有的调查指标按照其在本次调研中的重要作用进行排序，取排列前三位或前五位中的样本容量最大值，这样做能保证重要资料的精确度要求，如果非重要资料的样本容量要求高，有必要为非重要资料增加费用支出，可以做到既从整体上保证资料的精确度需要，又节约了一定的经费[20]。

本次调研包含了儿童健康和室内环境方面的众多目标，样本容量计算采用重要原则成了首选。然而，现有建筑室内环境和儿童健康的基础数据较为匮乏，大部分都难以科学准确的基于现有的分布特征计算样本容量。其中，项目的关键调查指标之一——儿童哮喘的患病率，有来自全国哮喘协作组在1990年、2000年开展的全国范围的调研的结果，因此，儿童哮喘可以作为一个调查指标，称为样本量估计的重要因素。

最小样本容量的计算可以参考标准的统计学公式，不同的抽样方法有不同的公式，但是公式检验表明，当误差和置信区间一定时，不同的样本容量计算公式计算出来的样本量是十分相近的，所以，我们完全可以使用简单随机抽样方法计算最小样本容量的公式去近似估计其他抽样方法的样本量，这样可以更加快捷方便，然后将样本量根据一定方法分配到各个子域中去。

（4）CCHH研究的抽样方法

参与CCHH研究的城市采用的抽样方法大多是基于多阶段的抽样方法，既考虑了覆盖城市不同特点的行政区（如商业区/工业区/居住区，或市区/城乡结合带/郊区/县），又兼顾了每个行政区所辖幼儿园/学校样本的随机性，再基于各个地区的实际特点充分结合调查实施的可行性和代表性，按照科学的抽样方法进行。其中，以重庆地区的问卷调查为例，为了使调查对象能够代表重庆市主城区整体情况的同时又能够满足本调研工作的可行性，重庆地区采用多阶段抽样方法。首先，对所有的城区进行编号，采用简单随机抽样方法抽取了N个主城区。第二步，对选定的城区采用整群抽样方法抽出n个幼儿园，对幼儿园的全部在校儿童进行问卷调查。

项目第一阶段现状研究问卷发放从2010年11月底开始，到2012年4月所有参与城市调研结束。在这个过程中，项目组成员需要走访选定的幼儿园，向每位被调查对象分发关于室内环境和儿童健康的调查问卷，由儿童带回家中待其家长完成问卷的填写。在问卷发出后一周左右，项目组成员再次拜访幼儿园，将调查问卷收回，调查过程得到被调查儿童家长的同意与协助。

中国室内环境与儿童健康研究（CCHH）第一阶段的问卷调查，各个参与的城市中均事先征得了儿童所在幼儿园的负责人及儿童家长的知情同意，对参与调研的儿童、家长及家庭等信息，均做严格保密处理。

2.2.2 病例对照研究

项目研究第二阶段主要是基于第一阶段的基础数据，选定病例组与对照组儿童，通过现场观察、客观测试与主观投票的方法对室内环境进行评价，包括环境暴露水平和健康危险评价。这一阶段的研究对象是通过对第一阶段基础数据进行筛选之后确定的，主要以儿童的健康状况作为选定的依据，病例组儿童拟定选取200名，对照组儿童拟定选取200名。确定研究对象后，项目组将分别对病例组和对照组中儿童居住环境的物理参数进行测试、采集空气和粉尘样品进行实验室分析、对室内环境进行专业观察评估、对儿童父母进行二次调查，得到住宅建设年代、装修情况和室内结构等信息，实现对住宅室内环境的全面评估。目前这一阶段的工作正在不同的城市积极开展和深入推进。

2.3　中国室内环境与儿童健康研究(CCHH)阶段成果

中国室内环境与儿童健康项目第一阶段调查开展的时间为2010年11月～2012年4月，调查的城市包括北京、重庆、长沙、哈尔滨、南京、上海、太原、武汉、乌鲁木齐、西安，各个城市主要以幼儿园作为调查平台独自开展调查活动，通过幼儿园进行问卷的发放和回收，共收集问卷近5万份。

项目研究各个城市进展时间各不相同，由于各个城市总人口的差异以及每个城市所需最小样本量的不同，不同城市在第一阶段的横断面研究中获得的有效问卷数目和问卷回复率也大不相同。图2-7显示了各个城市回收的问卷数量及其对应的回复率，其中，上海共有15266名调查对象回复了问卷，是十个城市中回复人数最多的城市，其次是北京和重庆，分别为5876份和5299份。各个城市问卷的回复率基本上保持在60%以上。大量的回复对象和较高的问卷回复率代表了调研拥有较好的代表性和可信度，这为后期的研究奠定了良好的数据基础。

2.3.1　调查城市总体情况

中国室内环境与儿童健康研究（CCHH）开展的10个城市横跨了几乎整个中国的版图，北至哈尔滨，南至长沙，东至上海，西至乌鲁木齐，涵盖了中部地区、西部地区、东北地区和部分东南地区（图2-3）。

（1）社会背景

中国中西部地区和东北地区作为国家发展的战略重地，经济总量占全国的比重

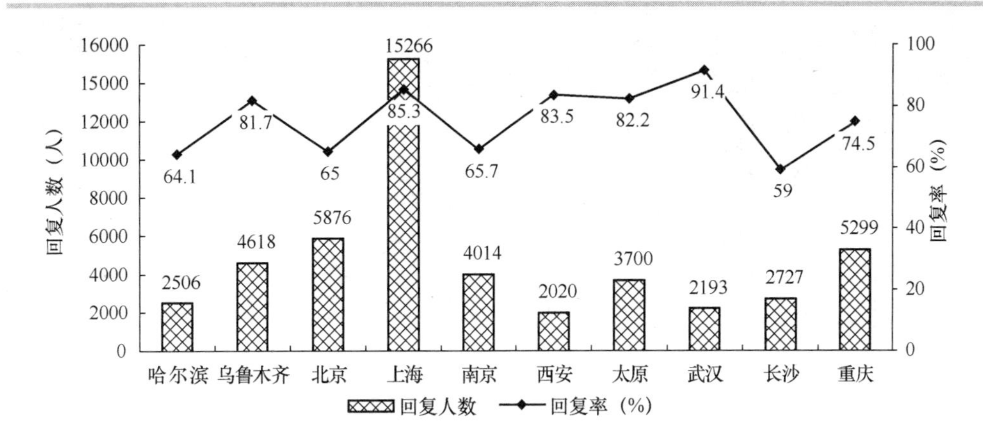

图 2-7　CCHH 研究各城市调查问卷回复情况

持续上升，北京、上海等区域重点城市发展迅速，区域发展呈现出了协调性增强的趋势（图 2-8）。西部大开发、振兴东北老工业基地、促进中部地区崛起等区域发展战略向纵深推进，区域间产业梯度转移步伐加快，中西部地区发展潜力不断释放。2011 年，中部地区、西部地区、东北地区全社会固定资产投资占全国的比重分别为 23.2%、23.5%和 10.7%，分别比 2002 年提高了 5.5、3.2 和 2.4 个百分点。

“十一五”期间，我国积极推进大中小城市和小城镇的协调发展，加强城市建设管理，城市规模不断扩大，其中重庆、北京、上海等城市人口均在 1000 万以上，随着城市行政区域的调整，城市行政区域范围不断扩大，城镇人口不断增长，城镇化高速发展（图 2-8）。社会经济的高速发展、人口的急剧增加使得人居环境的重要性凸显了出来，人与环境和谐发展已然成了社会稳定和经济增长的重要保障。CCHH 研究城市包含了在中部地区、西部地区、东北地区这些经济高速发展的地区，通过深入研究高速经济发展和城镇化所带来的人居环境问题，促进社会经济的和谐健康发展。

（2）气候背景

中国室内环境与儿童健康研究城市分散在中国三个气候区（图 2-9），其中哈尔滨和乌鲁木齐位于严寒地区，北京、太原和西安位于寒冷地区，重庆、长沙、南京、武汉和上海位于夏热冬冷地区。不同的建筑气候区背景下不同城市的气候特点有着明显的区别，比如哈尔滨是中国纬度最高、气温最低的大都市，四季分明，冬

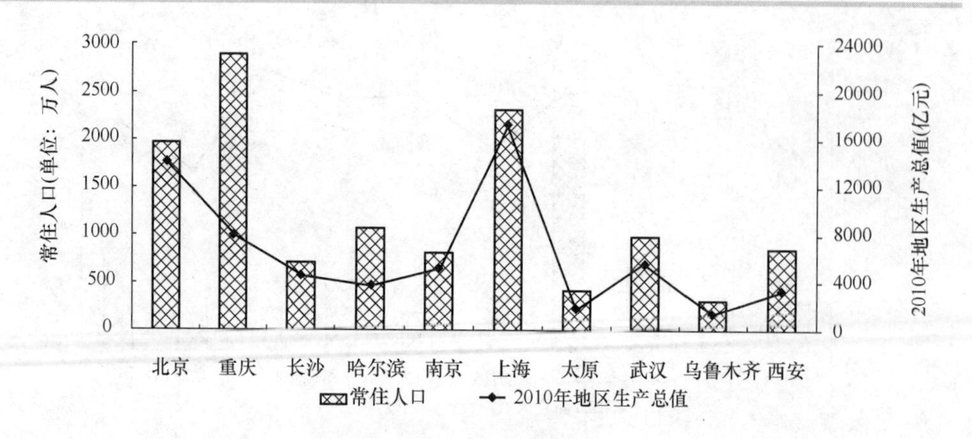

图 2-8　项目研究各主要城市的常住人口和 2010 年地区生产总值

（源自：中国统计年鉴 2011）

季漫长寒冷，夏季短暂凉爽；北京为典型的暖温带半湿润大陆性季风气候，夏季高温多雨，冬季寒冷干燥；重庆作为典型的夏热冬冷地区城市位于中国内陆西南部，气候温和，属于亚热带季风性湿润气候，无霜期长，雨量充沛，全年多雾。

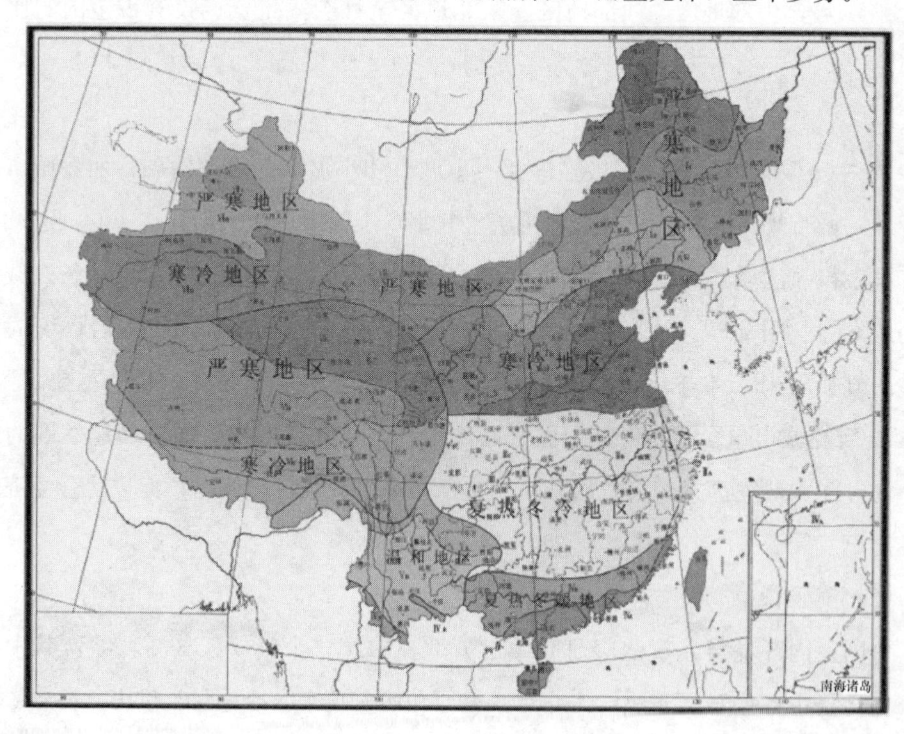

图 2-9　中国建筑气候区划图[23]

位于不同气候区的城市有着不同的室外气候背景，为了维持室内舒适健康的生活环境，不同气候区的城市在建筑设计、施工、设备选取等方面有着不同的需求重点，由此产生的室内环境问题也有着差异。北方严寒地区的住宅在冬季采用集中采暖，冬季门窗紧闭，由于建筑保温设计不合理、室温低及墙面易结霜容易生霉，一般多产生于白灰砂浆面层，包括曲霉、念球霉菌、孢子菌、隐球菌及普色霉菌等，对人体的健康有着很大的威胁，尤其是哈尔滨地区[22]；夏热冬冷地区的气候特点为高温高湿，住宅室外较高的湿度极易造成室内潮湿问题，使得建筑内部结构产生潜在的潮湿因素，导致室内的家具褪色起霉点，为霉菌的滋生提供了条件。研究城市拥有多样的气候特点，通过对比不同地域的建筑设计、设备选取、使用策略等，探索住宅设计使用过程中产生的室内环境污染，可以从根本上发现产生问题的原因，从而有效确保不同地域的住宅室内人员的舒适与健康。

（3）环境背景

研究城市中，2010 年空气质量达到国家二级标准比重范围为 72%至 93%，乌鲁木齐的空气质量相对较差，长沙和上海空气质量最好；各个城市可吸入颗粒物（PM_{10}）含量均未超过标准要求，其中长沙和上海的状况仍然最好（图2-10）。

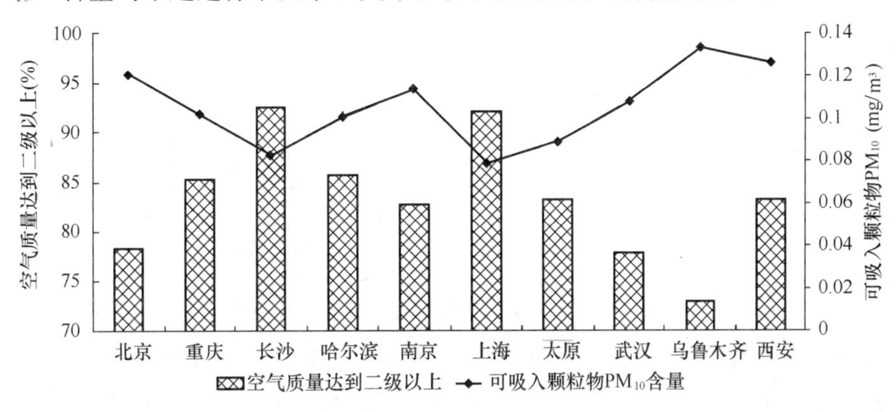

图 2-10 项目研究各城市 2010 年城市空气质量达到二级以上比重和可吸入颗粒物 PM_{10} 含量

（源自：中国统计年鉴 2011）

总体上看，项目研究各城市的空气质量存在着一定的差距，各城市住宅室内的环境情况也会有所不同，使得室内污染水平出现差异。室外环境对室内环境的影响不仅是不能忽视的，而且是至关重要的，城市空气质量的优劣极大地影响了室内环境。室内空气来自于室外，室外空气中各种污染物密切影响着室内空气，当室外空气中某种污染物含量过高，可以通过门窗直接进入室内，影响室内空气质量。

（4）健康背景

儿童健康问题中支气管哮喘是最常见的慢性呼吸道疾病之一。近年来，世界各国哮喘患病率都呈明显上升趋势。为了解我国城市儿童哮喘的状况，2000 年全国儿科哮喘防治协作组对全国城市儿童哮喘患病率进行了调查，每个省选取 1～2 个有代表性的城市，每个城市抽取 1～2 个城区的最小样本量 1 万人进行调查，调查对象为 0～14 岁儿童[7]。

对应于中国室内环境与儿童健康研究进行的 10 个城市中，2000 年，重庆和上海儿童哮喘患病率最高，现患患病率均为 3.34%，累计患病率分别为 4.63%和 4.52%，乌鲁木齐儿童哮喘患病率最低，现患患病率为 0.61%，累计患病率为 0.66%。我国幅员广大，人口密度、地域环境、经济发展等相差较大，人口稀少的高原地区患病率明显低于其他城市，人口密度高的重庆、上海的患病率明显高于其他城市（图 2-11）。

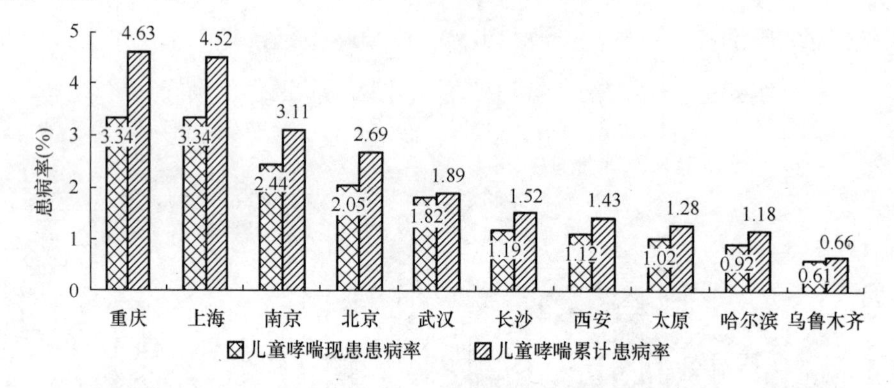

图 2-11 项目研究城市 2000 年儿童哮喘现患患病率和儿童哮喘累计患病率[1]

本项研究综合考虑了经济、气候、环境及儿童健康的患病率等因素的差异，选取了覆盖中国中部地区、西部地区、东北地区和部分东南地区的多个城市作为研究对象。调查中国主要城市儿童哮喘及过敏性疾病的患病情况，既衔接了此前国内对相关儿童健康的研究，又可以与国际上儿童哮喘及过敏性疾病的整体发展趋势开展对比研究，深入分析儿童哮喘及过敏性疾病的发展及环境因素，尤其是室内环境对儿童呼吸道健康的影响。

2.3.2 儿童人口学特征和患病情况

中国室内环境与儿童健康研究各城市调查对象中男女比例基本上保持在1∶1，男女分布均衡（图 2-12）。本项目研究中，3～6 岁的儿童构成了各城市调查对象的主体（图 2-13）。

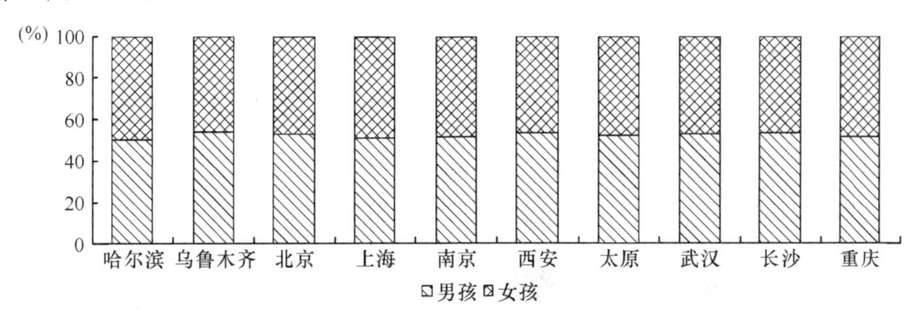

图 2-12 研究参与城市调查对象性别比例

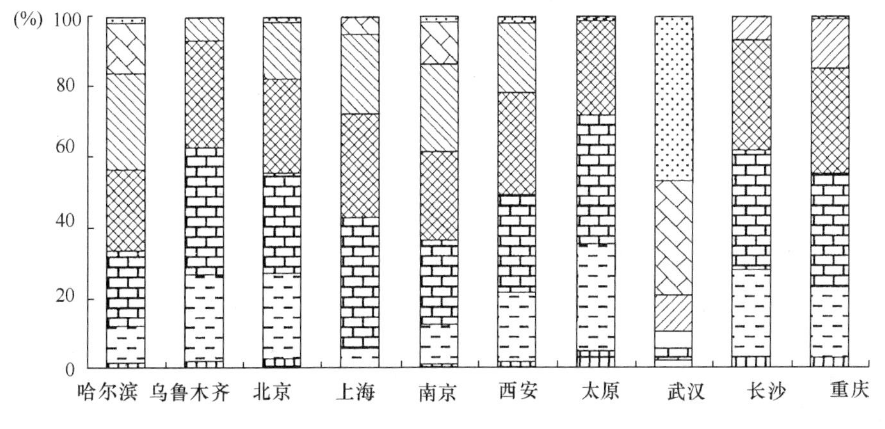

图 2-13 研究参与城市调查对象年龄分布

针对儿童家庭中有过敏史的比率（即被调查儿童的家庭成员中患有过敏性疾病）进行调查，结果显示，西安地区自我报告的家庭过敏病史最低，为 9.2%，其他城市的调查对象中均有超过 10.0%的家庭有过敏病史，其中上海、乌鲁木齐和北京的家庭过敏病史的比率最高，分别为 19.4%、19.8%和 23.4%。十个城市中，哈尔滨、西安、太原和重庆的家庭过敏病史水平均较低，南京、武汉和长沙的水平居中。家庭过敏病史是影响儿童患哮喘和过敏性疾病的一个遗传因素，过敏体质通常与家族成员间的过敏病史相关，如果父母患有同一种过敏性疾病，那么子女获得这种疾病的可能性高达80%，因此，儿童家庭成员中有人患有哮喘或过敏性疾病将会对儿童是否患哮喘或过敏性疾病产生重要影响，增加儿童患病的风险。

儿童的哮喘和过敏性疾病的患病状况是本研究针对儿童健康的一项重要调查。其中，针对儿童健康的指标，主要涉及两个方面的调查：第一，疾病或症状的现患率，指过去某一时间段内（一般指12个月内），患有某一疾病或出现某症状的人数占总调查人数的比率；第二，既往（曾经）患病或症状的比率，指过去任何时候，曾经患过某疾病或症状的人数占总调查人群的比率。另外有经医生诊断的疾病，指曾经被医生诊断患有某疾病的比率。其中，疾病或症状的现患率，反映了当前目标人群一学龄前儿童中的哮喘及过敏性疾病等的疾病负担情况，对与疾病相关的医疗资源的配置、疾病诊断和治疗以及疾病预防等方面有着重要的参考意义。

中国室内环境与儿童健康研究第一阶段的调查结果显示（图2-14），目前，我国主要城市学龄前儿童（3～6岁）过去12个月的哮喘症状（13.9%～23.7%）、鼻炎（24.0%～50.8%）及湿疹（4.8%～15.9%）等的现患率呈较高的水平。学龄前儿童累计患肺炎的比例呈现较高的水平（25.5%～41.7%）。

（1）哮喘

儿童哮喘问题作为主要调查的健康问题之一，哮喘患者的常见症状是发作性的喘息、气急、胸闷或咳嗽等症状，常伴有呼吸困难、以呼气流量降低等特征。本次调研主要涉及的症状包括：喘息症状，指儿童出现呼吸困难，胸部发出像哮鸣一样的声音；晚间干咳，指晚间出现干咳症状持续时间超过两周（近12个月内）及经医生诊断的哮喘。

调查显示，乌鲁木齐儿童曾经出现喘息症状的比率最高，其次为武汉，均超过了30%；哈尔滨地区儿童曾经出现喘息病症的比率最低，为19.6%，如图2-15所示。乌鲁木齐儿童最近12个月内出现喘息症状的比率依然最高，为23.7%，儿童最近12个月内出现喘息症状的最低比率出现在西安，为13.9%（图2-14）。10个城市调查最近12个月内出现喘息症状比率的分布与曾经出现喘息症状的分布是大体相同的，即儿童最近12个月出现喘息症状比率较高的城市，其儿童曾经出现喘息症状的比率也比较高。

干咳是哮喘的又一个症状，一般多出现在夜间。图2-16显示，上海儿童最近

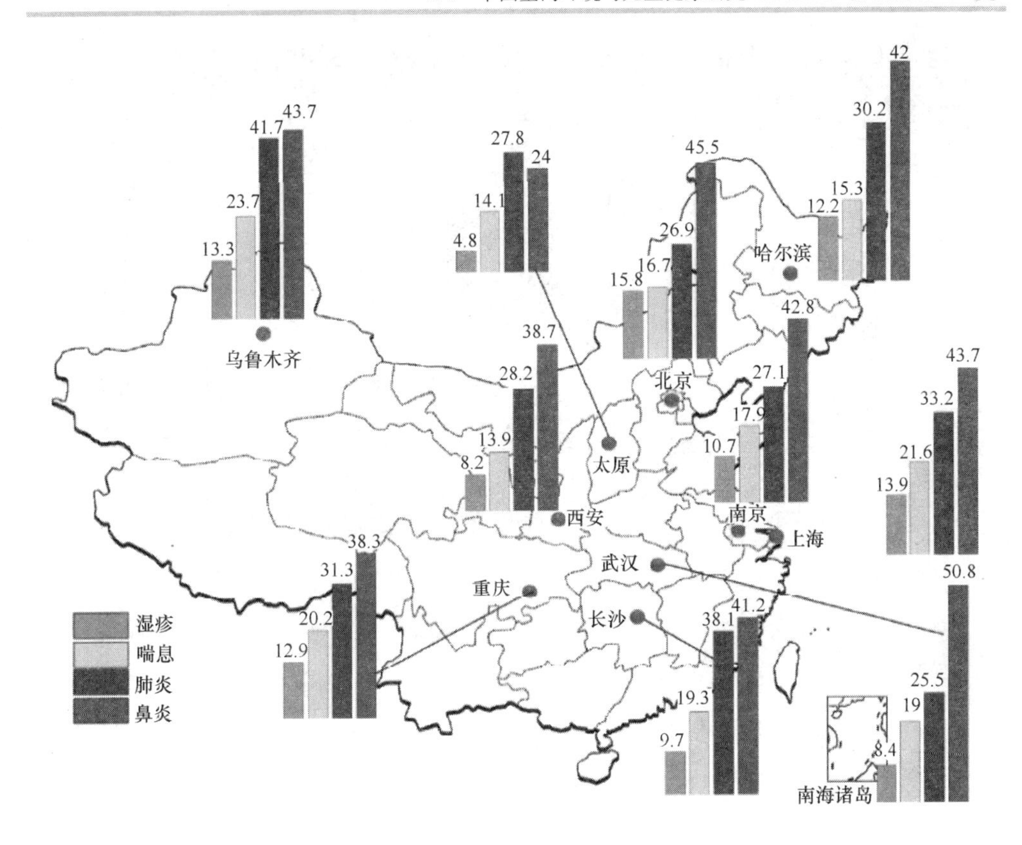

图 2-14 各调查城市儿童过去 12 个月鼻炎、喘息和湿疹症状及既往肺炎的患病率（%）

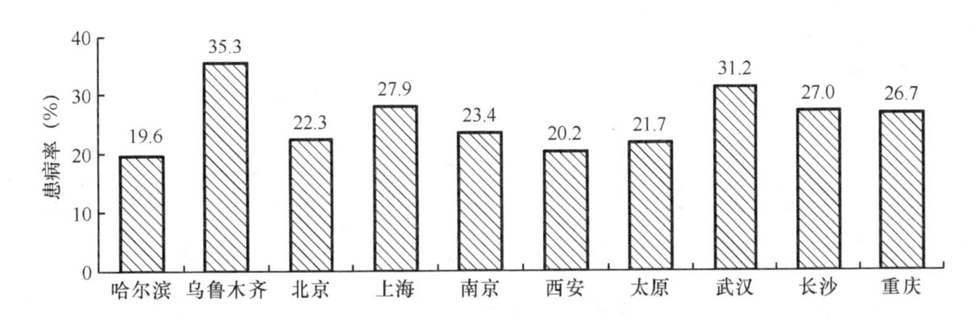

图 2-15 项目研究各城市儿童曾经喘息症状

12 个月内出现干咳症状，且持续两周的比率最高，为 19.7%，其次为北京、重庆和武汉。太原儿童最近 12 个月内出现干咳症状的概率最低，为 7.9%。同时，上海儿童经医生确诊哮喘的患病率最高，为 9.8%，南京儿童确诊哮喘患病率居第二，为8.8%，太原儿童确诊哮喘的患病率最低，仅为1.7%。

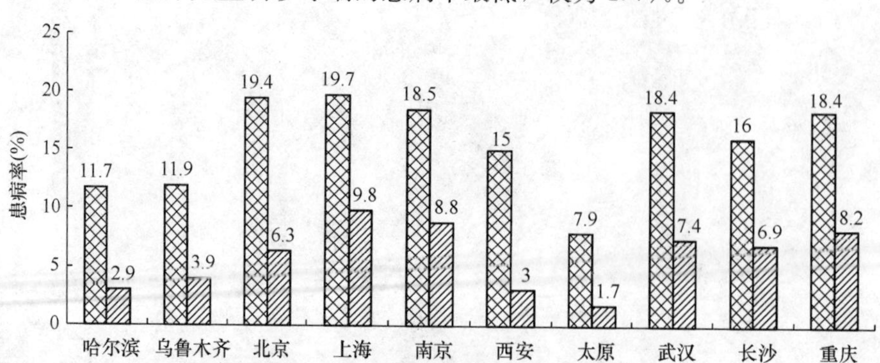

图 2-16 项目研究各城市儿童最近12个月干咳症状和确诊哮喘患病率

(2) 鼻炎

儿童过敏性鼻炎也是重要调研内容之一，其症状和体征有很大的变异，多不典型，包括鼻痒、交替性鼻塞、打喷嚏（通常是突然和剧烈的）、流鼻涕、鼻腔不通气等。过敏性鼻炎的症状主要为可以容易发现和观察到的症状，即在没有感冒或患流感情况下出现打喷嚏、鼻塞等问题，动物、植物和花粉等均可能导致该症状发生。

各城市调查儿童曾经出现过敏性鼻炎症状比率如图2-17所示，武汉3～5岁儿童曾经出现过敏性鼻炎病症的比率最高，太原儿童曾经出现过敏性鼻炎症状的概率最低，变化的趋势与近12个月儿童出现的过敏性鼻炎症状的趋势相同。从整体来看，各个城市儿童在没有感冒或患流感情况下出现打喷嚏、鼻塞等症状的比率呈较高水平。

儿童过敏性鼻炎常常会由一些过敏原引起，动物、植物和花粉是最常见的过敏原。调查如图2-17所示，武汉地区儿童因接触动物而出现过敏性鼻炎症状的儿童的比率最高，哈尔滨地区的比率最低；且武汉地区儿童由于接触植物、花粉而引起过敏性鼻炎症状的比率在10个城市中依然最高。

经过医生确诊的鼻炎患病率调查结果显示（图2-17），武汉3～5岁儿童确诊鼻炎的患病率远高于其他城市，哈尔滨、西安和太原确诊鼻炎患病率明显较低。

(3) 湿疹

儿童湿疹症状主要是指皮肤瘙痒，好发于四肢内弯侧，是常见的一种过敏性皮

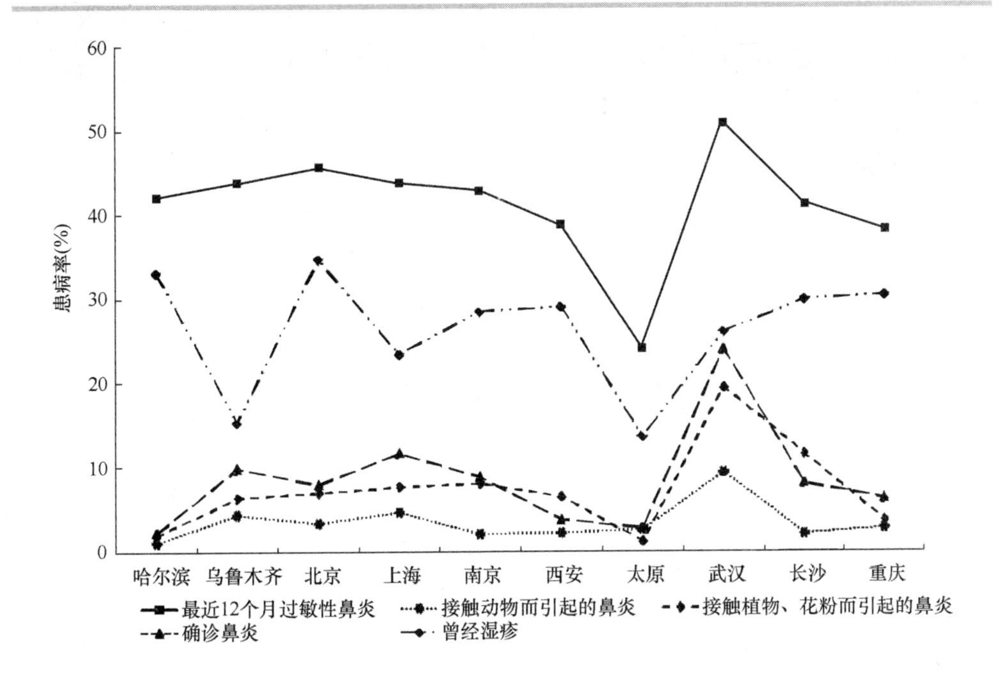

图 2-17 儿童曾经患过敏性鼻炎和湿疹症状比率

肤病，其病情易反复，病因较复杂，多由于某些外界或体内因素的相互作用所致。调查显示（图 2-17），北京儿童曾经出现湿疹症状的比率高于其他城市，为34.7%，哈尔滨和重庆紧随其后，分别为33.1%和30.4%，最低比率出现在太原，为13.6%。最近12个月出现湿疹的症状，北京儿童的比率也为最高，为15.8%，其次为上海，为13.9%，太原儿童最近12个月患湿疹的比率最低，仅为4.8%。

（4）其他健康问题

儿童其他健康问题包括肺炎、食物过敏和非正常感冒（近12个月，儿童感冒超过6次），也进行了调查，结果分别显示，肺炎，作为儿童常见的呼吸系统病之一，在我国城市儿童中有较高的既往患病率（25.5%～41.7%）。其中，乌鲁木齐儿童肺炎患病率最高。非正常感冒是指儿童最近12个月患感冒次数大于6次，儿童感冒主要是由于身体的抵抗力非常弱、承受能力比较弱造成的，但是频繁的感冒就可能是由于其他外在因素，例如经常接触感染，不断刺激造成的，对儿童的健康发育造成很大的影响。结果显示，重庆地区儿童最近12个月患感冒次数大于6次的比率远高于其他城市，其他城市儿童患病的比率分布相对均匀，基本都在均值8.2%上下徘徊。

食物过敏是由于某种食物或食品添加剂等引起的免疫反应，而导致消化系统内或全身性的变态反应，儿童食物过敏的主要途径有胃肠道食入、呼吸道吸入、皮肤接触或注射、通过人乳和胎盘进入等。儿童食物过敏的患病率如图 2-18，结果显示北京儿童食物过敏的患病率最高，达到了 23.9%，太原儿童食物过敏患病率最低，为 12.7%。

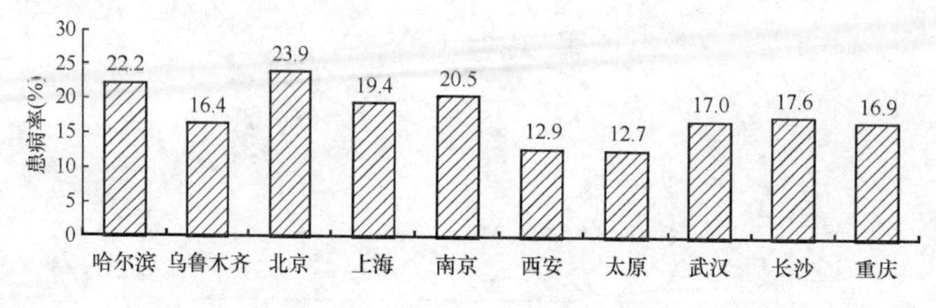

图 2-18　儿童食物过敏患病率

2.3.3　儿童住宅和室内环境情况

（1）住宅位置

研究调查的住宅主要集中于城市，郊区和农村偏少，如图 2-19。城市人口稠密，区域功能完善，包括了住宅区、工业区和商业区；郊区是位于城市地区的外围区域，人口较稠密，与城市中心经济发展、生活方式和生态系统密切相关；农村一般指农业区，包括集镇、村落，以农业产业为主，包括各种农场、园艺和蔬菜生产等。所有调查城市中，超过 60%的住宅位于城市，其中，哈尔滨、乌鲁木齐、北京、太原和长沙调查的住宅中有约 80%以上位于城市。重庆地区调查的住宅中有

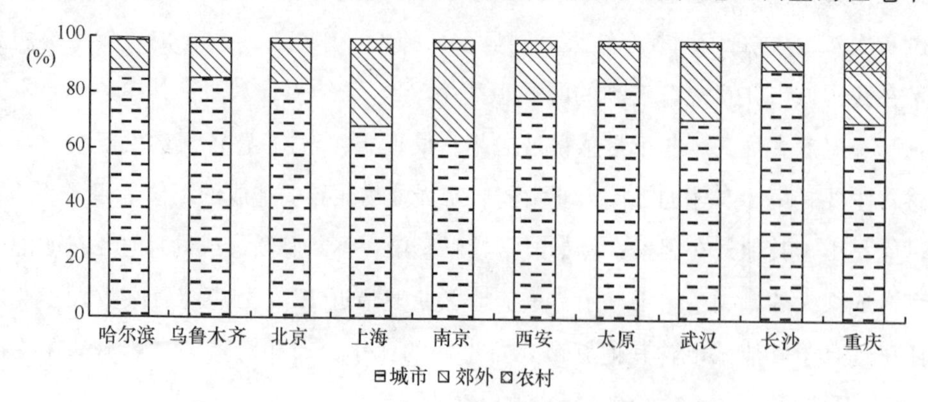

图 2-19　CCHH 项目研究各城市住宅所处地理位置

约10.4%位于农村，相对于其他城市，农村地区的住宅比率为最高。不同地区的人的社会经济背景、文化教育水平、生活习惯等有着明显的差异，住宅类型和特征也存在着差异，对住宅室内环境都有一定程度的影响。

（2）住宅类型

研究调查的住宅大部分为多户公寓住宅，单户住宅次之，独栋别墅或联排别墅最少，各城市住宅类型分布如图2-20。多户公寓住宅是最常见的住宅类型，单户住宅多见于农村；单户住宅和别墅类建筑相对于多户公寓住宅通风条件要好一些，可以较为有效的排除室内有害气体，引入新鲜空气。

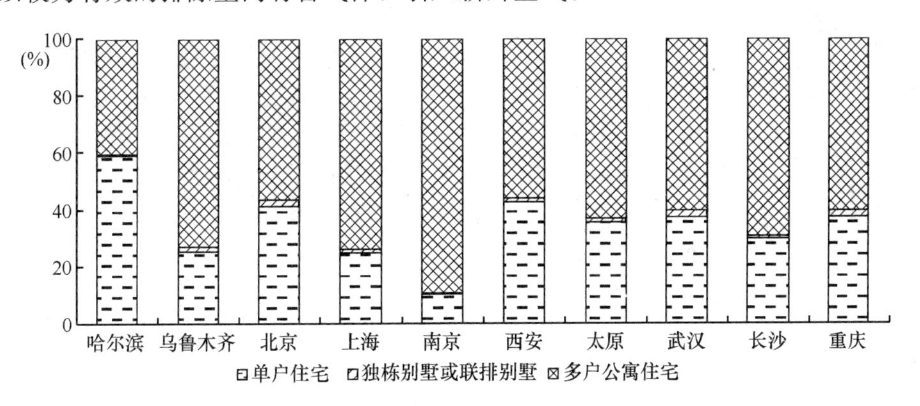

图2-20 项目研究各城市住宅类型分布

（3）住宅面积

调查城市中的住宅面积大部分小于100m²，各城市调查住宅面积具体分布存在着差异，如图2-21所示，北京、武汉和长沙地区的调查住宅≥100m²的比例要相对高一些，分别为40.0%、42.4%和41.5%，哈尔滨地区的调查住宅仅有8.3%

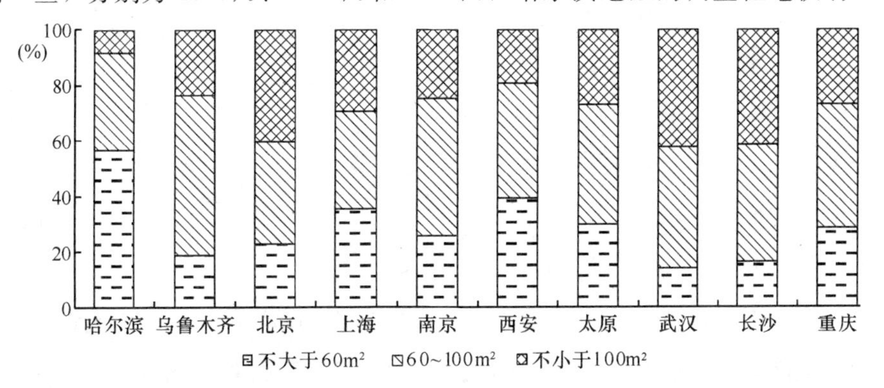

图2-21 项目研究各城市住宅面积分布（单位:%）

的住宅面积≥100m²。住宅面积的大小和常住人口决定着居住密度，从统计学上讲，居住密度越大，造成交叉感染的概率的风险就越大。

（4）建筑年代

本次调查中，2000年前后建造的住宅比例基本上各半，1990年以前的住宅相对要少一些，如图2-22所示。重庆作为高速发展的城市之一，2000年以后建造的住宅比例相对要高一些，为63.9%。不同建筑年代建造的住宅，其建筑类型、建筑材料、设计施工水平等都存在着差异，同时，建筑年代久远的住宅经过长年累月的风雨侵蚀，其墙体、窗户等建筑结构容易出现一些问题，尤其是高湿多雨地区，建筑围护结构容易出现发霉潮湿的情况，增加室内存在霉菌的可能性，对室内环境产生一定的不良影响。

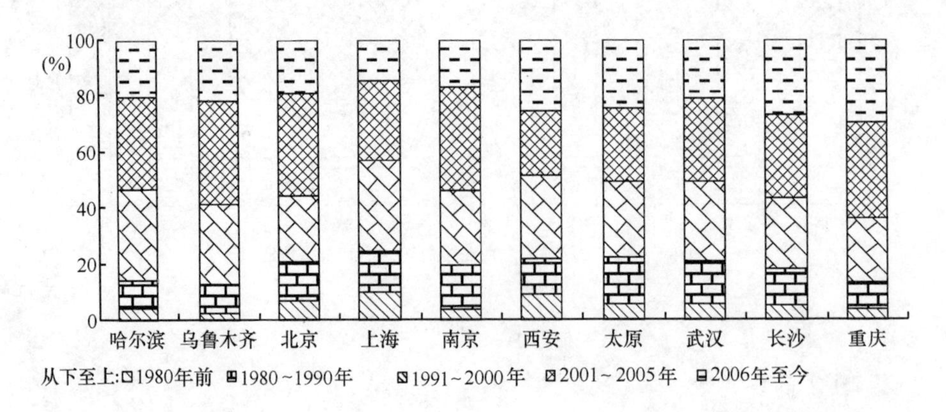

图2-22 项目研究各城市住宅建筑年代分布

（5）通风系统

建筑通风就是采用自然或机械方法把建筑物室内污浊的空气直接或净化后排至室外，再把新鲜的空气补充进来，从而保持室内的空气环境符合卫生标准，保证室内人员的舒适性和健康性要求。一般而言，通风越好，对人们的健康越有利。根据现有的国内外标准[24-25]，最小通风量的规定都是针对可接受的室内空气品质的，即空调房中的绝大多数人对空气没有表示不满意，并且空气中没有已知的污染物达到了可能对人体健康产生严重威胁的浓度。但是，室内污染是长期的低浓度污染，即使污染物的浓度低于相关的标准仍然会对人体健康造成危害。通风不足和通风系统维护不正确会导致室内污染源产生的污染物无法及时排除，增加室内二氧化碳、细菌、过敏原浓度和不良气味的感知，增加室内潮湿问题产生和加剧的可能性，这些都可能对儿童健康产生负面影响[26,27]。

住宅的通风系统主要包括厨房抽油烟机通风和浴室排风扇通风。厨房在使用的时候，尤其是开放式厨房，烹饪油烟中的多种有毒化学成分，如厨房煮饭炒菜可能产生的一氧化碳、氮氧化物、可吸入颗粒物等，会对人体健康产生危害，抽油烟机可以及时地将这些有毒物质排至室外，减少对人体的危害。浴室是湿度最高的房间，潮湿环境会为霉菌的滋生提供条件，霉菌本身和其代谢产物会对人体产生危害，浴室安装排气扇，可以有效地降低这种可能性。项目调查结果显示，绝大部分的住宅在厨房中安装了抽油烟机，除了西安和重庆，北京、上海等其他被调查城市住宅厨房中有抽油烟机的比率均超过了90%，北京比率最高，为97.1%。对于浴室内排风扇，除了乌鲁木齐和西安地区，其他被调查城市大部分住宅（≥70%）中均有排气扇，哈尔滨使用浴室排风扇的比率最高，为84.4%。

（6）潮湿表征

建筑室内潮湿环境是住宅室内环境的重要组成部分，形成原因有两方面：一方面是由于室内较高的水汽含量和不足的室内换气量；另一方面是由于建筑不合理的建造和使用，致使过多的水或较高的水汽存在于建筑结构和建筑材料内部[28,29]。潮湿为微生物的生长创造了必要的条件，是导致室内空气细菌污染的最重要原因，微生物本身和其代谢产物会对室内环境产生极大的影响[30]，增加疾病感染率。另外，通风不足会促进室内凝水，增加建筑潮湿，导致室内二氧化碳浓度、细菌、过敏原浓度升高，产生不良气味，增加患呼吸道疾病的危险性[31-34]。尽管对建筑潮湿的研究起步相对较晚，但是已有的研究表明，建筑潮湿是哮喘、鼻炎、湿疹等过敏性疾病的显著性危险因素[35-38]。

目前，对建筑室内潮湿环境仍没有个统一的定义，但是基于以前的研究和文献，我们可以发现，建筑室内潮湿问题主要有如下几个可视和可感知的表征：室内墙体上的可视霉斑，室内墙体表面上可视的湿点，发霉的气味，窗户内侧的凝水以及建筑由于潮湿问题需要进行维护等[39]。结合以前国内外的研究和文献，本次调查主要包括以下四种潮湿表征：霉点：指在孩子卧室中的地板、墙和天花板上出现的明显的发霉现象；湿点：指在孩子卧室中的地板、墙和天花板上出现的明显的潮湿现象；水损：指住宅中出现的由水泛滥或者其他由于水造成的损害；窗户凝水：

指冬天时候在孩子卧室中，窗户的内侧底部出现的高度超过 5cm 的凝结水现象。

调查显示，哈尔滨住宅内出现霉点的比率最高，为 12.0%，北京和西安霉点的出现率最低，均为 4.0%，如图 2-23 所示；对于湿点，上海住宅中出现的比率最高，为 15.2%，其次为乌鲁木齐和哈尔滨，分别为 14.1%和 14.2%，北京湿点出现的比率依然是最低的，为 5.9%（图 2-23）；乌鲁木齐出现水损的比率最高，为 26.7%，西安住宅中水损的出现率最低，为 7.5%；对于窗户凝水，南京住宅出现的比率最高，为 32.2%，重庆出现的比率最低，为 14.3%。

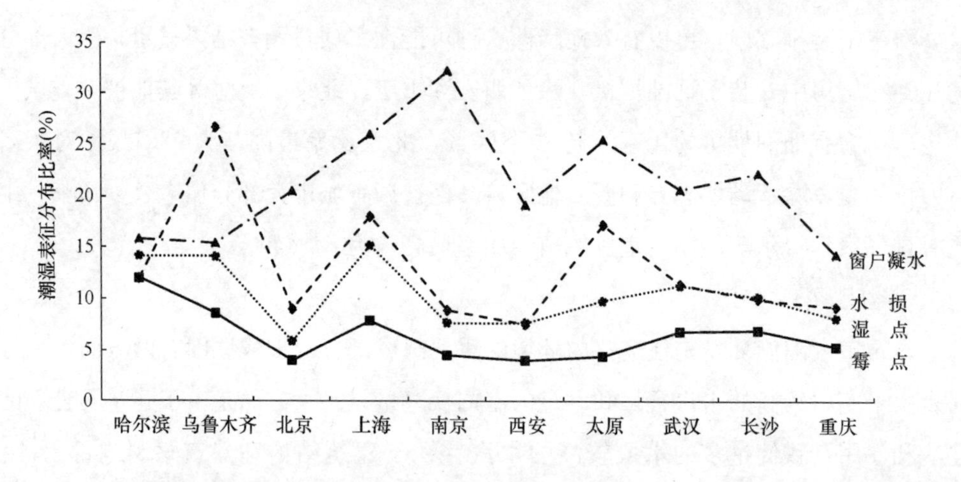

图 2-23　项目研究各城市住宅室内潮湿表征分布比率

（7）气味感知

住宅由于房间不通气、潮湿或者室内污染，会产生一些可以被感知的气味，这些气味在一定程度上反映了室内环境的污染状况。本次研究中主要包括以下可以感知的气味：①经常（每周）感知到通风不良引起的不新鲜气味；②经常（每周）感知到发霉的气味；③经常（每周）感知到烟草的气味。

住宅通风不良，室内各种污染物浓度较高，会产生不新鲜的气味。调查显示（图 2-24），各城市住宅中经常感知到通风不良引起的不新鲜气味的比率普遍较低，其中乌鲁木齐经常感知到不新鲜气味的比率最高，为 5.0%，长沙最低，为 1.7%。住宅内微生物包括细菌、霉菌等污染水平较高，就会产生一定的发霉气味。调查显示（图 2-24），各城市经常感知到发霉气味的现象比较罕见，哈尔滨经常感知到发霉气味的比率最高，为 1.9%；其他城市住宅中经常感知发霉气味的比率均低于 1.0%，南京发霉气味经常感知率最低，为 0.4%。

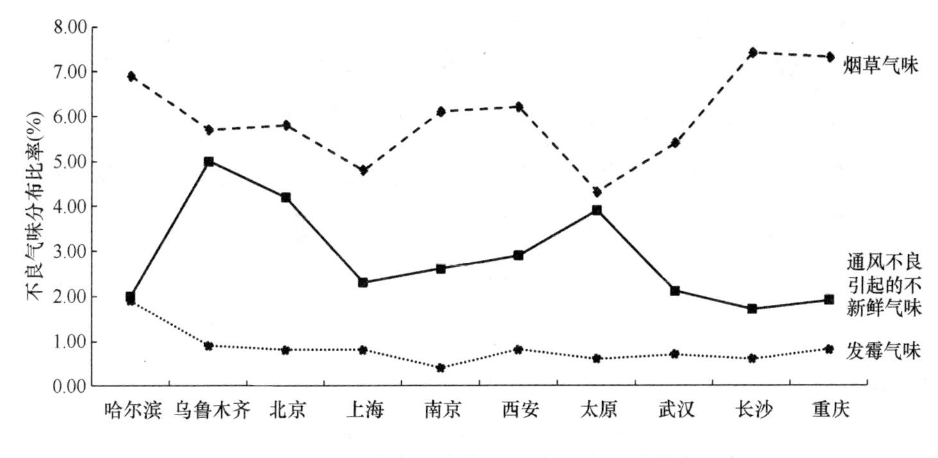

图 2-24 项目研究各城市住宅室内不良气味分布比率

烟草的气味主要来自于室内人员的吸烟活动，烟草气味中含有一氧化碳、焦油、苯并芘等有害物质，对人体的健康有害。调查显示（图 2-24），各城市住宅中经常感知到烟草气味的比率较低，长沙、重庆住宅中烟草气味的感知率最高，分别为 7.4％和 7.3％，太原的感知率最低，为 4.3％。相关研究显示，父母均吸烟的情况下儿童呼吸道症状的患病率一般高于父母都不吸烟的情况下儿童患病率，特别是喘息和哮吼的患病率显著升高。

（8）地板材料

人的居住环境实际就是由建筑材料所围成的与室外环境隔开的室内小环境，在这个小环境中，各种材料释放或散发出的有害物质对室内环境质量有很大的影响，进而影响室内人员的身体健康。建筑材料是建筑工程、装修工程中所使用的各种材料及其制品的总称，根据性能和用途主要分为基本建筑材料和装饰装修材料，其中，建筑装饰装修材料是铺设或涂装在建筑物表面起装饰和美化环境作用的材料[40]。

PVC 地板指的是采用聚氯乙烯材料生产的地板，聚氯乙烯（PVC）中常会添加邻苯二甲酸酯（也叫酞酸酯，PAEs）以用作增塑剂，提高材料的柔软性。邻苯二甲酸酯是世界上生产量最大、应用面最广的人工合成的化合物之一，常温下是无色油状液体，蒸气压非常低，但是当环境温度从 20℃上升到 70℃时，蒸气压上升，成为气态。当环境温度足够高时，酞酸酯会挥发成为气态，温度下降时气态的酞酸酯类又会凝结成小颗粒。酞酸酯类会提高易感人群中过敏反应介体的释放，产生过敏症状[41]。

邻苯二甲酸二酯（DEHP），是邻苯二甲酸酯类物质的一种，吸入的DEHP颗粒对人体的危害较其在气体阶段大，邻苯二甲酸二酯颗粒沉降在呼吸道内可能引起炎症[42]。在使用PVC塑料地板和纤维织物做内墙表层的房间内，支气管阻塞的患病率显著提高（与木地板、喷涂壁面的房间比较）[43]。患有鼻炎或湿疹的儿童，其房间内灰尘中的邻苯二甲酸丁苄酯（Benzylbutyl phthalate，BBzP）含量明显高于健康儿童；患有哮喘的儿童，其房间内邻苯二酸二酯含量显著性较高[44]。另外，酞酸酯会干扰内分泌，有生殖毒性，会使得胚胎生长缓慢，提高死胎率，导致胚胎畸形。国外研究发现早熟女童血液样品中酞酸酯类物质的浓度明显高于发育正常女童，因此，欧盟自1999年底开始就禁止在儿童玩具中添加酞酸酯物质，以避免影响儿童健康[45]。

本研究主要对可以观察的建筑室内装饰装修材料进行调查，主要分为地板材料和墙面材料。地板材料包括PVC（塑料）、实木/竹、化纤地毯/纯毛地毯/麻毛地毯、瓷砖、石头、水泥、强化木等。中国室内环境与儿童健康研究调查结果显示（图2-25），孩子睡觉房间使用PVC地板的使用率较低，各城市中哈尔滨住宅中使用PVC地板的比率最高，但也仅为2.2%；长沙和重庆住宅PVC地板使用率最低，为0.6%。作为高档地板材料之一，实木/竹地板在社会经济水平较高的地区使用率较高。但是，实木/竹地板在维护过程中存在一定的难度（怕水、怕火、怕潮），对室内温度及湿度敏感，容易出现变形或开裂，严重的甚至发霉，滋生霉菌等，对室内环境造成一定的负面影响。调查显示（图2-25），上海住宅中采用实

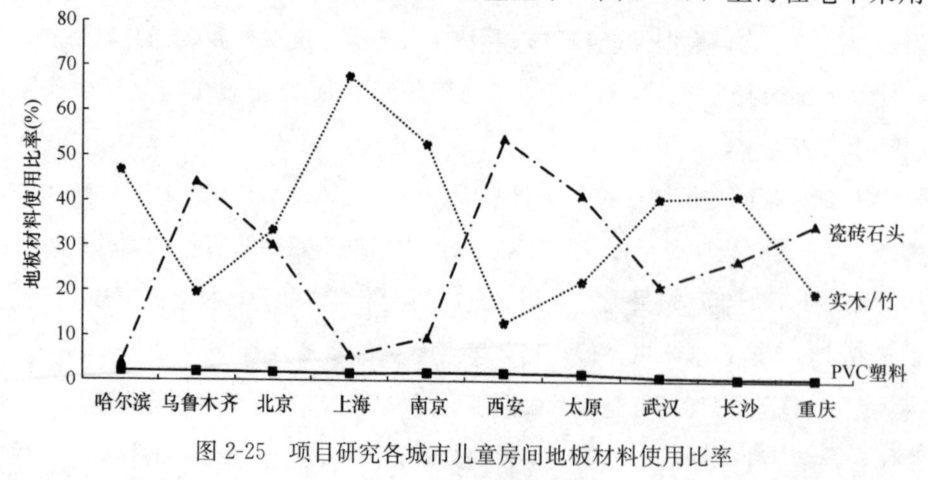

图2-25 项目研究各城市儿童房间地板材料使用比率

木/竹地板的比率最高，为67.8%；西安实木/竹地板的使用率最低，为13.1%。

化纤地毯作为目前常用的地毯，由锦纶（聚丙烯酸胺纤维）、涤纶（聚酯纤维）、丙纶（聚丙烯纤维）等化学纤维作为原料编织而成，在使用过程中可向空气中释放甲醛以及其他一些有机化学物质，对室内空气造成不良影响；纯毛地毯的细毛绒是一种过敏原，可能引起皮肤过敏，甚至引起哮喘；地毯的另一种危害就是吸附能力强，能吸附许多有害气体，如甲醛、灰尘以及病原微生物，尤其纯毛地毯是尘螨的理想滋生和隐藏的场所，而且地毯不易清洁，其中的细菌及其代谢产物会对室内环境产生不利影响。调查显示（图2-25），各城市住宅使用地毯的比率普遍偏低，其中乌鲁木齐住宅地毯的使用率最高，为3.8%，哈尔滨和南京最低，均为0.2%。

瓷砖作为传统的室内装饰材料，选择丰富而且价格适宜，是众多住宅选择的地板材料之一。石头地板材料，即石材，是建筑装饰的高档产品，随着经济的发展，也已经成为建筑装饰的重要原料之一。目前，有些石材、瓷砖中含有一定的镭，可衰变成氡，造成室内空气氡污染；对人体产生危害。项目调查结果显示（图2-25），西安使用瓷砖、石头作为住宅材料的比率最高，为54.0%，上海和哈尔滨为最低，分别为5.8%和4.2%。调查显示（图2-25），各城市使用水泥作为地板的比率较低，其中重庆住宅水泥地板使用率最高，为17.4%，乌鲁木齐最低，为4.0%。

（9）墙面材料

墙面材料，主要包括壁纸、油漆/乳胶漆、木质板等使用情况的调查。壁纸，又称为墙纸，色彩多样、图案丰富、豪华气派、施工方便、价格适宜，是一种应用相当广泛的室内装饰材料。调查显示（图2-26），各城市住宅室内采用壁纸作为墙面材料的比率较低，北京住宅壁纸使用率最高，为13.3%，哈尔滨住宅壁纸使用率最低，为3.5%。壁纸在美化居住环境的同时对住宅室内空气质量会产生一定的不良影响。不同成分构成的壁纸对室内环境的影响也不相同。天然纺织物墙纸尤其是纯羊毛壁纸中的织物碎片是一种致敏原，可导致人体过敏；一些化纤纺织物型壁纸可释放出甲醛等有害气体，污染室内空气；塑料壁纸在使用过程中，由于其中含有未被聚合的单体以及塑料的老化分解，可向室内释放大量的有机物，如甲醛、氯乙烯、苯、甲苯、二甲苯、乙苯等，严重污染室内空气。

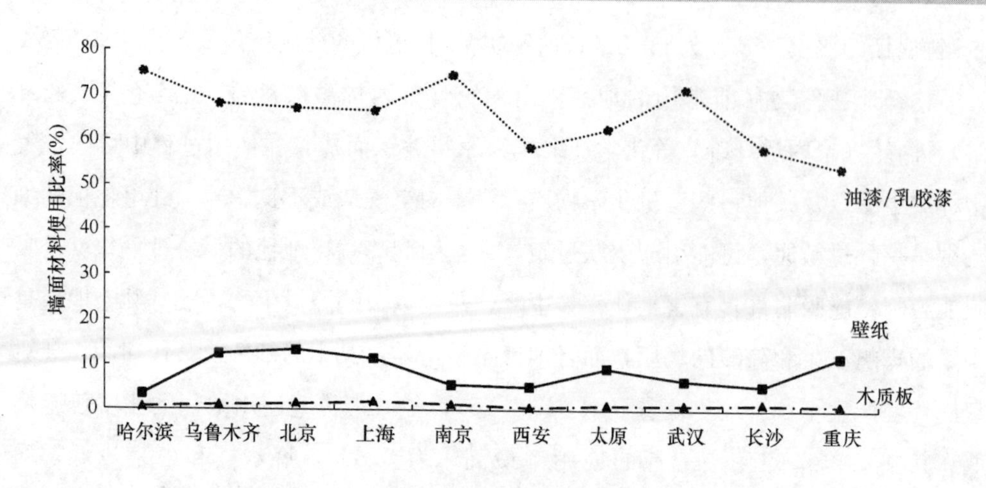

图 2-26　项目研究各城市儿童房间墙面材料使用比率

油漆/乳胶漆是目前常见的室内墙体装饰材料之一。调查显示（图 2-26），各城市中住宅油漆/乳胶漆使用率较高，其中哈尔滨住宅使用油漆/乳胶漆的比率最高，为 75.1%，重庆住宅使用油漆/乳胶漆的比率最低，为 54.0%。相对于其他墙面材料，油漆/乳胶漆在各被调查城市中的使用率都较高，均高于 50%。油漆/乳胶漆在使用过程中会挥发出一定的有机物，经人的呼吸道进入后能引起人眩晕、头痛和恶心等症状，对眼和鼻有刺激作用，严重时可引起气喘、神志不清、呕吐和支气管炎等，对儿童危害更为严重。

木质（装饰）板广泛应用于别墅、多层或高层公寓楼的墙面装饰，具有隔音、保温的作用，还具有一定的防火作用。调查显示（图 2-26），各城市住宅中木质板的使用率非常低，上海住宅中木质板的使用率最高，也仅为 1.9%，哈尔滨的最低，为 0.6%。木质装饰板分为两种：天然木质板和人造木质板，天然木质板纹理图案自然，真实感和立体感强；人造木质板有着细腻的纹理、柔和的色泽、富于弹性的色彩与光泽，广泛应用室内装饰，但是人造木质板在生产时所使用的胶黏剂是以甲醛为主要成分的脲醛树脂，在使用过程中板材内残留的和未参与反应的甲醛会逐渐向室内环境释放，对室内环境产生不利影响。

针对乌鲁木齐的儿童研究发现，墙壁使用木质材料、墙纸或油漆等（约占 80.7%）的家庭较为普遍，与儿童过去 12 个月内的过敏性鼻炎症状有正相关。住宅使用此类地板或墙壁材料，其室内环境容易受到有机化合物包括甲醛、有机挥发物（VOCs）及半挥发性有机物（SVOCs）等的空气污染，从而给人体健康带来不良影响[45]。

（10）采暖系统

供暖一般是在冬季当室外温度低于室内温度的时候，为了保持室内的温度而向室内提供热量。家用采暖方式一般包括散热器采暖、电暖器采暖、地板辐射采暖、空调采暖等。一般将长江流域所流经的川、滇、渝、鄂、湘、赣、皖、苏、沪等九省为我国传统的非采暖地区，在住宅设计的时候不考虑采暖。但是，随着人们生活水平的提高，“采暖区”和“非采暖区”的概念已经日渐模糊，尤其是住宅，室内人员会根据自己的需求决定是否进行采暖。哈尔滨、乌鲁木齐、北京和太原属于严寒和寒冷地区，按照国家相关标准和规定，需要进行采暖，该地区住宅基本上全部进行了采暖；重庆作为传统的“非采暖区”，住宅非采暖率最高，为 44.8%；但是，同时作为“非采暖区”的上海、南京、武汉、长沙等地的住宅非采暖也十分低，均不超过 20%。因此，采暖已经与人的活动和生活习性紧密联系起来，室内人员会根据自己的实际需求来进行采暖。

煤炉是以煤作为燃料的炉具，一般在北方用来冬季取暖和做饭使用。调查结果显示，西安住宅采用煤炉取暖的比率为 12.6%，远远高于其他城市住宅采用煤炉采暖的比率。煤炉采暖是冬季室内污染的重要来源之一，煤炉烟气中含有一氧化碳、二氧化碳、二氧化硫、固体颗粒物等，极易对人体产生危害。哈尔滨和西安将采用煤炉作为冬季采暖手段之一的家庭要做好保护措施，注意烟气排放。

调查结果显示，上海住宅使用空调采暖的比率占到了 77.6%，其次为南京，也高达 73.2%，乌鲁木齐住宅采用空调采暖的仅有 0.8%，为各城市中最低。长江流域地区，例如上海、南京、长沙、武汉、重庆，在建筑设计阶段中一般不考虑采暖设计，随着人们对冬季供热的需求，空调采暖已经成了该地区住宅一种常用的采暖方式之一。空调作为采暖方式，操作方便，但是空调在使用一段时间后，外罩、过滤网表面会出现沉积的灰尘和污垢，如果不能够及时清洗，对室内环境会造成一定的影响，而散热片也会聚集一些细菌，很容易进入室内引发哮喘等多种呼吸道疾病。

电暖器主要是以远红外辐射和热对流方式供暖，是局部供暖的常用方式之一，一般是无污染的，可广泛用于住宅。各城市住宅使用电暖器供暖的比率如下，长沙住宅采用电暖器的比率最高，占到 60.4%，乌鲁木齐的比率最低，为 1.1%，总体上看，电暖器采暖还是集中在非传统采暖区的长江流域城市，但与空调采暖使用率相比，非传统采暖区的电暖气采暖的使用率普遍要低一些。

地板采暖由于节省空间，采暖效果好，近年来在住宅中应用越来越广泛。调查结果显示，乌鲁木齐作为采暖地区，住宅使用地板供暖的比率最高，为 18.5%，高于其他城市；上海、南京、长沙、重庆、武汉等长江流域城市住宅中基本上不采用地板供暖，这主要是由于在设计阶段基本上没有考虑采暖设计。地板供暖可以消除灰尘团和秽浊空气的对流，可以营造一个较为清新、健康的环境，但是目前地板采暖在设计使用过程中存在着一定隐患，尤其是地板采暖所铺设的地板质量对室内环境会产生一定的影响，如果选用劣质地板，例如低价的复合地板，含在其中的甲醛不会立即挥发掉，会因地板不同的温湿条件缓慢的挥发，释放时间长达 15 年，在采暖期，由于温度上升会加剧甲醛的释放，对室内产生污染。

本项部分城市的研究显示，住宅使用集中供暖的儿童人群报告有更多的肺炎，但却有较少的过敏性鼻炎和湿疹症状[46]。

(11) 住宅室内人员行为和生活习惯

住宅室内环境与室内人员的行为和生活习惯息息相关，室内人员经常开窗，加强室内通风，尤其是在室外空气质量较好的情况下，室内污染的空气被稀释，空气质量会得到明显的提高；室内人员经常在室内吸烟，那么会在一定程度上降低室内空气质量的水平。室内人员的行为对儿童健康也有着一定的影响，例如，经常喂养宠物，会使宠物携带的微生物和其代谢产物影响到儿童的健康。

1) 母乳喂养

母乳含有婴儿所需的所有营养和抗体，是儿童早期最佳的天然食品，比配方奶粉更容易消化，而且能够提供婴儿所需要的所有营养。母乳喂养可以降低孩子患哮喘的危险性，保证婴儿正常、健康发育，对儿童的健康发育有着重要的影响。目前，由于工作、环境、身体等原因有些母亲放弃了母乳喂养或缩短了母乳喂养时间，导致儿童婴儿时期营养供给不足，体质较弱，对儿童后期的成长产生影响。调查显示，各城市母乳喂养超过三个月的比率都较高，其中，哈尔滨调查儿童中母乳喂养时间大于三个月的比率最高，占到了 83.3%，上海儿童母乳喂养时间大于三个月的比率最低。

北京地区对母乳喂养与儿童哮喘和过敏性疾病的研究发现，对有家庭过敏史的男孩，纯母乳喂养6个月以上对其哮喘具有显著的保护作用；对无哮喘和过敏性疾病家庭过敏史的女孩，纯母乳喂养6个月以上对其健康效应呈现统计学意义上显著的保护作用[47]。

2）饲养宠物

宠物伴随着人类的产生、发展存在了数千年，随着经济和城市化的飞速发展及人们生活水平的不断提高，饲养宠物已成为了人们的精神寄托，成了丰富生活、缓解生活压力、提高生活质量的重要娱乐和休闲方式。但是，宠物直接生活在住宅内会与室内人员产生十分密切的联系，它们的皮肤、毛发、鳞片等会带来大量的微生物，严重影响着室内人员的健康和卫生安全。宠物所携带的多种病原都是人兽共患的，在室内人员与宠物的接触中，这些病原就可以由宠物传播给室内人员，尤其是儿童[48]。

调查对上海地区的宠物饲养情况进行了深入的分析，发现与郊区家庭相比，位于市区家庭饲养宠物的比例更高。针对从儿童出生到现在一直饲养宠物（持续饲养宠物）的调查发现，9.4%的家庭饲养过宠物，郊区家庭中最常饲养的宠物是狗。同时，通过对上海地区有毛宠物（猫、狗等）与儿童健康进行分析发现，儿童出生时饲养有毛宠物（早期饲养宠物）与儿童出现喘息、干咳、鼻炎等症状的发病率相关；从儿童出生到现在一直饲养有毛宠物（持续饲养宠物）也与儿童鼻炎等病症的发生呈现正相关[48]；但针对当前宠物饲养与经医生诊断的哮喘呈现的“负相关”做进一步分析发现，患有哮喘的家庭有规避饲养宠物的混杂效应。基于宠物饲养，尤是有毛宠物饲养，对儿童哮喘及过敏性疾病有不良影响的认知，人们会有宠物饲养规避行为。针对宠物饲养的规避行为，本研究调查了住宅室内人员的两种行为：放弃继续饲养宠物，指家庭中原来是有宠物的，由于家庭中存在过敏性疾病患者而放弃继续饲养和避免饲养宠物，指家庭中未饲养宠物，由于家庭中存在过敏性疾病患者而避免饲养宠物。

结果显示（图2-27），家庭中原有宠物，由于家庭中的过敏性疾病而放弃继续饲养宠物的比率平均相对较低，其中，武汉放弃饲养宠物的比率最高，为16.2%，乌鲁木齐放弃饲养宠物的比率最低，为6.0%。10个城市中，上海由于家庭中的过敏性疾病而避免饲养宠物的比率最高，为27.7%，同样，乌鲁木齐避免饲养宠物的比率较低，为11.5%，但最低的比率出现在太原，为8.5%，这说明不同地区的

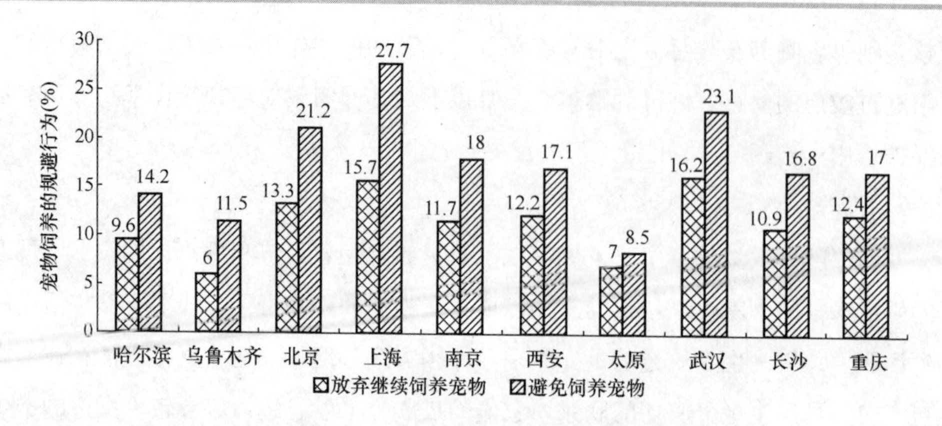

图 2-27 CCHH 项目研究各城市宠物饲养的规避行为

人群，针对宠物饲养与儿童哮喘及过敏性疾病的认知和了解的程度有较大差异。

3）室内吸烟

吸烟是室内空气污染的重要原因之一，吸烟所产生的烟雾成分比较复杂，有上千种化合物以气态或气溶胶状态存在。吸烟烟雾中气态物质占 90%以上，这些气态物质中包含了无机气体（CO_2、CO、NO_X）、金属（Fe、Cu、Cr、Cd、Zn 等）颗粒物以及挥发性有机化合物（VOCs），这些致癌、致突变的物质可通过酶代谢产生大量的超氧阴离子，在体内形成更多的加合物，对体质较弱、正处于生长发育时期的儿童有着很大的危害。同时，烟雾含有大量的“烟雾微粒”，它们的直径为 0.1～1.0 微米，这种微粒很容易进入并滞留在人体呼吸道的深部，在通风不畅的室内条件下，烟雾不易驱散，使空气洁净度指数大大降低。吸烟烟雾会对眼睛、鼻子和喉咙等产生刺激作用，加剧哮喘病的恶化。在控制其他因素的情况下，家长吸烟的儿童中哮喘患病率较不吸烟家庭中的儿童明显升高[49-52]。

怀孕期间和小孩出生时母亲吸烟将对孩子的健康和发育非常不利。烟草中含有大量的有毒物质，这些有毒物质可以随着烟雾被吸收到母体血液中，使母体内的血氧含量降低，胎盘中的血氧含量也随之减少，胎儿由于缺氧，可造成生长发育迟缓，甚至是先天畸形，对胎儿还不完善的脏器造成损害。孩子出生后基本上和母亲长期生活在一起，母亲此时吸烟对儿童的早期发育有着极大的危害，严重影响儿童的身体健康。调查显示（图 2-28），重庆母亲怀孕期间吸烟的比例最高（1.0%），南京和太原母亲怀孕期间吸烟的比例较低（均为 0.1%），西安被调查人群中母亲怀孕期间均没有吸烟；乌鲁木齐儿童刚出生时母亲吸烟的比率最高，为 1.2%，南京儿童刚出生时母亲吸烟的比率较低为0.1%，西安被调查人群中小孩刚出生时母亲均没有吸烟。但总体来说，参与调查的城市中，母亲吸烟的比率较低。

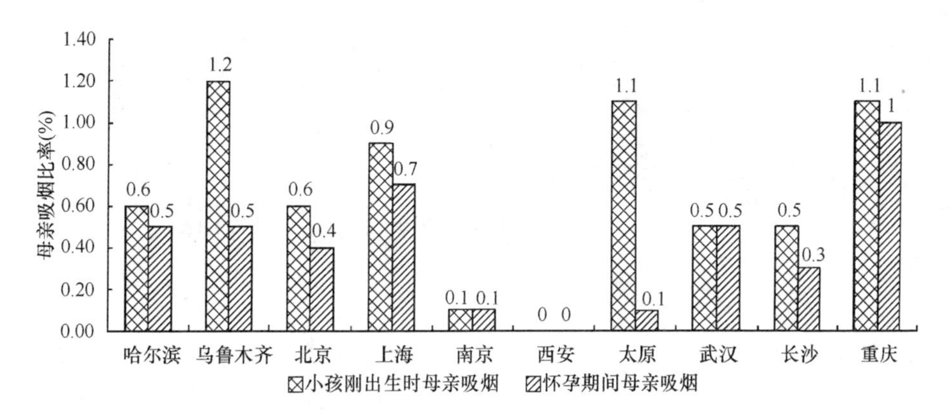

图 2-28 项目研究各城市母亲吸烟比率

4）装修行为

装修过程中会产生大量的污染，常见的装修污染主要表现为装修材料释放的有害气体：甲醛、苯及苯系物、挥发性有机物、氨气、氡气、建筑石材的放射性气体等。

挥发性有机化合物（VOCs）就是装修过程中可能产生的一类重要的有害物质，当居室中的VOCs达到一定浓度时，短时间内人们会感到头痛、恶性、呕吐、乏力等，严重时会出现抽搐、昏迷，挥发性有机化合物对儿童的影响将更为显著。挥发性有机化合物中有部分的化合物被定义为敏化剂，如有机酸酐和甲醛，其中甲醛在环境中显示了其重要影响，表现为对呼吸器官的强烈刺激，虽然室内人员对甲醛的过敏现象很少，甲醛也不是影响儿童哮喘病的决定因素，但是仍会加重喘息困难症状[29,53]。

装修产生的污染中有一些污染物的释放周期十分长，对相当长一段时间内的室内人员的健康产生危害。母亲怀孕和儿童早期（怀孕前一年、怀孕时或儿童一岁前）是儿童生长发育的关键时期，这个时期的装修污染对儿童产生的危害是很大的。调查显示（图 2-29），太原在儿童早期重新装修的比率最高，为31.3%，重庆相对最低，为17.7%。

新家具会释放一定的有害气体，例如人造板制造的衣柜会释放一定甲醛，对室内环境有着不利的影响，尤其是新购置的家具未在空房间充分搁置而急于放进居

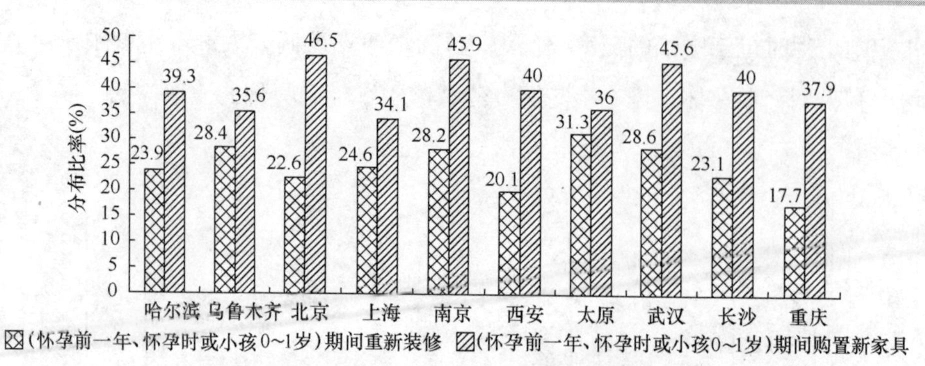

图 2-29 项目研究各城市住宅装修和新家具行为

室。调查显示（图 2-29），北京家庭在孕前及儿童早期添置新家具的比例最高，为 46.5%，上海家庭在此期间添置新家具的比率最低，为 34.1%。

5）空气净化

空气净化就是对室内空气污染进行整治，可以提高室内空气质量，改善住宅居住条件，为儿童的健康成长提供有利的环境。调查显示，各城市住宅使用空气净化设备的比率较低，北京空气净化设备使用率最高，为 13.4%，南京最低，为 2.9%。

6）开窗习惯

开窗通风是住宅中改善空气环境最常用的方式之一，节能环保，并可以有效保持空气流通，降低室内各类污染物浓度水平，为儿童健康成长营造一个适宜的环境。本研究从不同季节来调查在孩子夜晚睡觉时房间经常开窗的习惯。

调查显示，在春季，重庆、长沙、上海和武汉的家庭在孩子夜晚睡觉时经常开窗的比率较高，分别为 62.2%、59.0%、44.0%和 42.9%，哈尔滨的比率最低，为 6.3%；在夏季，所有被调查城市在孩子夜晚睡觉时房间经常开窗的比率都比较高，其中西安、重庆和长沙处于相对较高的水平，分别为 74.1%、73.8%和 70.8%，哈尔滨仍旧处于相对较低的水平，为 43.4%；在秋季，长沙和重庆在孩子夜晚睡觉时房间经常开窗的比率依然比较高，分别为 64.8%和 63.9%，其次为武汉和上海，分别为 46.8%和 35.8%，在冬季，重庆经常开窗比率最高，为 35.8%，除重庆和长沙（27.1%）之外，其他城市开窗的比率均低于 20%，哈尔滨家庭开窗的比例最低，仅为 2.8%。

从夏季到秋季，哈尔滨、乌鲁木齐、北京、西安和太原家庭在孩子夜晚睡觉时房间开窗的比率有了较大的下降。由于其独特的严寒气候，哈尔滨大部分家庭在春季、夏季、秋季和冬季都会选择夜晚孩子睡觉时关闭窗户，虽然夏季有43.4%的家庭选择开启窗户，但与其他城市相比，这一比率仍然是非常低的。另外，冬天，武汉、长沙和重庆的部分家庭在孩子夜晚睡觉的时候仍会选择打开窗户透气。同时也可以发现，武汉、长沙和重庆家庭全年开窗的比率较其他城市都比较高。

2.3.4 住宅室内环境对儿童哮喘及过敏性疾病的健康影响

基于目前完成的中国室内环境与儿童健康研究（CCHH）的第一阶段的调查结果，以各个参与调查城市的数据为单位，分别探讨了室内环境因素、人员室内行为（如吸烟、宠物饲养等）、成长及生活方式等对儿童哮喘和过敏性疾病的健康影响。

住宅室内通风不良是儿童“曾经”和“最近12个月”患过敏性湿疹及“严重湿疹”的共同危险因子，并且通风不良易引起潮湿和不良气味，而这些与肺炎患病率的升高有正相关。另一方面，有较高通风量的室内环境可以降低儿童患有呼吸道感染疾病的风险[54-55]。

作为有代表性的室内潮湿表征之一，“霉点”的发生与经医生诊断的鼻炎之间的相关性最为显著。孩子出生时，居室发霉或室内潮湿及冬季窗户凝水等居室特征几乎与所有儿童的哮喘、鼻炎及湿疹的既往症状和过去12个月的症状呈显著性正相关，尤其是在重庆地区[37,56]。

相对于水泥/瓷砖/石头地板而言，强化木地板是病态建筑综合征（SBS）症状的危险因素，强化木地板是住宅中化学物质的污染源，装修和新家具均是病态建筑综合征（SBS）症状的危险因素[57]。SBS是一类非特异性的不舒服的症状，包括多项皮肤过敏和呼吸道敏感或不适的症状。另外，实木或强化木地板与儿童肺炎的患病率升高有显著正相关性，提示其有可能成为影响儿童呼吸系统健康的不良因素[55]。

室内的墙壁表面装饰材料，对室内环境有显著的影响。在乌鲁木齐的室内环境与儿童健康的研究中指出，墙壁使用木质材料，墙纸或油漆等（约占80.7%）的家庭较为普遍，与儿童过去12个月内的过敏性鼻炎症状有正相关。住宅使用此类地板或墙壁材料，其室内环境容易受到有机化合物包括甲醛、有机挥发物

（VOCs）及半挥发性有机物（SVOCs）等的空气污染，从而给人体健康带来不良影响[46]。

母乳喂养不足，可能对儿童健康带来不良的影响。北京地区对母乳喂养对儿童哮喘和过敏性疾病的研究发现，对有家庭过敏史的男孩，纯母乳喂养6个月以上对其哮喘具有显著的保护作用，对无哮喘和过敏性疾病家庭过敏史的女孩，纯母乳喂养6个月以上对其健康效应呈现统计学意义上显著的保护作用。而纯母乳喂养6个月以上对儿童湿疹则未显示出统计学意义上的保护或危害作用[47]。

儿童被动吸烟，尤其是母亲吸烟，不利于儿童的健康成长。本项研究表明，当前家庭成员中存在吸烟现象及儿童出生时父母吸烟与儿童的喘息症状（过去12个月或过去任何时候）均显著正相关。母亲怀孕期父母吸烟与儿童过去任何时候出现喘息症状显著正相关，儿童出生时父母吸烟与儿童的哮吼症状显著正相关[52]。

本研究针对太原儿童出生前和生命早期的室内装修和新家具与儿童当前的哮喘、过敏性疾病的研究显示，出生前及儿童生命早期（0～1岁）的室内装修与儿童生长期的哮喘、过敏性疾病等有显著正相关[56]。这提示，母亲怀孕期间居住新装修的房屋，对儿童出生后的成长有可能带来负面影响。

以上针对住宅室内环境与儿童哮喘及过敏性疾病的研究，来源于单个参与城市的结果，大多数与现有的国内外研究结果一致，但有待于在不同的城市间进行进一步比较和分析验证。目前，基于全国10个调查城市汇总数据的健康效应研究正在积极地酝酿和进行中。

2.4 小　结

中国室内环境与健康研究起步较晚，中国室内环境与儿童健康项目（CCHH）作为最具代表性、广泛性的研究之一，主要包括两个研究阶段：横断面调查（第一阶段）和病例对照研究（第二阶段）。截至2012年4月，全国十个研究城市已经基本上完成了第一阶段的问卷调研工作，基于收集的包括儿童健康和住宅环境信息的数据，全面进行第一阶段的现状研究，为第二阶段的开展做准备。中国室内环境与儿童健康项目第一阶段共调研十个城市，调查对象涵盖了1～8岁的儿童，回收的问卷量近5万份，为中国儿童健康现状研究提供了数据支持；调查城市分布在中国不同的气候区，为统计分析中国不同社会经济、气候特点、室外环境等条件下的住宅环境特点提供了有效支持。对我国十个主要城市住宅室内环境特点、儿童健康现状以及室内人员行为和生活习惯进行了调查，获得了不同城市儿童的健康水平以及住宅室内环境可能存在的问题。

第一阶段横断面调查主要以现状研究为主，通过统计学的方法找出可能会影响儿童健康的住宅室内环境因素，但尚未能明确其与及室内相关因素的因果关系。为进一步找出影响儿童哮喘及过敏性发病的住宅环境因素，并为可能的环境干预措施，预防儿童哮喘及过敏性疾病的发生、发展，需要继续开展中国室内环境与儿童健康项目研究（CCHH）的第二阶段，即病例一对照研究和儿童人群队列跟踪研究。

目前项目第二阶段已经开始并初步建立了研究方案。中国室内环境与儿童健康项目第二阶段主要是结合第一阶段发现的影响健康的环境因素，以探讨影响儿童健康的具体病因为目的，通过实地走访、现场采样测试、实验室分析和专业观察评估等手段进一步明确影响儿童健康的住宅室内环境因素。采用病例一对照的研究方法，调查两组儿童在过去暴露在某种或某些可疑危险环境因素的比例或剂量，判断该环境因素是否与疾病有关联及其关联程度。通过对病例组和对照组儿童居住环境的现场测试和专业观察评估，获得住宅内典型污染物浓度水平和室内环境整体水平，采用统计学方法对比分析病例组和对照组住宅室内环境暴露水平，在第一阶段提出的影响儿童健康的环境因素基础上，进一步明确影响儿童健康的室内环境暴露因素，改善住宅居住环境，为儿童健康成长提供保障。

参 考 文 献

[1] Leech JA, Nelson WC, Burnett RT, Aaron S, Raizenne ME. It's about time: A comparison of Canadian and American time-activity patterns. J Expo Anal Environ Epidemiol. 2002; 12 (6):427-432.

[2] Masoli M, Fabian D, Holt S, et al Global Initiative for Asthma (GINA) program: the global burden of asthma: executive summary of the GINA Dissemination Committee report. Allergy 2004;59,469 478.

[3] WHO. Bronchial asthma , fact sheet No 206 , revised January 2000[S].

[4] Masoli M, Fabian D , Holt S. Global Burden of Asthma ,developed for the global initiative for asthma [EB/ OL] . Available at : ht tp :/ / www. ginasthma . com (accessed Mar2004) .

[5] Anandan C,et al. Is the prevalence of asthma declining? Systematic review of epidemiological studies. Allergy 2010; 65: 152-167.

[6] Asher MI, Montefort S, Björkstén B, Lai CK, Strachan DP, et al. (2006) Worldwide time trends in the prevalence of symptoms of asthma, allergic rhinoconjunctivitis, and eczema in childhood: ISAAC Phases One and Three repeat multicountry cross—sectional surveys. Lancet 368(9537): 733-743.

[7] 全国儿童哮喘防治协作组．中国城区儿童哮喘患病率调查[J]. 中华儿科杂志,2003 41(2): 123-127.

[8] 全国儿童哮喘防治协作组．2000 年与 1990 年儿童支气管哮喘患病率的调查比较[J]. 中华结核和呼吸杂,2004 27(2): 112-116.

[9] 王娟．重庆地区室内环境对学前儿童哮喘及过敏性疾病及成年人病态建筑综合征影响的研究[D]. 重庆大学,2011, 3-7.

[10] Diette G B, McCormach M C, Hansel N N, Breysse P N and Matsui E C. Environmental issues in managing asthma[J]. Respir, 2008, 53:602-617.

[11] ZhangYinping, Mo Jinhan, Charles J. Weschler. Reducing Health Risks from Indoor Exposures in Rapidly Developing Urban China. Environ Health Perspect 121:751-755 (2013).

[12] Sundell Jan, 李百战, 张寅平．中国家庭环境污染与儿童健康调查．科学通报, 2013, 58 (25): 2501-2503.

[13] 张寅平, 李百战, 黄晨, 杨旭, 钱华, 邓启红, 赵卓慧, 李安桂, 赵加宁, 张昕, 屈芳, 胡宇, 阳琴, 王娟, 张铭, 王芳, 郑晓红, 路婵, 刘志坚, 孙越霞, 莫金汉, 赵宜丽, 刘炜, 王婷婷. NORBÄCK Dan. , BORNEHAG Carl-Gustaf, SUNDELL Jan. 中国 10 城市儿童哮喘及其他过敏性疾病现状调查．科学通报, 2013, 58(25): 2504-2512.

[14] 陈育智,赵铁兵,丁燕等．五城市哮喘、季节性花粉过敏及湿疹的问卷调查结果．中华儿科杂志,1998,36(6):352-355.

[15] ChanHH, Pei A, Van Krevel C. Validation of the Chinese translated version of ISAAC core questions for atopic eczema. Clinical and Experimental Allergy,2001, 31:903-907.

[16] Theinternational study of asthma and allergies in childhood (ISAAC) steering committee. Worldwide variations in the prevalence of asthma symptoms: the international study of asth-

ma and allergies in childhood (ISAAC). European Respiratory Journal, 1998, 12: 315-335.

[17] Bornehag C G, Sundell J, Bonini S, et al. Dampness in buildings as a risk factor for health effects, EUROEXPO: a multidisciplinary review of the literature (1998—2000) on dampness and mite exposure in buildings and health effects. Indoor Air, 2004, 14: 243-257.

[18] Oppenheim AN. Questionnaire Design, Interviewing and Attitude Measurement [M]. London: Pinter Pub Ltd, 1992, 7.

[19] CochranW. G 著. 张尧庭，吴辉译 . 抽样技术（1977 年版）[M]. 北京：中国统计出版社，1985.

[20] 陈克明，宁震霖. 市场调查中样本容量的确定[J]. 中国统计，2005. 3.

[21] 冯士雍，倪加勋，邹国华 . 抽样调查理论与方法 . 北京：中国统计出版社，1998.

[22] 张裕民，陈庆丰 . 节能建筑能耗与室内污染和对人体健康的影响[J]. 环境保护，1989，10：23-24.

[23] GB 50178—93，建筑气候区划标准[S]. 1993.

[24] ASHRAE Standard 62—2001Ventilation for acceptable indoor air quality[S]. 2001.

[25] 室内空气质量标准 GB/18883—2002[S]. 国家质量监督检验检疫总局，卫生部，国家环境保护总局，2003.

[26] Jones AP. Indoor air quality and health. Atmospheric Environment 1999，33：4535～4564.

[27] Schwarzberg MN. Carbon dioxide level as migraine threshold factor: hypothesis and possible solutions. Medical Hypotheses, 1993, 41(1): 35-36.

[28] Wang Han, Li Bai zhan, Yang Qin, Wang Juan, Liu Yi long, Ouyang Jin, Sundell Jan. Current situation on dampness of children's living environment in Chongqing[J]. Journal of Central South University, 2012, 43(Suppl 1):1-4 .

[29] 孙越霞 . 宿舍环境因素与大学生过敏性疾病关系的研究[D]. 天津大学，环境科学与工程学院，2007，11-13.

[30] 李娟 . 住宅室内细菌污染现状与分析[J]. 重庆建筑大学学报，1999，21(6)：60-65.

[31] ϕie L, Nafstad P, Botten G, et al. Ventilation in homes and bronchial obstruction in young children. Epidemiology, 1999, 10: 294-299.

[32] Warner JA, Frederick JM, Bryant TN, et al. Mechanical ventilation and high-efficiency vacuum cleaning: a combined strategy of mite and mite allergen reduction in the control of mite-sensitive asthma. Journal of Allergy and Clinical Immunology, Part 1, 2000, 105: 75-82.

[33] Wålinder R, Norbäck D, Wieslander G, et al. Nasal patency and biomarkers in nasal lavage

the significance of air exchange rate and type of ventilation in schools. International Archives of Occupational and Environmental Health，1998，71：479-486.

[34] Harving H，Korsgaard J，Dahl R. House-dust mites and associated environmental conditions in Danish homes. Allergy，1993，48：106-109.

[35] Gunnbjörnsdottir MI，Franklin KA，Norbäck D，et al. Prevalence and incidence of respiratory symptoms in relation to indoor dampness：the RHINE study. Thorax，2006，61 (3)：221-225.

[36] Jaakkola JJK，Hwang BF，Jaakola N. Home dampness and molds，parental atopy，and asthma in childhood：a six-year population based cohort study. Environmental Health Perspectives，2005，113 (3)：357-361.

[37] 王晗，李百战，阳琴，喻伟，王娟，刘一隆，欧阳锦，SUNDELL Jan. 重庆地区住宅室内潮湿问题和儿童哮喘及过敏性疾病的相关性分析：横断面调查. 科学通报，2013，58(25)：2584-2591.

[38] 张铭，周鄂生，叶新，孙越霞，SUNDELL Jan，杨旭. 武汉地区室内环境质量与儿童哮喘和过敏性鼻炎患病率的关系. 科学通报，2013，58(25)：2548-2553. 33.

[39] Bager P，Westergaard T，Rostgaard K，et al. Age at childhood infections and risk of atopy. Thorax，2002，57 (5)：379-382.

[40] 邹战军. 建筑材料及其产生的室内污染物质[J]. 广东化工，2010，37(7)：236-238.

[41] Glue CH，Platzer MH，Larsen ST，et al. Phthalates potentiate the response of allergic effector cells. Basic & Clinical Pharmacology & Toxicology，2005，96：140-142.

[42] Spengler JD，Dockery DW，Turner WA，et al. Long-term measurements of respirable particles，sulphates，and particulates inside and outside homes. Atmospheric Environment，1981，15 (1)：23-30.

[43] ϕie L，Hersoug LG，Madsen Jϕ. Residential exposure to plasticizer and its possible role in the pathogenesis of asthma. Environmental Health Perspectives，1997，9：972-978.

[44] Jaakkola J，ϕie L，Nafstad P，et al. Interior surface materials in the home and the development of bronchial obstruction in young children in Oslo，Norway. American Journal of Public Health，1999，2：188-192.

[45] Ban of phthalates in childcare articles and toys，press release IP/99/829，10 November 1999.

[46] 王婷婷，赵卓慧，姚华等. 住房特征及室内环境与乌鲁木齐儿童哮喘、过敏性疾病及肺炎的相关性. 科学通报，2013，58：2561-2569.

[47] 屈芳，Weschler L B，Sundell J 等．纯母乳喂养对北京学龄前儿童哮喘和过敏性疾病患病率的影响．科学通报，2013，58：2513-2526.

[48] 黄晨，胡宇，刘炜，邹志军，SUNDELL Jan. 上海市学龄前儿童哮喘和过敏症与宠物饲养的关联性．科学通报，2013，58(25)：2527-2534.

[49] 罗茂红，来则民．儿童哮喘危险因素病例对照研究[J]. 中国儿童保健杂志，2002，10(2)：96298.

[50] 赵海英，李莉．儿童反复呼吸道感染相关因素的研究[J]. 湖北民族学院学报·医学版，2001，18（1）：16218.

[51] 吴丽慧，李昌崇，留佩宁等．婴幼儿哮喘与气质等因素的 Logistic 回归分析[J]. 中国儿童保健杂志，2002，10（2）：88290.

[52] 刘炜，黄晨，胡宇，邹志军，SUNDELL Jan. 室内环境烟草烟雾与学龄前儿童呼吸道症状的关联性．科学通报，2013，58(25)：2535-2541.

[53] Venn AJ，Cooper M，Antoniak M，et al. Effects of volatile organic Compounds，damp，and other environmental exposures in the house on wheezing illness in children. Thorax，2003，58：955-960.

[54] 张铭，武阳，袁烨等．家庭环境和生活方式对武汉地区儿童过敏性湿疹患病率的影响．科学通报，2013，58：2542-2547.

[55] 郑晓红，钱华，赵宜丽等．南京地区儿童肺炎的家居环境危险因素分析．科学通报，2013，58：2554-2560.

[56] 赵卓慧，张昕，刘冉冉等．太原市学龄前儿童哮喘、过敏性鼻炎及湿疹与出生前及早期家居环境的相关性．科学通报，2013，58:2570-2576.

[57] 王娟，李百战，阳琴等．重庆市学前儿童家长病态建筑综合征与住宅环境的关系．科学通报，2013，58：2592-2602.

室内 $PM_{2.5}$污染

3

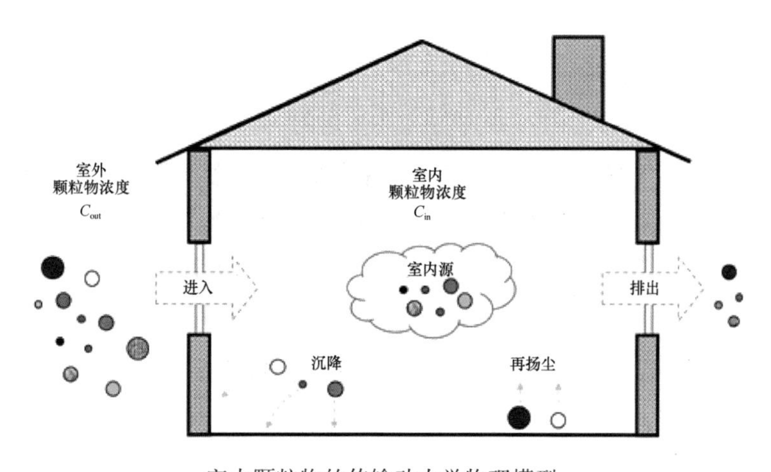

室内颗粒物的传输动力学物理模型

源自：《中国室内环境与健康研究进展报告 2012》

随着城市建设步伐加快，人们生活水平提高，大气污染程度加剧。据 2013 年环保部发布的最新统计数据，今年上半年，我国 74 座主要城市的空气质量不达标天数几乎占到了一半，而其中京津冀地区的污染最为严重，“重度污染”天数高达 26%，首要污染物是细颗粒物 $PM_{2.5}$。粒径在 2.5μm 以下的颗粒物（$PM_{2.5}$）称为可吸入肺颗粒物，$PM_{2.5}$对重金属以及气态污染物等的吸附作用明显，对污染物有明显的富集作用，同时还可成为病毒和细菌的载体，为呼吸道传染病推波助澜，对人体健康产生极大危害。由于人们一天中有 80%的时间在室内度过，室内空气品质的优劣直接影响人体的健康。本章详细介绍了 $PM_{2.5}$对室内环境以及人体健康危害影响的相关研究成果。

3.1 室内 $PM_{2.5}$浓度水平与来源

现代社会中，人们大部分的日常时间都在室内度过，良好的室内空气质量对人体健康尤为重要。可吸入颗粒物特别是其中细粒子 $PM_{2.5}$的污染日益引起人们的重视。$PM_{2.5}$是指空气动力学当量直径小于 2.5μm 的大气颗粒物。$PM_{2.5}$对人体造成的危害比 PM_{10}大得多，可直接进入肺泡并沉积，导致与心和肺的功能障碍有关的疾病（如心血管病），对人体健康构成较大危害[1-3]。而目前，中国暂未制定室内 $PM_{2.5}$的环境标准，对室内细颗粒物的研究也尚处于初级阶段。

目前环境大气中细颗粒物 $PM_{2.5}$的研究逐渐引起国际的关注，但是却忽略了对室内的研究。其实，人们每天大约有 80％以上的时间是在室内度过，而室内污染物的浓度也很高。提到室内空气质量，人们关注最多的往往是装修后住宅内的甲醛、苯系物、TVOCs 等，但是日常居室环境中的颗粒物污染日趋严重。中国对环境空气 $PM_{2.5}$的浓度限值尚无明确规定，已有文献大多借用 USEPA 在 1997 年制定的环境空气质量标准中 $PM_{2.5}$的日均浓度值 65μg/m^3 作为参考（2006 年 EPA 又将其日均浓度值严格至 35μg/m^3）。

3.1.1 国外 $PM_{2.5}$浓度水平与来源

Pellizzari 等[4]研究表明在加拿大多伦多室内 PM_{10}的浓度为 29.8μg/m^3，室外为 24.3μg/m^3；而室内 $PM_{2.5}$为 21.1μg/m^3，室外为 15.1μg/m^3。Galler 等[5]调查南加利福尼亚 13 户家庭中发现室内外的浓度分别为 15.45μg/m^3 和 15.02μg/m^3，表明室内的污染水平高于室外。Cyrys 等[6]对德国爱尔福特 2001～2002 年的监测结果为：室外 $PM_{2.5}$为 9.2μg/m^3，室内 $PM_{2.5}$为 6.9μg/m^3。Meng 等[10]在 1999～2001 年对美国加利福尼亚州、新泽西州、得克萨斯州和加拿大多伦多的室内外颗粒物浓度监测结果表明，室外浓度水平分别为 16.2μg/m^3、20.1μg/m^3、17.1μg/m^3、13.2μg/m^3；室内浓度分别为 16.2μg/m^3、20.1μg/m^3、15.4μg/m^3、17.1μg/m^3。Pekey 等[7]在 2006～2007 年冬夏季对土耳其工业最发达的 Kocaeli 地区 15 个家庭室内外的 $PM_{2.5}$与 PM_{10}浓度状况进行了观测，并对颗粒物中的元素成分进行了分析。通过源解析方法明确了室内 70％的颗粒物是由室外源贡献的，而吸烟和烹饪是主要室内源。研究表明不同地区、不同时间颗粒物污染变化会导致室内颗粒物的浓度变化。Fromme 等[8]在 2004～2005 年对慕尼黑 64 所小学教室内的空气质量观测研究结果显示：相对于其他季节，冬季教室内的颗粒物浓度更高，冬季不良的通风条件引起室内颗粒物和 CO_2 浓度的显著提高，导致空气质量下降；同时，低年级和人数多的教室内 $PM_{2.5}$的质量浓度更高，说明了人为活动是颗粒物重要的室内源。Cattaneo 等[9]在 2007 年夏季和 2008 年冬季对意大利 60 个家庭卧室内空气质量的研究结果表明，室内污染物浓度有明显的季节差异，冬季高、夏季低；$PM_{2.5}$在 PM_{10}中所占的比例非常高，夏季为 57%，冬季为 71%；室内颗粒物在夏季的主要来源是室内，冬季的主要来源是室外。

3.1.2 国内 $PM_{2.5}$浓度水平与来源

曹梦霞等[11]对天津市室内 PM_{10}污染水平的调查发现，室内 PM_{10}的污染水平为 1220$\mu g/m^3$，室外仅为 240$\mu g/m^3$，但是没有 $PM_{2.5}$的调查结果。黄虹等[12]研究表明，广州市住宅夏季室内 $PM_{2.5}$日均浓度平均值为 67.7$\mu g/m^3$，而冬季室内 $PM_{2.5}$日均浓度平均值为 109.9$\mu g/m^3$。段琼等[13]对太原某高校无吸烟办公室内进行颗粒物浓度实测时发现其中 $PM_{2.5}$超过 EPA 标准 4.2 倍。谈荣华等[14]对上海一典型居民住宅区域的 $PM_{2.5}$日均浓度值进行了为期 1 年的连续监测，共取 322 个有效数据，与 EPA 标准相比较其超标率为 37.6%，该结果虽未直接反映居室内的状况，但居室空气毕竟是大气环境密不可分的相通部分。徐亚等[15]于 2009 年 8 月 18～24 日在某单位工作及生活区选取了 4 个室内点和 1 个室外点进行颗粒物采样和成分分析，室内与室外 $PM_{2.5}$比值显示，$PM_{2.5}$污染没有明显的室内源。韩月梅等[16]自 2008 年 3 月 24 日～4 月 3 日对西安交通大学办公室、实验室以及室外的 $PM_{2.5}$样品进行了分析，室内外 $PM_{2.5}$浓度远高于美国空气质量标准规定的 35$\mu g/m^3$，室内外颗粒物浓度具有相同的变化趋势，且室内总体上低于室外。程鸿等[17]于 2008 年 10 月 27～31 日对一社区居民住宅（8 户）的室内和室外同步进行了 $PM_{2.5}$浓度样品采集，研究结果表明，室内人为活动（做饭、打扫等）是室内主要的污染源之一；夜间，室外颗粒物的渗透作用是影响室内环境的主要因素。亢燕铭等[18]以夏季为典型季节，2005 年 6 月对上海地区两种不同类型空调房间的室内外空气中 PM_{10}、$PM_{2.5}$浓度变化状况进行了连续实测，分析结果表明，内部源是家用空调房间室内粒子浓度的主要贡献者，而集中式空调房间的 $PM_{2.5}$浓度变化更多地受到室外环境粒子浓度影响。Tsung-Jung Cheng 等[19]于 2009 年 11 月～2010 年 1 月对台中市私立疗养院室内外的 $PM_{2.5}$浓度进行了观测，研究发现室外颗粒物浓度和室内源对疗养院室内 $PM_{2.5}$的贡献分别占 40.9%和 63.4%。Andy T. Chan 等[20]研究了不同气象条件下香港学生办公室内外颗粒物和 NO 浓度之间的关系，发现温度、湿度和太阳辐射会使室外对室内的影响增强，而气压和风速则不对室内颗粒物和 NO 的浓度产生影响。Jun-ji Cao 等[21]在 2004 年夏季和 2005 年冬季对西安秦陵兵马俑博物馆内空气中的颗粒物浓度进行了研究，分析得出：室内 $PM_{2.5}$浓度冬季大于夏季；悬浮在博物馆内高浓度的酸性颗粒物和沉降的酸性颗粒物均会对兵马俑造成腐蚀性危害。薛树娟[22]于 2009 年 6 月～2010 年 1 月对南昌大学前湖校区室内颗粒物分析，发现 $PM_{2.5}$浓度夏低冬高，认为有可能与夏季有利于二次有机碳的形成有关。由此可知，中国城市室内环境中 $PM_{2.5}$的污染状况相对较重，且与许多因素相关。随着生活水平的提高，人们更加注重寻求高标准的人居环境，而良好的室内空气质量是塑造健康人居环境的先决条件。

3.2 $PM_{2.5}$污染对人体健康的危害

3.2.1 $PM_{2.5}$污染引起的疾病

$PM_{2.5}$粒径足够小，既可以深入肺部引起炎症，又能进入血管直达心脏或其他器官，其颗粒上有可能携带各种病菌，会导致如咳嗽、呼吸困难、肺部功能降低、哮喘、慢性支气管炎、心律不齐、非致命的心脏病发作、某些癌症等疾病的发生，甚至损伤神经系统，造成记忆减退，对人体健康有着严重危害（表 3-1）。同时调查显示：心脏病患者、肺病患者、儿童、老年人更容易受 $PM_{2.5}$影响。

$PM_{2.5}$污染的代表性影响 **表 3-1**

受损系统	常见病症
呼吸系统	咳嗽、慢性支气管炎、肺气肿、支气管哮喘、肺部功能降低
心血管系统	心率变异性改变、冠心病、心肌缺血、先天性心脏病、心肌梗死、心律失常、动脉粥样硬化
神经系统	缺血性脑血管病、认知功能损害、语言及非语言型智力下降、记忆能力减退

3.2.1.1 呼吸系统疾病

进入呼吸道的$PM_{2.5}$颗粒物可以刺激和腐蚀肺泡壁，使呼吸道防御机能受到破坏，肺功能受损，呼吸系统症状如咳嗽、咳痰、喘息等发生率增加，慢性支气管炎、肺气肿、支气管哮喘等的发病率增加。研究表明，颗粒物暴露是哮喘发作或病情加重的危险因素，在儿童和呼吸系统疾病患者等易感人群中更为明显。居住在高污染住宅的儿童与居住在相对清洁住宅的儿童相比，呼吸道黏膜和鼻黏膜的超微结构均发生改变，呼吸道多种细胞受损及中性粒细胞增加，细胞间隙$PM_{2.5}$颗粒物含量增多[23]。统计数据表明：暴露于大气可吸入颗粒物，尤其是$PM_{2.5}$，呼吸系统疾病危险度升高2.07%[24]。

3.2.1.2 心血管系统疾病

流行病学研究表明，$PM_{2.5}$严重影响着人类心血管健康，它不仅能增加高血压、冠心病、糖尿病等心血管疾病的发病率和死亡率，同时也能增加健康人群的患病率。$PM_{2.5}$颗粒会引起全身的氧化应激或炎症反应，激活凝血机制，削弱血管功能，导致动脉血压升高。$PM_{2.5}$污染引起心血管疾病发病率和死亡率增高的心血管事件主要涉及心率变异性改变、心肌缺血、心肌梗死、心律失常、动脉粥样硬化等，这些健康危害在易感人群中更为明显，如老年人和心血管疾病患者等。研究显示：长期或短期暴露于大气可吸入颗粒物，尤其是$PM_{2.5}$，可导致心肺系统的患病率、死亡率及人群总死亡率升高。$PM_{2.5}$日平均浓度升高$10\mu g/m^3$，冠心病的入院率升高1.89%，心肌梗死入院率升高2.25%，先天性心脏病发生率升高1.85%[24]。

3.2.1.3 神经系统疾病

$PM_{2.5}$可通过血脑屏障、嗅神经等途径进入中枢神经系统，与缺血性脑血管病、认知功能损害等中枢神经系统疾病或损害有关。高水平的暴露可损害儿童认知功能，言语及非言语型智力和记忆能力。

3.2.2 $PM_{2.5}$污染对人体危害的病理分析

$PM_{2.5}$粒径较小，比表面积大，易携带大量有毒有害物质，经呼吸道进入人体肺部深处及血液循环，其细胞毒性、氧化损伤毒性、遗传毒性及潜在致癌性较强，对人体呼吸系统、心血管系统、免疫系统、生殖系统等均会造成严重损害（如图3-1所示）。我国某地区调查显示，$PM_{2.5}$污染与人群总死亡率、呼吸系统疾病及心

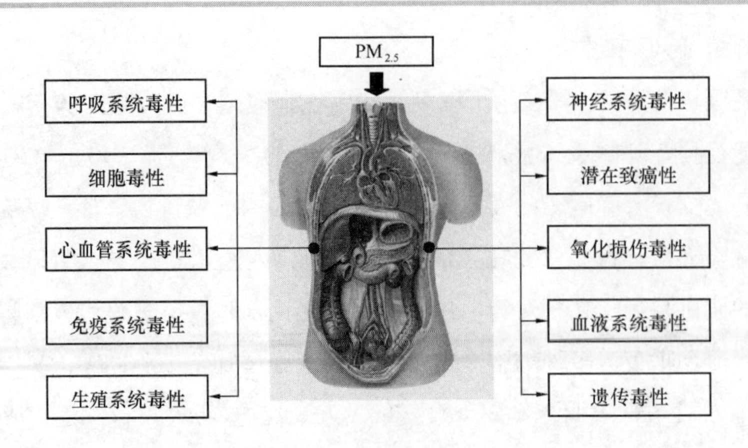

图 3-1 $PM_{2.5}$污染对健康的影响

血管系统疾病死亡率均呈正相关，在 65 岁以上的老年人群和女性人群中更为明显。

3.2.2.1 呼吸系统毒性

粒径为 0.5～2μm 的高密度颗粒物最易被吸入并在肺泡区沉着。有研究利用电镜对 10 例温哥华居民的肺脏解剖标本分析发现，沉积在肺实质内的粒子 96%为 $PM_{2.5}$，提示肺脏对此粒径范围的颗粒物具有较高的选择滞留性[25]。$PM_{2.5}$沉积于肺泡区后，由于肺泡区表面积大，肺泡壁上有丰富的毛细血管网，可溶性部分很容易被吸收入血液，作用于全身。而颗粒物中的可溶性部分在肺毒性中起主要作用[26]。不溶性部分沉积于肺泡区，作为异物，势必引起免疫细胞反应。其中肺泡巨噬细胞（MAC）的吞噬作用是肺脏一种重要的清除机制。MAC 是肺内炎症的调控者，具有强大的生物学活性，在外界的刺激下能合成和分泌生物活性因子达 50 多种，其中大多数为重要的炎症介质，如肿瘤坏死因子（TNF）等，它们对炎症的发生发展起着重要的作用[27]。当 $PM_{2.5}$的吸入超过机体的廓清能力，则会引起机体一系列的病理反应，如发生巨噬细胞性肺炎，导致肺泡结构的损伤。细颗粒物还可能作为致敏源诱发哮喘。同时，$PM_{2.5}$使呼吸道和肺部细胞产生细胞毒性和免疫反应，甚至使机体遗传物质受损造成严重危害。健康成人暴露于浓缩大气颗粒物后，可观察到肺部炎症反应，表现为肺泡灌洗液中性粒细胞上升、血液纤维蛋白原升高等。

3.2.2.2 心血管系统毒性

$PM_{2.5}$可导致健康个体血液中血浆酶原激活抑制因子－1 的水平降低，血浆酶原激活抑制因子—1在机体对心血管损伤的反应中起关键作用，其水平的降低可促进纤维蛋白斑块的溶解，导致动脉粥样硬化进展、斑块破裂甚至心肌梗死[28]。长期暴露于$PM_{2.5}$颗粒物污染与人群亚临床动脉粥样硬化进展有关，具体表现为人群颈动脉中膜厚度的增加。进入循环系统的$PM_{2.5}$颗粒物及系统炎性标志物还可引起血管内皮功能受损，表现为活性氧产生增加，血管收缩因子内皮素-1、组织因子等释放增加，而血管舒张因子一氧化氮和血管缓激肽的释放减少，这些效应可进一步引起血管舒缩功能异常、外周血压升高，增加心血管事件的发生风险[29]。此外，进入循环系统的$PM_{2.5}$颗粒物可对心肌细胞产生直接毒性作用，如颗粒物引起的活性氧对心肌系统可造成氧化损伤，颗粒物可干扰心肌细胞的钙离子通道等，导致心肌细胞电信号传导及节律性的异常[30]。

$PM_{2.5}$还会影响血管平滑肌细胞的增殖以及心血管疾病中其他重要物质的分泌，促使血管平滑肌细胞（VSMC）增生，而血管平滑肌细胞增生是高血压、动脉粥样硬化和血管成形术后血管再狭窄和心血管疾病发病率的基础，主要表现为血管平滑肌细胞的过度增殖，引起血管重塑，血管壁增厚，管腔变窄，导致心血管损害。2006年一项研究表明，$PM_{2.5}$及其有机提取物可以使淋巴细胞微核率增高，核分裂指数下降。$PM_{2.5}$可以影响细胞存活率，同时其还可以抑制心肌细胞的搏动，并随着其含量的增高其搏动频率降低。研究表明，随着$PM_{2.5}$剂量加大心肌激酶、C反应蛋白、血压和心率的差异显著加大，证明其对心血管系统有较大损伤，同时也表明其对患有心血管疾病的人群影响更大。

3.2.2.3 免疫系统毒性

免疫系统对颗粒物的反应具有两面性：一方面对颗粒物具有清除作用，另一方面也是机体受损的原因。$PM_{2.5}$除了对肺巨噬细胞、脑小胶质细胞等定居在组织中的巨噬细胞产生影响外，对机体的免疫调节能力也有一定的影响。研究发现Pb、Ni、As、Zn等元素多富集在粒径≤2.5μm的颗粒物上，它们能使细胞免疫功能受到抑制，表现为淋巴细胞转化功能、白细胞介素（IL-2）活性、NK细胞活性、T淋巴细胞亚群等指标的改变[31]。$PM_{2.5}$颗粒物引起哮喘与过敏性疾病的机制与颗粒物的免疫佐剂效应有关。用蛋白组学的方法研究发现，超细颗粒物引起的支气管肺泡灌洗液中多聚免疫球蛋白受体、补体C3等的显著升高，可能与颗粒物引起的过敏反应和哮喘的病理损伤有关[32]。此外，$PM_{2.5}$可引起呼吸道的主要抗原体呈细胞树突状细胞的成熟以及 Th2 型细胞偏向反应，这与哮喘的发病密切相关[33,34]。多项研究在观察到 $PM_{2.5}$促进 Th2 型细胞偏向反应的同时，也发现了颗粒物对 Th1 型免疫反应的抑制[35-37]，表明颗粒物同时对免疫系统具有相对抑制的作用，可能降低机体对病原微生物的免疫反应，导致感染性疾病的发生率增加。

$PM_{2.5}$颗粒物进入肺内后，肺泡巨噬细胞将整个颗粒物吞噬并释放出一系列细胞因子和前炎症因子，如肿瘤坏死因子（TNF-α），核转录因子（NF-kβ），而前炎症因子或沉积于肺部的颗粒物又进一步作用于肺上皮细胞、成纤维母细胞、内皮细胞等后分泌粘附分子及细胞因子（如 IL-8，IL-6，MIP-2，MCP-1），这些粘附因子及细胞因子使各种炎症细胞（如中性粒细胞、巨噬细胞、单核细胞、多形核白细胞等）聚集，从而导致炎症发生[38]。

3.2.2.4 血液系统毒性

$PM_{2.5}$的吸入除了引发肺部的炎症之外，还会引起血液学的一系列改变。研究表明，$PM_{2.5}$颗粒物所致的肺部弥漫性炎症将可能波及血液系统，造成凝血机制的异常[39]。如激活的白细胞可释放组织因子，使凝血因子 X 转变为活性状态 Xa，从而启动和促进凝血过程；肺泡炎症时，肺泡巨噬细胞 MAC 能释放白细胞介素 6（IL-6），从而刺激肝细胞分泌纤维蛋白原。肺部强烈的炎症会引起一系列细胞因子的分泌并发挥作用，使得机体血黏度增高，血液处于高凝状态，引起心肌缺血缺氧，从而导致心血管疾病的发生。

3.2.2.5 神经系统毒性

近年来，医学界已经开始探讨 $PM_{2.5}$颗粒物暴露与神经系统损害之间的关系，目前这方面研究还不及心肺系统广泛和深入，但已有的结果提示 $PM_{2.5}$颗粒物对神经系统的影响也不可忽视。$PM_{2.5}$颗粒物引起的脑功能损害可能与神经炎症及神经元损伤/丢失有关[40]。目前认为，$PM_{2.5}$颗粒物对神经系统的损害作用可能通过以下两条途径：（1）$PM_{2.5}$颗粒物进入中枢神经系统引起直接损害；（2）$PM_{2.5}$颗粒物引起的系统炎症反应导致的间接损害。最近一项研究发现长期空气污染暴露引起人脑中超细颗粒物的沉积，在人脑嗅球旁神经元发现了颗粒物，在额叶到三叉神经节血管的管内红细胞中发现了小于 100nm 的颗粒物，为颗粒物入脑提供了直接证据[41]。动物实验较人群研究更为广泛地探讨了颗粒物对神经系统的影响，其中以 $PM_{2.5}$颗粒物引起的神经炎症及神经退行性疾病的表现最为明显。

3.2.2.6 生殖系统毒性

由于一些具有潜在毒性的元素，如铅、镉、镍、锰、钒、溴、锌、苯并（a）芘等多环芳烃（PAH），主要吸附在直径小于 2μm 颗粒物上，而这些小颗粒易沉积于肺泡区容易被吸收入血液，故细颗粒物的吸入对生殖系统的影响不容忽视。利用生物标志物研究大气颗粒物对胚胎发育毒性日益受到人们的重视。研究发现在那些吸烟妇女胎盘血中 DNA 加合物的浓度明显增高，此类妇女中胎儿发生宫内发育迟缓、低出生体重的危险性也要高于那些不吸烟的妇女。分析其致病机制，$PM_{2.5}$颗粒物中的活性成分由母体呼吸道吸入，并吸收入血液，高浓度的生物活性化合物 PAH 和其含氮衍生物等毒性物质会干扰母体的一些正常的生理代谢过程，从而影响胎儿的营养与发育；另外，毒物还可能直接通过胎盘对胎儿起作用，毒物的作用时期很可能是在妊娠早期，尤其是怀孕第一个月[42]。

3.2.2.7 致突变性及遗传毒性

实验证明 $PM_{2.5}$颗粒物中的有机组分具有遗传毒性，且其遗传毒性大于 PM_{10}，不同粒径颗粒物中重金属（Pb、Ni、Cd、Cr）和多环芳烃均具有致突变作用，且粒径越小，致突变作用越强[43-46]。$PM_{2.5}$细颗粒物在一定浓度范围内可引起人体肺泡上皮细胞 DNA 损伤，且呈现剂量反应关系及时间效应关系；单位浓度 $PM_{2.5}$的遗传毒性冬季稍微高于春季，这说明虽然由于季节、污染特征不同，造成细颗粒物吸附组分不尽相同，不同来源颗粒物中提取的某一组分含量不同，也必然导致生物效应的不同。

$PM_{2.5}$可对染色体和 DNA 等不同水平的遗传物质产生毒性作用，包括染色体结构变化、DNA 损伤和基因突变等。$PM_{2.5}$的遗传毒性至少与 500 种有机物有关，包括总多环芳烃、致癌性多环芳烃、芳香胺、芳香酮、过渡金属及其协同作用。$PM_{2.5}$对遗传物质的损伤与其产生活性氧的能力有关（羟自由基和超氧阴离子）。燃烧来源的颗粒物中多含有致突变物和致癌物（砷、多环芳烃、苯等），可损害遗传物质和干扰细胞正常分裂，同时破坏机体的免疫监视功能，引起癌症和畸形的发生[47]。$PM_{2.5}$与机体作用产生的活性氧可对 DNA 造成氧化性损伤，导致 DNA 链断裂或其他氧化性损伤，DNA 氧化损伤产物 8-羟基脱氧鸟苷含量的增加与癌症的发生呈正相关[48]。颗粒物对生殖系统遗传物质的损伤可引起胎儿畸形等。近年的研究发现，颗粒物能够引起遗传性 DNA 损伤，即生殖细胞的 DNA 损伤可遗传至下一代。

通过对不同粒径颗粒物化学组分及其与人双核淋巴细胞微核的关系的研究发现，颗粒物粒径越小，吸附的有毒重金属和多环芳烃等有机物越多，其致突变能力也越强。许多研究利用 Ames、UDS、SCE 等一些短期遗传毒性实验从基因、DNA、染色体不同水平说明颗粒物具有潜在的致癌性，对机体存在远期的危害。国外研究认为 PAH-DNA 加合物可反映颗粒物上 PAH 致癌力的大小。动物研究表明接触 $PM_{2.5}$颗粒物后，肺组织产生的 8-羟基脱氧鸟苷（DNA 氧化物）可能是肺癌形成的一个决定因子。研究认为，接触 $PM_{2.5}$颗粒物可导致上皮细胞和巨噬细胞内的细胞因子增加，污染物作用于细胞产生的一些细胞因子（如生长因子）可能使细胞周期失去正常的调节，从而导致细胞分裂增加，可能进一步形成肿瘤。

3.2.2.8 细胞毒性

含尘巨噬细胞大部分经肺泡-支气管纤毛转运机制被清除。每个巨噬细胞中所含颗粒数随时间的延长而减少。这表明某些巨噬细胞的死亡和溶解，然后被年轻的巨噬细胞再吞噬。巨噬细胞的清除作用防止了颗粒穿过上皮进入肺间质，只有游离颗粒可以穿透肺泡壁；$PM_{2.5}$颗粒物离开肺泡表面进入肺实质后，清除速度就显著减慢，颗粒物在肺泡腔的生物清除半减期为 24h，在肺实质的生物清除半减期为数天至数年[49]；细颗粒物通过呼吸大多数沉积在肺泡，肺泡上皮是颗粒物通过巨噬细胞后攻击的主要靶细胞。

3.2.2.9 潜在致癌性

调查显示细颗粒物 $PM_{2.5}$可致肺癌，实验研究表明颗粒物可吸附许多复杂组分，如有机多环芳烃类及重金属如 Ni、Cd、Cr 等。它们可直接或间接作用于 DNA，导致 DNA 损伤、断裂或 DNA 加合物形成。除此之外，细颗粒物也可通过与细胞作用产生活性自由基而间接作用于 DNA，诱导 DNA 链断裂[43]。DNA 损伤常常在启动阶段最先发生，损伤的 DNA 如不能完全修复则可能引起相关基因突变，启动致癌过程。单细胞凝胶电泳（SCGE）又称彗星实验，是一种操作简便、快速、敏感性高的 DNA 损伤检测技术，可以早期监测出毒物对 DNA 的损伤作用[46]。

3.2.2.10 氧化损伤毒性

$PM_{2.5}$颗粒物的氧化损伤毒性作用机制比较复杂，某些颗粒物除本身具有自由基活性外，还可以作用于上皮细胞和巨噬细胞，使它们释放活性氧或活性氮[50]，NO 作为自由基可同氧自由基相互作用，而导致细胞本身及邻近细胞的损害，其主要病理机制是引发脂质过氧化反应，氧化细胞膜上丰富的多不饱和脂肪酸，影响膜的通透性和流动性，导致膜结构损伤。已有研究证实：$PM_{2.5}$颗粒物进入肺组织后，可激发体内的脂质过氧化反应，使体内氧化和抗氧化系统失去平衡，一方面使得脂质过氧化酶（LPO）增高，另一方面使体内的抗氧化系统耗竭，表现为谷胱甘肽过氧化物酶（GSH-Px）下降和 LPO/ GSH-Px 增高，导致谷胱甘肽转化为氧化型，上皮细胞受到损伤，细胞膜通透性增加，引起肺损伤，肺疾病（表现如呼吸功能改变，肺纤维化，慢支，肺气肿等）。因此测定支气管肺泡灌洗液中的氧化-还原型谷胱甘肽的比例及蛋白质含量，也可反映 $PM_{2.5}$颗粒物对机体的毒性作用。另外，氧化造成的肺组织细胞膜结构损伤还表现在细胞及其生化成分的改变。研究发现 $PM_{2.5}$颗粒物可使肺灌洗液中成分发生改变，具体表现为：中性白细胞增高，乳酸脱氢酶（LDH）、酸性磷酸酶（ACP）、碱性磷酸酶（AKP）和唾液酸（NA）等的变化[51]。LDH 为胞浆酶，当细胞膜通透性增加或细胞死亡溶解时大量释放，使得细胞外液 LDH 活性增加，而膜通透性的改变是许多毒性物质作用于细胞膜时的一种常见的早期反应。ACP 是溶酶体酶，在肺泡巨噬细胞中特别活跃。颗粒物染毒后，肺泡巨噬细胞受到刺激，溶酶体数量增加，吞噬活跃；细胞中毒死亡后，ACP 也可大量逸出。NA 对生物膜结构与稳定性起着很重要的作用，NA 含量的增加提示生物膜的完整性受到损害。所以，LDH、ACP、AKP、NA 等的增加可作为反映肺组织细胞受损的指标[52]。

3.3 影响室内 $PM_{2.5}$污染的主要因素

颗粒物的来源是影响室内 $PM_{2.5}$污染的主要因素（图 3-2），颗粒物来源种类的增减会使室内 $PM_{2.5}$ 含量显著地增加或降低，对室内 $PM_{2.5}$ 污染程度产生较大的影响。

室内 $PM_{2.5}$的形成主要包括直接以固态形式排出的一次粒子和由多相（气-粒）化学反应而形成的二次粒子。其主要来源一般包括：室外污染源、室内污染源以及室内活动引起的粒子再悬浮。其中，从室外进入室内的颗粒物是室内 $PM_{2.5}$的重要

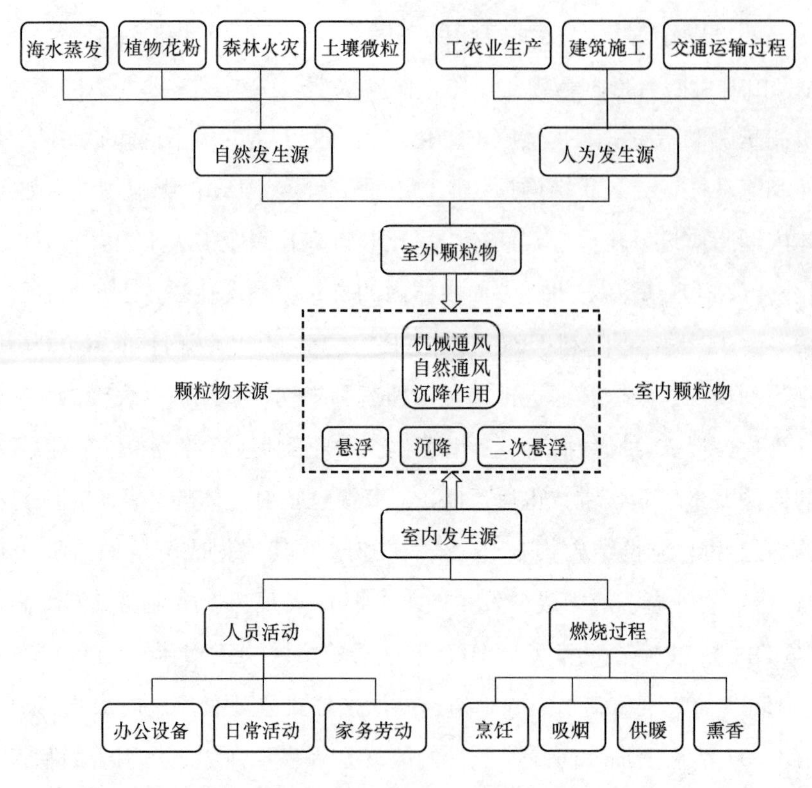

图 3-2　室内 $PM_{2.5}$污染的影响因素

来源。室外颗粒物通过开窗通风或机械通风，窗隙、门缝等的渗透作用进入室内，其主要污染源为燃煤、工业排放、机动车和地面扬尘等。目前汽车尾气对于 $PM_{2.5}$ 的贡献率已占 60%以上。汽车尾气排放时，由气态变成颗粒态，最初粒径很小，经过一段时间互相碰撞后，体积增大，形成 $PM_{2.5}$。在雾霾天气发生时，室外大气是少风静稳的状态，空气中悬浮颗粒物浓度升高，室外 $PM_{2.5}$可通过开窗通风和扩散等进入室内，形成污染。吸烟和烹饪是室内 $PM_{2.5}$的主要来源。有研究结果表明，烹饪时 $PM_{2.5}$的排放强度为 1.7mg/min，吸烟时 $PM_{2.5}$的排放强度为 14mg/支[53]。建筑装饰材料、家具、油漆、涂料等释放与挥发出的甲醛、苯系物等有害物质附着在 $PM_{2.5}$颗粒物上，将会加剧对人体的危害。室内活动、打扫卫生等造成的二次扬尘等也是室内 $PM_{2.5}$的来源。

3.3.1　室内 $PM_{2.5}$污染与各因素的关系

颗粒物来源与室内 $PM_{2.5}$污染的关系体现在颗粒物来源种类的增减会使室内

$PM_{2.5}$含量显著地增加或降低。如对于没有明显室内污染源的住宅，约有 75%的 $PM_{2.5}$来自室外，若住宅门窗等围护结构的密闭性良好，可降低室外颗粒物的带入量，从而减少室内 $PM_{2.5}$含量，降低室内污染程度。又如，当室内存在吸烟行为时，空气中 $PM_{2.5}$和 PM_{10}的浓度会显著增加，人员活动也会导致室内 $PM_{2.5}$颗粒物浓度瞬间增加数倍。

3.3.1.1 室外颗粒物

室外空气中悬浮颗粒的来源可以分为自然发生源和人为发生源。自然发生源包括土壤微粒、植物花粉以及森林火灾、海水蒸发等形成的颗粒；人为活动产生的颗粒主要来自工农业生产、建筑施工以及交通运输过程。室外颗粒物可以通过自然通风、机械通风及围护结构的渗透作用进入室内。对于没有明显室内污染源的住宅，约有 75%的 $PM_{2.5}$来自室外；而对于有重要室内污染源（吸烟、烹调等）的住宅，室内 $PM_{2.5}$中仍然有 55%～60%的部分来自室外。可见，室外大气颗粒物是室内 $PM_{2.5}$的重要来源。

研究显示，室外气象条件是影响室外 $PM_{2.5}$颗粒物浓度的重要因素，如相对湿度、温度及风速等。而室内空气中 $PM_{2.5}$浓度与室外大气中 $PM_{2.5}$浓度成正比，因此，室外气象条件也是影响室内 $PM_{2.5}$污染的重要因素。研究表明，$PM_{2.5}$与相对湿度呈现明显的正相关性，随着相对湿度的增加，颗粒物浓度明显增加。$PM_{2.5}$与风速呈现明显的负相关性，随着风速的增大，颗粒物浓度降低；反之，颗粒物浓度增加。$PM_{2.5}$与温度呈现正相关性，但相关性不明显，说明污染源对 $PM_{2.5}$浓度的影响远远大于温度的影响[54]（图 3-3）。这些气象因素也会以同样的趋势影响室内 $PM_{2.5}$的污染程度。

当住宅位于工厂、建筑工地附近或交通繁忙的主干线两侧时，因工业气体排放、扬尘或尾气等明显增加了局部大气中的 $PM_{2.5}$浓度，使得处于其中的住宅的室内 $PM_{2.5}$浓度亦会高于普通城区住宅。此外，降水等气象因素也会对 $PM_{2.5}$浓度造成影响，雨水的冲刷作用能有效地降低大气中的尘含量，同时地表湿润还可抑制扬尘的产生，室内细颗粒物浓度随室外浓度的降低而降低。有数据显示，雨天室内 $PM_{2.5}$平均浓度仅为晴天的 48.0%。当室外发生雾霾天气时，必然会对室内空气质量带来不利影响[55]。室外颗粒物还可以通过人员活动带入室内，例如穿着的服装和鞋的表面往往附着大量的纤维和尘土。

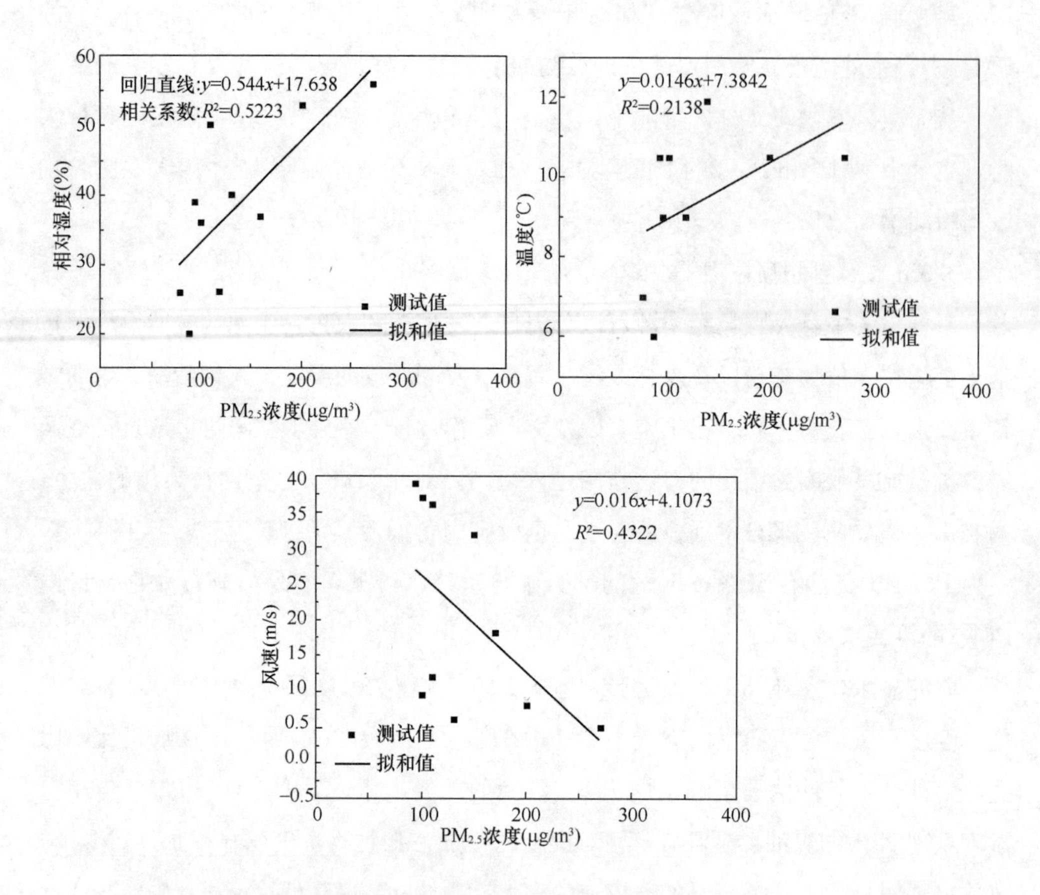

图 3-3　相对湿度、温度、风速对 $PM_{2.5}$ 浓度的影响

3.3.1.2　室内发生源

(1) 燃烧过程

大量的研究表明，火炉、烤箱、壁炉的使用以及吸烟、熏香等燃烧过程是室内颗粒物的主要来源。据统计，世界上约 50%的污染主要来自供暖或做饭用的燃料，在发展中国家这个比例更是高达 90%。

1) 吸烟

吸烟所产生的颗粒物大部分都小于 2.5μm，其释放的烟雾是室内环境中细颗粒物的主要来源。吸烟行为会使室内 $PM_{2.5}$ 的浓度明显高于无吸烟空间。研究指出，吸烟是办公室内可吸入颗粒物浓度增加的一个重要因素。调查发现，办公类环境中，香烟烟尘在颗粒物浓度中所占的比重很大，约为 50%～80%，会议室和休息室中更是高达 80%～90%[56]。研究结果表明，香烟在燃烧过程中平均每分钟可产生细小颗粒 1.67 mg。有报告指出，一支香烟在其燃烧周期中平均可释放 PM_{10} 22±8mg，其中 $PM_{2.5}$ 14±4mg[46]。可见，吸烟不仅有害健康，更是破坏室内空气质量的重要污染源。

2）烹饪

目前中国居民烹饪所用的燃料主要有煤炭、液化气、天然气等，还有很大比例的农村家庭日常生活中使用生物质燃料。这些燃料在燃烧时都会不同程度地释放出颗粒物，引起室内空气污染。有报告指出，烹饪过程中每分钟产生可吸入颗粒物 PM_{10} 4.1±1.6mg，其中 $PM_{2.5}$ 的数量为 1.7±0.6mg，所占比例约为 40%[57]。在针对厨房内的颗粒污染情况进行的调查显示，烹饪过程可以使得室内的微小颗粒物的计数浓度增加约 5 倍，对质量浓度的影响更大。对各种不同类型的烹饪行为进行实测后发现，包括比萨制作、油炸、烧烤、微波炉和烤箱的使用等，油炸和烧烤这两类烹饪行为所导致的 $PM_{2.5}$ 颗粒污染最为严重。

3）供暖

采用分散式供暖的地区，居民住宅内往往设有壁炉和供暖器等，这些设备在使用过程中也会产生大量 $PM_{2.5}$ 颗粒物，加剧室内颗粒污染程度。例如目前在发达国家已经被淘汰的煤油供暖器，其 $PM_{2.5}$ 颗粒发生率高达 9×10^{11} 个/min，石英供暖器和旋管加热器的 $PM_{2.5}$ 颗粒发生率也分别达到了 2.5×10^{10} 个/min 和 4×10^{10} 个/min[58]。壁炉中燃烧木炭取暖时，产生的颗粒数量十分惊人，每千克的木炭在燃烧过程中产生的颗粒总数不少于 2.1g，有的甚至多达 20g，颗粒质量中粒径值为 0.17μm[59]。夜间在居室里使用蜂窝煤取暖，室内空气中的 $PM_{2.5}$ 出现了 200$\mu g/m^3$ 的高浓度污染；以液化气为燃料的住户在做饭时室内 $PM_{2.5}$ 的浓度为 71$\mu g/m^3$，以木材为燃料的家庭其室内浓度可高达 212$\mu g/m^3$，而在使用燃料前后，室内 $PM_{2.5}$ 都处在相对较低水平。另有生物质燃料（水稻秆和木材）在使用与未使用时颗粒物浓度的对比研究表明，当燃料燃烧时室内 $PM_{2.5}$ 的平均浓度明显高于燃料未燃烧时的平均浓度水平[17]。该研究还进一步指出，秸秆类燃烧对室内 $PM_{2.5}$ 浓度的影响大于木材，生物质燃料燃烧是很多农村家庭中 $PM_{2.5}$ 的主要污染源。

4）熏香

熏香在居住环境中的使用已有数百年的历史，但直到最近人们才开始关注其对于室内环境质量的影响。研究表明，熏香在燃烧过程中会产生多种污染物，特别是多环芳香烃、碳氧化物和颗粒物。不同类型熏香的颗粒发生率差异很大，在对香港常见的 10 种熏香进行的研究中，包括传统型、芬芳型和教堂专用熏香，发现 $PM_{2.5}$ 和 PM_{10} 的计重发生率的变化范围分别是 9.8～2160mg/h 和 10.8～2537mg/h[60]，并且两种环保型熏香产生的污染物并未显著减少。

(2) 人员活动

人员活动也与室内颗粒物的产生和传播密切相关。人的生理活动，如皮肤代谢、咳嗽、打喷嚏、吐痰以及谈话都可能产生颗粒物质；人的家务活动，如清洁、除尘等也会增加室内的颗粒物含量。在一些办公建筑或工作厂房中，人的生产活动也会产生大量颗粒，比如办公建筑中的复印、打印操作等。

1) 日常活动

研究指出，人体是重要的颗粒发生源，静止时 0.3μm 以上的 $PM_{2.5}$ 颗粒发生率为 10^5 个/min，完成起立、坐下等动作时为 2.5×10^6 个/min，步行时产生的颗粒数将大大增加[61]。

2) 家务劳动

人们在室内从事家务活动时，例如清洁除尘、折叠衣物等，会引起颗粒的二次悬浮，并且主要对 2.5～10μm 的颗粒浓度造成影响。人员活动产生颗粒的强度取决于室内的人数、活动类型、活动强度以及地面特性。此类颗粒源的特点是持续时间短，但是能够导致室内颗粒物浓度瞬间增加数倍。人们在从事清洁工作时，产生的颗粒量随着粒径增加而增多，对粒径为 2～3μm 和 6～10μm 的颗粒，研究表明，其体积发生率分别为 $0.02\mu m^3/(cm^3\cdot min)$ 和 $0.12\mu m^3/(cm^3\cdot min)$[62]。在对人员活动进行了较为详细的调查后发现，普通扫地时 $PM_{2.5}$ 的发生率为 0.05mg/min，其中 1μm 以下的小颗粒的计数发生率为 1.2×10^{10} 个/min，使用吸尘器时 $PM_{2.5}$ 的发生率为 0.07 mg/min，掸掉衣物上的灰尘导致的 $PM_{2.5}$ 的发生率为 0.09 mg/min[63]。吸尘器除尘等清洁活动过程中，通过粒径分布的调查，发现产生的颗粒大部分粒径在 2.5～10μm 之间。而且，使用吸尘器在客厅进行除尘，对应的 $PM_{2.5}$ 的发生率为 0.45 mg/min，卧室地面积尘较少，测得的数据为 0.18 mg/min。折叠衣物也会引起颗粒的二次悬浮，$PM_{2.5}$ 的发生率为 0.15mg/min。

3) 办公设备

办公设备的使用是工作环境中重要的颗粒物来源之一，但目前这方面的文献并不多见。在诸多的办公设备中，复印机和激光打印机应用最为普遍，也被认为是最主要的两类颗粒发生源，其颗粒发生机制主要是碳粒从硒鼓到纸面的传送过程中的损失。调研发现，办公建筑内普遍存在的病态建筑综合征和复印机的使用密切相关。复印机在使用状态和通电闲置状态下均会产生 $PM_{2.5}$颗粒物，并且颗粒的发生率与复印速率和复印方式（单面/双面）有关。

3.3.2 各因素对室内 $PM_{2.5}$污染的影响方式

颗粒物来源对室内 $PM_{2.5}$污染的影响主要以颗粒物在室内的运动形态体现。颗粒物室内的扩散、沉降、二次悬浮等都会对室内 $PM_{2.5}$的浓度分布和污染程度造成影响。

3.3.2.1 渗透作用

室内颗粒物有一部分源于室外，对采用自然通风的建筑来说，这部分颗粒物可以轻易地从室外进入室内。对于采用机械通风的建筑，室外颗粒物主要通过门窗等围护结构缝隙的渗透、送入的新风以及人员带入室内。在门窗紧闭的情况下，只要风速超过 0.45m/s，颗粒物就能通过门窗四周和墙壁上的缝隙进入室内。大气悬浮颗粒物对建筑围护结构的渗透作用通常用穿透因子 p 表示，定义为渗透风穿过建筑围护结构后的颗粒物浓度与穿透前的浓度比值。显而易见，在没有其他室内源的情况下，渗透作用是室外颗粒物影响室内 $PM_{2.5}$分布的主要方式。渗透的多则室内 $PM_{2.5}$含量多，渗透的少则室内 $PM_{2.5}$污染程度就轻。

穿透因子的影响因素有[64]：(1) 缝的几何尺寸和形状；(2) 颗粒物的物理特性和形状特性；(3) 室内外气体的压差 ΔP；(4) 气流参数；(5) 扩散系数 D；(6) 悬浮颗粒物的沉降速度 V_s；(7) 斯托克斯数 S_t。研究表明，当缝高大于 1mm 时，0.1～10μm 的颗粒物的穿透率几乎为 1。当缝高≤0.1mm，缝隙两端的压差≤4Pa 时，所有粒径范围内的颗粒物都不能穿透缝隙。缝高越大，缝隙两端的压差越大，穿透因子越大；缝长越长，穿透因子越小。当缝的形状不是直条形，且有一定的拐角时，在相同条件下，最大穿透因子比直条形要小，而较小粒径颗粒物的穿透因子甚至比直条形要大。这可能是因为拐角处气流的扰动加速了较小颗粒物的流动，使其很容易穿透缝隙。

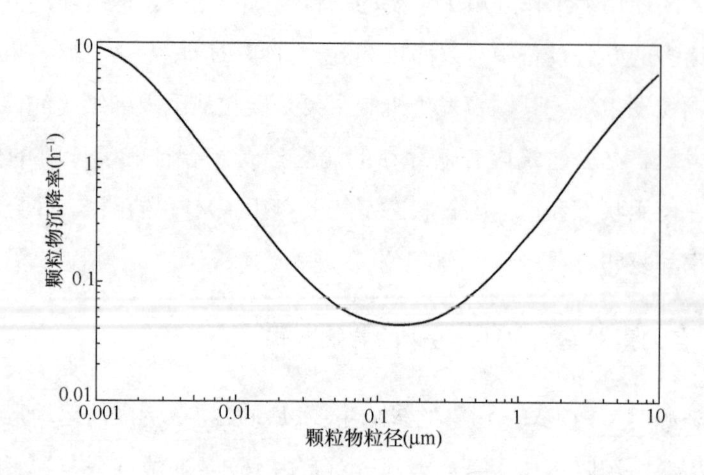

图 3-4　颗粒物沉降率随粒径的变化

3.3.2.2　沉降作用

室内颗粒物的沉降是颗粒物最重要的动力学行为，直接影响着室内颗粒物的粒径分布和浓度分布。研究表明，随着颗粒直径的增大，颗粒平均沉降速度先由于扩散作用的减弱而减小，后由于重力作用的增强而增大。在 0.001～10μm 粒径范围内，较细（<0.01μm）颗粒受布朗运动力和湍流扩散力的影响而形成随机运动，在空气中的停留时间和运动轨迹较长，因而在水平壁面和垂直壁面的沉降情况几乎相同，且受壁面粗糙度的影响较大；而较粗（>1μm）颗粒则主要受重力影响，因而有较大的沉降速度，在空气中的停留时间和运动轨迹较短，且主要沉降在地面上。图 3-4 表明颗粒物沉降率随粒径的变化规律[65,66]。

3.3.2.3　二次悬浮

沉积到壁面上的颗粒物可能会因为室内人员的活动（如行走、卫生清洁等）、室内气流的扰动等被扬起二次悬浮到室内空气中，从而增加室内空气中颗粒物质的含量，加重室内污染程度。有研究表明，即使轻微的活动，如：折叠毛毯、衣服、铺床、真空吸尘及行走等室内活动引起的颗粒物二次悬浮也会对室内 $PM_{2.5}$浓度造成很大影响。但由于影响因素的不确定性，到目前为止，对室内颗粒物的二次悬浮多借助实验手段进行研究。

3.4 $PM_{2.5}$控制标准

3.4.1 美国 $PM_{2.5}$控制标准

美国《清洁空气法》要求根据保护对象制定环境空气质量标准。因此，美国国家环境保护局（EPA）将标准分为两级：一级标准（primary standards）保护公众健康，包括保护哮喘患者、儿童和老人等敏感人群的健康；二级标准（secondary standards）保护社会物质财富，包括对能见度以及动物、作物、植被和建筑物等的保护[67]。

美国国家环境保护局于 1971 年 4 月 30 日首次制定发布了《国家环境空气质量标准》(National Ambient Air Quality Standards，NAAQS)。自 1971 年首次制定颗粒物环境空气质量标准后分别于 1987 年、1997 年、2006 年和 2012 年进行过四次修订。$PM_{2.5}$空气质量标准修订情况见表 3-2，颗粒物环境空气质量标准浓度（$PM_{2.5}$）限制变化见图 3-5。可以看出，自 1997 年首次制定 $PM_{2.5}$标准以来，一级年平均浓度值由 15$\mu g/m^3$ 修订为当前的 12$\mu g/m^3$，限值水平收严了 20%。而二级年平均浓度限值保持 15$\mu g/m^3$ 不变。一级和二级 24h 平均浓度限值由 65$\mu g/m^3$ 修订为当前的 35$\mu g/m^3$，限值水平收严了约 46%。由表 3-2 可知，在达标统计要求方面，$PM_{2.5}$一级和二级年平均标准采用年算术平均值的三年平均，而一级和二级

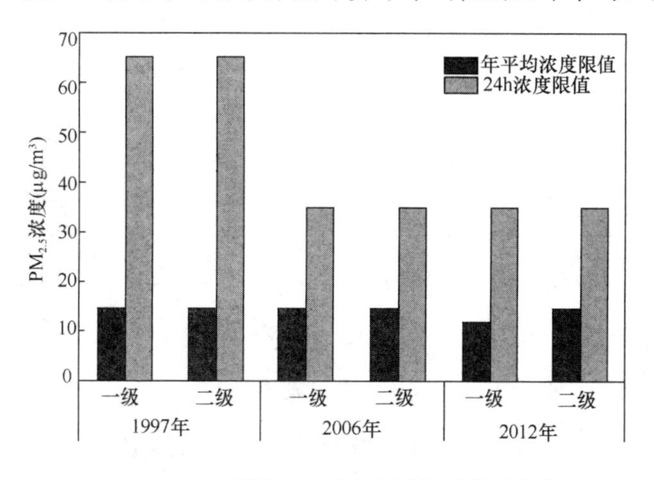

图 3-5 $PM_{2.5}$环境空气质量标准浓度限值变化

24h 标准采用年 98%分位数的三年平均。EPA 制定的 $PM_{2.5}$标准值、空气质量指数（AQI）、空气质量和健康警示之间的关系[70]如表 3-3 所示。

美国颗粒物（$PM_{2.5}$）空气质量标准制修订情况[67] **表 3-2**

时间	标准类别	项目指标	平均时间	浓度限值（$\mu g/m^3$）	达标统计要求
1997 年	一级和二级	$PM_{2.5}$	24h	65	98%分位数，三年平均
			一年	15	年算数平均值，三年平均
2006 年	一级和二级	$PM_{2.5}$	24h	35	98%分位数，三年平均
			一年	15	年算数平均值，三年平均
2012 年	一级	$PM_{2.5}$	一年	12	年算数平均值，三年平均
	二级		一年	15	年算数平均值，三年平均
	一级和二级		24h	35	98%分位数，三年平均

注：98%分位数为一年中 $PM_{2.5}$ 24h 平均浓度的第 98 百分位对应的浓度值。

EPA 制定的 $PM_{2.5}$标准值、AQI、空气质量和健康警示 **表 3-3**

$PM_{2.5}$（$\mu g/m^3$）	AQI	空气质量	健康警示
≤15	0～50	良好	无
16～40	51～100	适度	体质异常敏感的人应考虑减少长时间或剧烈运动
41～65	101～150	不利于敏感人群的健康	心脏疾病或肺病患者、老年人和儿童应避免长时间或剧烈活动
66～150	151～200	不健康	心脏疾病或肺病患者、老年人和儿童应避免长时间或剧烈活动；其他人应减少长时间或剧烈活动
151～250	201～300	非常不健康	心脏疾病或肺病患者、老年人和儿童应避免所有户外活动；其他人应避免长时间或剧烈活动
≥251	301～500	危害	心脏疾病或肺病患者、老年人和儿童应留在室内并降低活动水平；其他人应避免所有户外身体活动

美国加利福尼亚州也制定了环境空气质量标准：PM_{10}年平均值 20～30$\mu g/m^3$、PM_{10} 24 小时平均值低于 50$\mu g/m^3$、$PM_{2.5}$年平均值低于 12$\mu g/m^3$、硫酸盐 24 小时平均值低于 25$\mu g/m^3$[70]。美国于 1997 年发布 NAAQS 后，为达到标准，制定了实施进度计划[70]，见图 3-6。1999 年，各州开始陆续监测 $PM_{2.5}$，到 2000 年监测已常规化，2006 年修订了 NAAQS，提出了 2012～2017 年各州需达到的 $PM_{2.5}$年均

图 3-6 美国为达到 $PM_{2.5}$排放标准而制定的实施进度

浓度值为 15～20μg/m³[70]，基本达标。从 2000～2010 年，美国的 $PM_{2.5}$年均浓度下降了 27%。

3.4.2 欧盟及其成员国 $PM_{2.5}$控制标准

2008 年 5 月，欧盟发布《关于欧洲空气质量及更加清洁的空气指令》，新标准规定了 $PM_{2.5}$的目标浓度限值、暴露浓度限值和消减目标值（AEI）[70]，见表 3-4。欧盟将 $PM_{2.5}$年均值 25μg/m³ 作为浓度目标值于 2010 年 1 月 1 日起施行，作为浓度限值将于 2015 年 1 月 1 日起施行。

欧盟制定的 $PM_{2.5}$目标浓度限值、暴露浓度限值和消减目标值　　表 3-4

项目	质量浓度（μg/m³）	统计方式	法律性质	每年允许超标天数
$PM_{2.5}$ 目标浓度限值	25	1 年	于 2010 年 1 月 1 日起施行，并将于 2015 年 1 月 1 日起强制施行	不允许超标
$PM_{2.5}$ 暴露浓度限值	20[a]	以 3 年为基准	在 2015 年生效	不允许超标
$PM_{2.5}$消减目标值	18[b]	以 3 年为基准	在 2020 年尽可能完成消减量	不允许超标

注：a 为平均暴露指标（AEI）；b 根据 2010 年的 AEI，在指令中设置百分比消减要求（0～20%），从而计算得到。

英国的新空气质量目标将 $PM_{2.5}$年均值（25μg/m³）作为 2020 年的 $PM_{2.5}$目标

浓度限值，要求所有行政区在2010～2020年$PM_{2.5}$暴露浓度消减15%，而苏格兰到2020年则要达到12μg/m³的年均浓度限值[70]。

3.4.3 其他国家$PM_{2.5}$控制标准

加拿大1998年开始制定$PM_{2.5}$浓度参考值，2010年起执行的$PM_{2.5}$日均浓度限值为30μg/m³，并要求连续三年每年不少于98%的日均浓度不超标[70]。

2003年，澳大利亚把$PM_{2.5}$纳入环境空气质量标准[60]，规定日均浓度限值为25μg/m³，年均浓度限值为8μg/m³，但该标准为非强制性标准。澳大利亚于1994年开展$PM_{2.5}$的监测，1994～2001年的$PM_{2.5}$日均浓度低于25μg/m³（1997年除外）[71]。自2003年制定$PM_{2.5}$的非强制性标准以来，澳大利亚继续开展了大量的监测和基础研究。

2009年9月9日，日本环境空气质量标准增加了$PM_{2.5}$的标准值，规定日均浓度限值为35μg/m³，年均浓度限值为15μg/m³[71]。目前，日本对$PM_{2.5}$的排放标准是亚洲最严格的，但该规定还未正式实施。日本东京自2003年推出了日本史上第一个对$PM_{2.5}$以下颗粒，尤其是柴油机、汽车尾气排放的微粒的立法[71]，2009年制定了在亚洲最为严格的$PM_{2.5}$排放标准，但目前该标准还未正式实施。

2008年，新加坡的环境报告指出，$PM_{2.5}$是最需要关注的一种主要大气污染物。新加坡制定的$PM_{2.5}$标准值以EPA的$PM_{2.5}$年均浓度限值（15μg/m³）为标准[71]，其目标是到2014年，$PM_{2.5}$年均浓度限值满足该标准。

墨西哥规定的$PM_{2.5}$日均浓度限值为65μg/m³，年均浓度限值为15μg/m³[71]。2009年，印度修订了1986年实施的空气质量标准，增加了$PM_{2.5}$标准值[61]，该标准规定$PM_{2.5}$日均浓度限值为60μg/m³，年均浓度限值为40μg/m³。

3.4.4 世界卫生组织（WHO）的$PM_{2.5}$控制标准

2006年10月6日，WHO发布了适合全球的最新《世界卫生组织空气质量准则》(AQG)。在AQG中，WHO参照PM_{10}的标准值，以$PM_{2.5}$和PM_{10}的质量浓度比为0.5的基准，确定了$PM_{2.5}$的标准值。除标准值外，WHO还提出了$PM_{2.5}$的3个过渡时期的目标值。WHO制定的$PM_{2.5}$标准值和目标值见表3-5。

WHO 制定的 $PM_{2.5}$标准值和目标值 **表 3-5**

项目		统计方式	PM_{10} ($\mu g/m^3$)	$PM_{2.5}$ ($\mu g/m^3$)	选择浓度的依据
目标值	IT-1	年均浓度	70	35	相对于标准值而言，在这个水平的长期暴露会增加约15%的死亡风险
		日均浓度	150	75	以已发表的多项研究和 Meta 分析中得出的危险度系数为基础（短期暴露会增加约 5%的死亡率）
	IT-2	年均浓度	50	25	除了其他健康利益外，与 IT-1 相比，在这个水平的暴露会降低约 6%的死亡风险
		日均浓度	100	50	以已发表的多项研究和 Meta 分析中得出的危险系数为基础（短期暴露会增加 2.5%的死亡率）
	IT-3	年均浓度	30	15	除了其他健康利益外，与 IT-2 相比，在这个水平的暴露会降低约 6%的死亡风险
		日均浓度	75	37.5	以已发表的多项研究和 Meta 分析中得出的危险度系数为基础（短期暴露会增加 1.2%的死亡率）
标准值		年均浓度	25	10	对于 $PM_{2.5}$的长期暴露，这是一个最低安全水平，在这个水平，总死亡率、心肺疾病死亡率和肺癌死亡率会增加（95%以上可信度）
		日均浓度	50	25	建立在 24h 和年均暴露安全的基础上

3.4.5 我国的 $PM_{2.5}$控制标准

我国《环境空气质量标准》GB 3095 首次发布于 1982 年，分别经过 1996、2000 和 2012 年的三次修订，每次的修订完善都较好地适应了不同时期社会经济的发展水平及环境管理要求，为引导大气环境质量发挥了重要作用。

我国环境保护工作起步晚，而且在各城市发展的步伐参差不齐。2011 年 12 月 21 日，在第七次全国环境保护工作大会上，环保部部长周生贤公布了 $PM_{2.5}$和臭氧监测时间表，$PM_{2.5}$监测全国将分“四步走”。具体内容为：2012 年，在京津冀、长三角、珠三角等重点区域以及直辖市和省会城市开展 $PM_{2.5}$和臭氧监测；2013

年，在113个环境保护重点城市和环境模范城市开展监测；2015年，在所有地级以上城市开展监测；2016年是新标准在全国实施的期限，届时全国各地都要按照该标准监测和评价环境空气质量状况，并向社会发布监测结果[72]。

《环境空气质量标准》的修订标志着我们国家的环保工作将开始从污染物控制阶段开始向环境质量管理和风险控制阶段转变。与现行标准相比，新标准有三方面的突破：一是调整环境空气质量功能区分类方案，将现行标准中的三类区并入二类区；二是完善污染物项目和检测规范，包括在基本监控项目中增设 $PM_{2.5}$ 年均、日均浓度限值和臭氧 8h 浓度限值，收紧 PM_{10} 和 NO_2 浓度限值等；三是提高了数据统计有效性要求，如表 3-6 所示。

环境空气污染物基本项目浓度限值变更对照表　　**表 3-6**

项目	平均时间	浓度限值				单位	备注
		一级		二级			
		新	现行	新	现行		
SO_2	年平均	20	20	60	60	$\mu g/m^3$	不变
	24h 平均值	50	50	150	150		
	1h 平均值	150	150	500	500		
NO_2	年平均	40	40	40	40		
	24h 平均值	80	80	80	80		
	1h 平均值	200	200	200	200		
CO	24h 平均值	4	4	4	4	mg/m^3	不变
	1h 平均值	10	10	10	10		
O_3	日最大 8h 平均	100	/	160	/	$\mu g/m^3$	新增
	1h 平均值	160	120	200	160		放松
PM_{10}	年平均	40	40	70	100		收紧
	24h 平均值	50	50	150	150		不变
$PM_{2.5}$	年平均	15	/	35	/		新增
	24h 平均值	35	/	75	/		

注："新"表示 GB 3095—2012，"现行"表示 GB 3095—1996。

3.4.6　国内外 $PM_{2.5}$ 控制标准对比

（1）1997年，美国首次发布国家环境空气质量标准（NAAQS），是全球最早

制定 $PM_{2.5}$空气质量标准的国家。日本制定了在亚洲最为严格的 $PM_{2.5}$排放标准。

(2) 目前，大部分发达国家都将 $PM_{2.5}$作为最新的控制项目，取消了传统的总悬浮颗粒物（TSP）项目，亚洲国家尤其是发展中国家则保留了 TSP 项目，对于 $PM_{2.5}$则没有增加的迹象。WHO 和欧盟、美国、加拿大、澳大利亚、日本等发达国家均已制定了 $PM_{2.5}$的排放标准；发展中国家只有墨西哥、印度和我国制定了 $PM_{2.5}$排放标准。

(3) WHO 除制定了 $PM_{2.5}$的日均浓度限值和年均浓度限值外，还设立了三个过渡时期目标值，为目前无法一步到位的国家或地区提供了阶段性目标。发达国家的 $PM_{2.5}$日均浓度限值比较一致（$25 \sim 35\mu g/m^3$），低于发展中国家的限值标准。其中墨西哥制定的 $PM_{2.5}$日均浓度限值最高，为 $65\mu g/m^3$；印度制定的 $PM_{2.5}$年均浓度限值较高，为 $40\mu g/m^3$；澳大利亚制定的 $PM_{2.5}$年均浓度限值最低，为 $8\mu g/m^3$。

(4) 我国拟发布的 $PM_{2.5}$二级标准采用 WHO 的 IT-1 值，一级年均浓度限值采用 WHO 的 IT-3 值，在国际上是较为严格的。大多数国家制定的 $PM_{2.5}$标准值比 WHO 的宽松。

(5) WHO、欧盟、美国、加拿大和印度还规定了 $PM_{2.5}$达标的判断要求，各要求有所差异，而我国还未规定 $PM_{2.5}$达标的判断要求。美国制定了 $PM_{2.5}$标准的详细实施计划，我国拟发布的 $PM_{2.5}$标准也将分期实行。

(6) 虽然我国制定的 $PM_{2.5}$一级日均浓度限值与美国相同，但它们所反映的空气质量等级有显著差异[74]，见表 3-7。

我国拟实施的 $PM_{2.5}$排放标准与美国目前使用的 $PM_{2.5}$排放标准的对比　表 3-7

$PM_{2.5}$ ($\mu g/m^3$)	中国			美国		
	空气污染指数（API）	空气质量	健康警示	空气污染指数（API）	空气质量	健康警示
35	50	优	基本无空气污染	99	适度	对敏感人群有不利影响
75	100	良	对极少数异常敏感人群有较弱影响	156	不健康	几乎每个人的健康会受到影响

(7) 表 3-8 给出了国内外颗粒物卫生标准。其中美国职业安全与卫生标准、美国政府工业卫生委员会、德国职业健康协会标准给出的是工业环境中颗粒物的极限值。美国环境空气质量标准等给出的是一般环境中颗粒物浓度标准，中国香港针对

的是办公建筑与公共场所的可吸入颗粒物的限制。

国内外室内颗粒物标准对照（单位：mg/m^3） **表 3-8**

国内外空气质量标准	$PM_{2.5}$		PM_{10}	
	年平均	日平均	年平均	日平均
美国环境空气质量标准（2000 年）	0.015	0.065	—	0.15
美国职业安全与卫生标准	5	—	—	—
德国职业健康协会（2000 年）	1.50（$<4\mu m$）		4	
加拿大住宅极限标准（1995 年）	0.10（1h 平均）	0.040	—	—
美国工业卫生委员会（2011 年）	3	—	10	
中国香港空气质量标准（2003 年）	—	—	0.055	0.18
中国室内空气质量标准（2002 年）	—	—	—	0.15
澳大利亚环境空气质量标准（2003 年）	0.008	0.025	—	0.05
新西兰环境空气质量指导（2000 年）	—	—	0.04	0.12

从表中可以看出，我国标准相对于美国和加拿大标准，未给出 $PM_{2.5}$暴露标准；相对于澳大利亚给出的 PM_{10}标准（日平均值），我国标准偏低了 3 倍；相对于新西兰给出的 PM_{10}标准（日平均值），我国标准偏低了 20%，而且未给出长期暴露要求；相对于中国香港，国标并未区分不同类型建筑室内环境差异，且短期暴露设定时间较长。

3.5 室内 $PM_{2.5}$控制技术

室内 $PM_{2.5}$控制主要通过三种途径来实现，即污染源控制、通风过滤和室内空气净化。污染源控制是指从源头避免或减少 $PM_{2.5}$的产生，或者是利用屏障设施隔离 $PM_{2.5}$，不让其进入室内环境。通风是借助自然作用力或机械作用力将不符合卫生标准的污浊空气排至室外或排至空气净化系统，同时，将新鲜空气或经过净化的空气送入室内。空气过滤是让空气经过纤维过滤材料，将空气中的颗粒污染物捕集下来的净化方式。室内空气净化则是指借助特定的净化设备收集室内 $PM_{2.5}$，将其净化后循环回到室内或排至室外。

3.5.1 污染源控制技术

我国城市中普遍存在 $PM_{2.5}$污染，尤其对于已经入住的住宅室内，其 $PM_{2.5}$要明显高于毛坯房和样板房室内，且已入住住宅室内外 $PM_{2.5}$浓度比（I/O ratio）略大于 1，这一结果说明影响已入住住宅室内 $PM_{2.5}$质量浓度的因素除了室外大气 $PM_{2.5}$浓度，还包括室内污染源。厨房燃料燃烧、环境烟草烟雾（ETS）以及室内人员走动和日常打扫卫生等引起的颗粒物再悬浮是室内 $PM_{2.5}$污染的三个主要方面。

厨房燃气的燃烧是导致室内 $PM_{2.5}$污染的一个重要污染源，不同燃料燃烧后对室内 $PM_{2.5}$的质量浓度影响不同。实验表明，客厅内的 $PM_{2.5}$浓度与厨房内的燃料燃烧具有很好的正相关性，厨房燃料的燃烧能明显增加室内 $PM_{2.5}$的浓度。所以，尽量减少燃料的燃烧可以有效地降低室内 $PM_{2.5}$的浓度。

ETS 是一个重要的室内污染源，香烟在燃吸过程中产生两部分烟气，其中被吸烟者直接吸入体内的主烟流仅占整个烟气的 10％，而 90％的侧烟流弥散在空气中。如果在室内吸烟，则势必造成室内空气的污染。通过实验发现每支香烟的 $PM_{2.5}$散发量约为 10～20 mg/支。然而目前关于 ETS 的研究重点主要侧重于烟草烟雾对人体健康的影响，属于医学、卫生学领域范围内的研究。吸烟与室内空气污染的定量关系的研究不多，特别是我国吸烟人口众多，针对因吸烟导致的室内空气污染问题研究非常之少。不过可以明确的是，不在或少在室内吸烟可以大幅降低 $PM_{2.5}$的浓度，减少对人体健康的损害。

沉积在室内表面上的细微颗粒物可能会因为人的活动、通风流动等再次悬浮到室内，从而增加室内的 $PM_{2.5}$含量。细微颗粒物的再悬浮与人员活动有着密切的关系，居住建筑室内活动是影响室内细微颗粒物再悬浮的主要因素。有专家指出室内活动包括（清洁活动和小孩玩耍）对粒径大于 1μm 的颗粒物室内浓度有相当大的影响。有学者研究室内活动对颗粒物浓度的影响时发现，吸尘器的使用能显著增加粒径 大于 2.5μm 的颗粒物室内浓度。由于影响因素的不确定性，细微颗粒物的再悬浮是个难以确定的参数，目前多借助实验手段进行研究。细微颗粒物的再悬浮主要集中在大粒径范围内，即细微颗粒物的再悬浮能力受其粒径影响很大，随着粒径的增大，颗粒物的再悬浮能力增加。

3.5.2　通风与空调

3.5.2.1　自然通风

自然通风是指风压和热压作用下的空气运动，具体表现为通过墙体缝隙的空气渗透和通过门窗的空气流动。这种通风方式特别适合于气候温和的地区，目的是降低室内温度或引起空气流动，改善热舒适性。充分合理地利用自然通风是一种经济、有效的措施。因此，对于室内空气温度、湿度、清洁度和气流速度均无严格要求的场合，在条件许可时，应优先考虑自然通风。

自然通风可以使室内始终保持良好的空气品质，同时也是改善我国目前住宅室内空气品质的关键。Sundell 教授对瑞典 160 幢建筑进行研究后，发现新风量越大，产生病态建筑病综合征的风险就越小。室内通风可以明显降低室内污染物浓度。根据对北京市居民开关窗情况调查，北京市居民一般为间断性操作，即开窗一段时间后将窗户关闭。这种操作方式对控制间断性污染，如吸烟、油烟等污染十分有效。

3.5.2.2　混合通风

混合通风即对整个控制空间进行通风换气，使室内污染物浓度低于容许的最高浓度。混合通风控制室内污染物的效果主要取决于通风量和通风气流组织形式两个方面。就气流组织而言，将干净的空气直接送至工作人员所在地或污染物浓度低的地方，然后排出。住宅全面通风能够排除空气中的 $PM_{2.5}$，有效降低室内 $PM_{2.5}$ 的浓度。影响室内空气中 $PM_{2.5}$ 浓度的主要因素为：$PM_{2.5}$ 的散发量、送风空气中 $PM_{2.5}$ 浓度及通风量。因此，要保证室内空气环境符合健康的要求，应当从这三个方面来分析造成污染的原因及解决问题的方法。

3.5.2.3　置换通风

作为一种特殊的通风形式，置换通风是 20 世纪 70 年代初期北欧发展起来的一种通风方式，80 年代，由“病态”建筑、“密闭”建筑等引发的室内空气质量问题引起了人们极大的关注，经研究发现有效的通风手段是解决问题的良好方法，而大量的通风换气又将引起建筑能耗的上升，因此，作为一种高效、节能的通风方法，置换通风从 80 年代起，首先被引入办公楼等舒适性空调系统，主要用于解决香烟等引起的 $PM_{2.5}$ 污染。低速、低温送风与室内分区流态是置换通风的重要特点，由于置换通风的特殊送风条件和流态，室内污染物主要集中在房间的上部，沿垂直方向，随高度的增加，其浓度逐渐增加，温度也逐渐升高，形成垂直方向的温度梯度和浓度梯度，如图 3-7 所示。

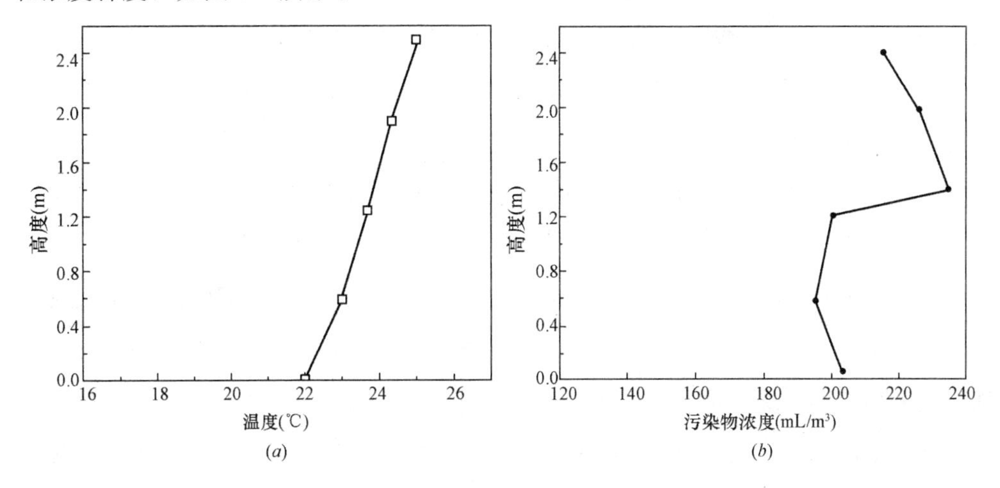

图 3-7 某置换通风房间的温度和污染物浓度分布测定结果

(*a*) 温度—高度曲线；(*b*) 污染物浓度—高度曲线

3.5.2.4 个性化通风

对于一些面积较大、工作人员较少且位置相对固定的场合，只需要对工作人员工作的地点进行环境保障即可。如果采用稀释法则会造成很大能耗，这时可以采用局部送风方式；在局部送风方式情况下工作人员可以根据自己的舒适要求对送风参数进行调节，实现满足不同需求的个性化送风。设计完善的局部排除系统能在不影响生产工艺和操作的情况下，用较小的排风量获得最佳的 $PM_{2.5}$ 排除效果，保证室内工作区 $PM_{2.5}$浓度不超过国家卫生标准的要求。

3.5.2.5 空调系统对室内空气质量的影响

随着人们对室内空气环境安全、健康舒适要求的不断提高，通风的任务逐渐发展为借助机械设备把室外的新鲜空气经过适当的处理送入室内；或把室内的空气经过消毒、除害之类处理后排至室外或循环送回室内，这样的通风就称为机械通风。机械通风不像自然通风那样不确定，故便于控制室内气流。现代建筑物的机械通风大多通过空调系统实现，合理设计和运行空调系统也是理想的室内空气处理手段。

空调的目的是通过各种空气处理手段，如空气的净化、空气的加热或冷却、空气的加湿或减湿等，维持室内空气的温湿度、流动速度以及洁净度。空调的使用能

有效地降低室内 $PM_{2.5}$的浓度，满足生活或生产工艺需要。一个典型的空调系统一般过程为：来自室外的新鲜空气经过初步处理后，与来自室内的循环空气混合并进入处理室；经加热或冷却、加湿或去湿、空气净化等处理后，送入送风机增压；再经消声器，将空气分配到各支路；最后，将这种处理后的空气送至室内。如此循环往复，以维持室内空气参数不变。

空调系统可能以两种方式对室内空气质量构成不利影响：①空调系统是 $PM_{2.5}$的发生源，由于设计不科学或维护不当，空调系统本身会成为 $PM_{2.5}$的发生源；②空调系统是 $PM_{2.5}$的传播途径，通过这个途径，空调系统外部的 $PM_{2.5}$（包括建筑物内部污染源产生的 $PM_{2.5}$）或空调系统本身产生的 $PM_{2.5}$被送风夹带并进入空调空间。必须说明的是，增大新风量并不是解决室内空气质量的万全之策。这是因为旨在稀释室内颗粒物的新风可能将室外颗粒污染物引入室内。与室内空气质量相关的空调问题无论对于新建筑物设计，还是既有建筑物室内空气质量问题的解决都是重要的。

3.5.3 室内空气净化

室内空气的净化要借助特定的净化设备收集室内 $PM_{2.5}$，空气经净化后循环回到室内或排至室外。针对 $PM_{2.5}$污染常采用的净化设备主要有过滤式除尘空气净化器、静电式除尘空气净化器和超低阻空气净化器。

3.5.3.1 过滤式除尘空气净化器

纤维介质对含尘空气的过滤机理是错综复杂的，是下列效应的综合结果：惯性效应、拦截效应、扩散效应、静电效应、重力效应、热升力效应、范德瓦尔斯力效应等，在一般情况下，前三项是最基本的因素。各种过滤机理的综合效应如图 3-8 所示。综合过滤效率如图中最上面一条曲线所示。

过滤式除尘空气净化器的除尘效率主要影响因素有：①空气参数，包括空气的温度、湿度和流量；②颗粒物的特征，包括粒子的形状、大小、密度和浓度；③过滤材料的特征，过滤材料的面积、厚度、微孔大小、带电状况等。由于存在惯性沉降、扩散沉降和静电吸引等作用，动力学直径远小于过滤材料微孔孔径的颗粒物粒子，也能够被收集在过滤材料上。

过滤式除尘空气净化器的特点是：除尘效率高、容尘量大、使用寿命长。一般

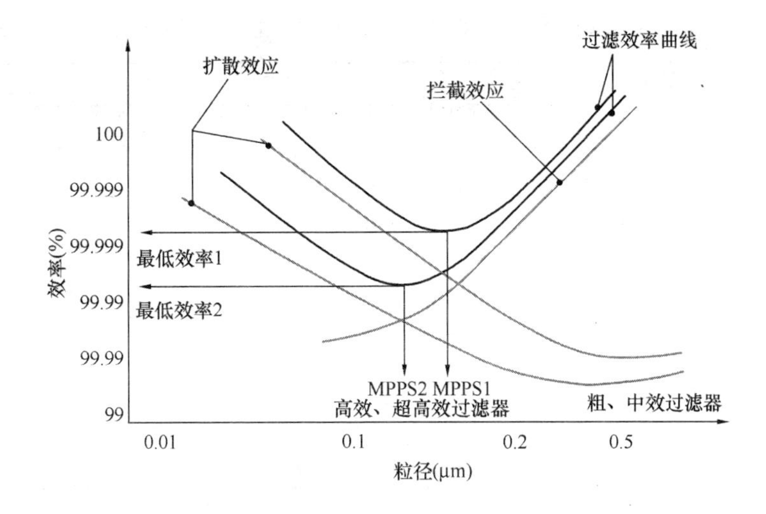

图 3-8 各种过渡机理的综合效应

家庭、办公室内空气中的颗粒物浓度较低，长时间运行不用更换过滤材料。空气过滤器一般分为三种类型，即粗效过滤器、中效过滤器和高效过滤器（或亚高效过滤器），各类过滤器见图 3-9。粗效过滤器主要用于阻挡 10μm 以上的沉降性微粒和各种异物；中效过滤器用于阻挡 1～10μm 的悬浮性颗粒，以免其在高效过滤器表面沉积而很快将高效过滤器堵塞，对于阻挡$PM_{2.5}$有一定效果；高效过滤器主要用于过滤粗效和中效过滤器不能过滤或很难过滤的 1μm 以下的颗粒。国内外有关空气过滤器的分类见表 3-9～表 3-11。

图 3-9 粗效、中效、高效过滤器实物图

高效过滤器的过滤效果已成定论，比过滤≥0.5μm 微粒要大 1～3 个数量级，这是因为微粒的等价直径约在 1～5μm 之间。天津大学对不同类型过滤器的过滤效率也做了大量试验，得出在常规滤速下的过滤效率分别为：粗效过滤器 30%～50%，中效过滤器 70%～90%，高中效以上过滤器的效率大于 99%。

《空气过滤器》GB/T 14295—2008 给出的过滤器分类　　表 3-9

	额定风量下的效率 E（%）		额定风量下的初阻力（Pa）	迎面风速（m/s）
亚高效	粒径≥0.5μm	99.9>E≥95	≤120	1.0
高中效		95>E≥70	≤100	1.5
中效 1		70>E≥60	≤80	2.0
中效 2		60>E≥40		
中效 3		40>E≥20		
粗效 1	粒径≥2.0μm	E≥50	≤50	2.5
粗效 2		50>E≥20		
粗效 3	标准人工尘 计重效率	E≥50		
粗效 4		50>E≥10		

《高效空气过滤器》GB/T 13554—2008 给出的高效过滤器分类　　表 3-10

高效过滤器

类别	额定风量下的钠焰法效率（%）	20%额定风量下的钠焰法效率（%）	额定风量下的初阻力（Pa）
A	99.99>E≥99.9	无要求	≤190
B	99.999>E≥99.99	99.99	≤220
C	≥99.999	99.999	≤250

超高效过滤器

类别	额定风量下的计数法效率（%）	额定风量下的初阻力（Pa）
D	99.999	≤250
E	99.9999	≤250
F	99.99999	≤250

国内一般空气过滤器与国外产品的分类比较　　表 3-11

我国标准	欧商标准 EUROVENT4/9	ASHRAE 标准计重法效率（%）	ASHRAE 标准比色法效率（%）	美国 DOP 法（0.3μm）效率（%）	欧洲标准 EN779	德国标准 DIN24185
粗效过滤器	EU1	<65	—	—	G1	A
粗效过滤器	EU2	65～80	—	—	G2	B1
粗效过滤器	EU3	80～90	—	—	G3	B2

续表

我国标准	欧商标准 EUROVENT4/9	ASHRAE 标准计重法效率（%）	ASHRAE 标准比色法效率（%）	美国 DOP 法（0.3μm）效率（%）	欧洲标准 EN779	德国标准 DIN24185
中效过滤器	EU4	≥90	—	—	G4	B2
中效过滤器	EU5	—	40～60	—	F5	C1
高中效过滤器	EU6	—	60～80	20～25	F6	C1/C2
高中效过滤器	EU7	—	80～90	55～60	F7	C2
高中效过滤器	EU8	—	90～95	65～70	F8	C3
高中效过滤器	EU9	—	≥95	75～80	F9	—
亚高效过滤器	EU10	—	—	>85	H10	Q
亚高效过滤器	EU11	—	—	>98	H11	R
高效过滤器 A	EU12	—	—	>99.9	H12	R/S
高效过滤器 A	EU13	—	—	>99.97	H13	S
高效过滤器 B	EU14	—	—	>99.997	H14	S/T
高效过滤器 C	EU15	—	—	>99.9997	U15	T
高效过滤器 D	EU16	—	—	>99.99997	U16	U
高效过滤器 D	EU17	—	—	>99.999997	U17	V

3.5.3.2 静电式除尘空气净化器

(1) 静电除尘效果及影响因素

静电式除尘空气净化器去除空气中的颗粒物效率很高，除尘效率可高达 90%以上，能够捕集小至 0.01～0.1μm 左右的微粒，消除 $PM_{2.5}$污染效果显著。但是需要高压电源，集尘量小，一般 1～2 周需将集尘装置清洗一次。依据国家标准《家用和类似用途电器的安全空气净化器的特殊要求》GB 4706.45—1999 中的规定，要求出风口臭氧浓度不得大于 0.1mg/m^3。

除尘效率的影响因素为：①空气参数，包括空气的温度、湿度、流量和流速。除尘效率与两极板间的平均气流速度成反比，速度增加使除尘效率降低；②颗粒物的特征，包括粒子的形状、大小、密度、电阻率和浓度。粒子带电量与粒子的电阻率有关，一般状况下，仅适合收集 105～1010Ω · cm 的颗粒物；③结构因素，颗粒物粒子荷电量的大小与电晕放电形式有关，还与集尘极板的长度、面积、两极板间距和供电方式有关；④操作条件，如与工作电压等因素有关。

(2) 静电除尘结构

静电式除尘净化器主要由离子化装置、静电集尘装置、送风机和电源等部件构成。一般静电式除尘室内空气净化器，采用离子化电极和集尘电极分别设置的结构形式，也就是使用两对电极，一对用于颗粒物粒子荷电，另外一对用于捕集分离颗粒物粒子，通常称之为双极静电式空气净化器。

1) 离子化装置

离子化装置的功能是采用正脉冲电晕放电，产生正离子，依靠高压电场，使吸入空气净化器内的悬浮颗粒物粒子迅速而有效地带正电荷。在电晕电场中使颗粒物带正电荷有两种过程：靠离子碰撞荷电，也称电场荷电，即在电场中，由于离子吸附于颗粒物而带颗粒物粒子荷电；是扩散荷电，即在电场中靠离子的浓度梯度产生的扩散作用而把电荷加在颗粒物粒子上。一般对大于 0.5mm 的颗粒物粒子，电场荷电起主要作用，而小于 0.2mm 则是扩散荷电起主要作用。电晕放电的离子化装置的电极结构如图 3-10 所示。

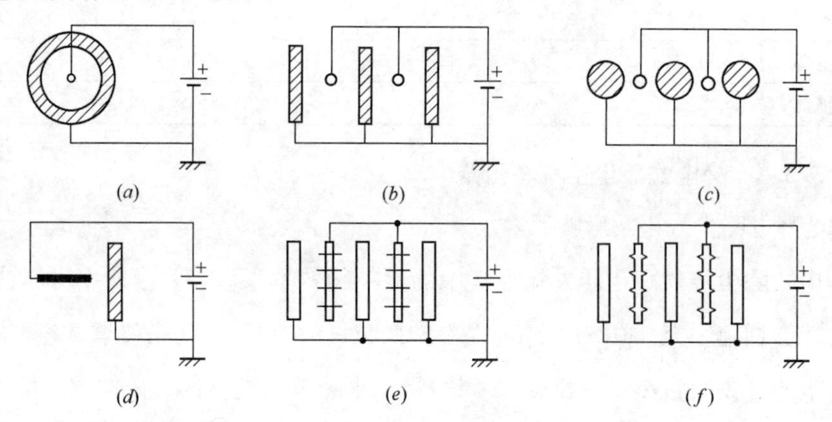

图 3-10 离子化电极结构

(*a*) 同轴型；(*b*) 线面型；(*c*) 线柱型；(*d*) 点面型；(*e*) 针状型；(*f*) 锯齿型

2) 静电集尘装置

在住宅、办公室和公共场所使用的家用空气净化器的静电集尘装置，采用同轴型集尘器、平板型集尘器和带状集尘器。如图 3-11 所示。集尘器为自成一体的独立单元，容易拆卸，便于洗涤。一般 1～2 周需要拆卸下来洗涤一次。

静电除尘设备能在有人在场的条件下，对空气进行动态连续的净化消毒，从而

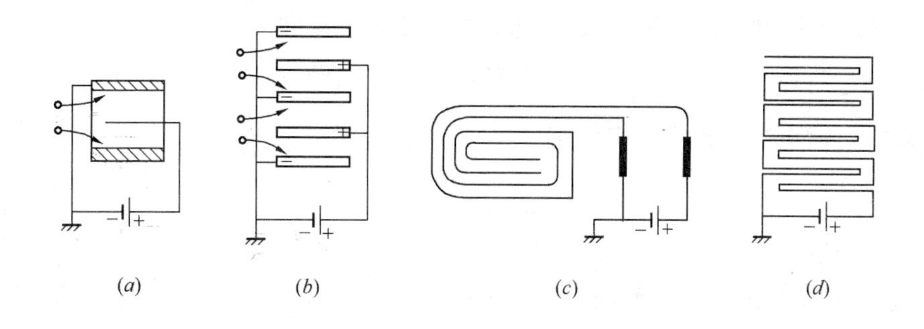

图 3-11 静电集尘装置

(a) 同轴型集尘器；(b) 平板型集尘器；(c) 带状集尘器；(d) 带状集尘器

保证室内空气的持续洁净。广谱抗菌，而且除尘净化空气，清除异味清新空气，是一种比较理想、环保的空气净化装置。静电除尘设备，维修方便，费用相对低廉，易于推广。

3.5.3.3 超低阻空气净化器

在送风系统中使用低阻、高效率的空气过滤器，是手术室实现所需洁净度的关键。一般而言，效率较高的过滤器运行阻力较大，影响其在空调系统中的应用。一般空调通风系统的改造，由于空调机组所能提供的机外余压往往不易提高，故增加高效率的过滤器困难较大。为了减少室内空气污染，国内外研制了各种空气净化器，大多数产品在不同的应用场合各有一定的效果，但其效果的稳定性和是否对人体完全无副作用等问题还有待认定。目前通过物理方法进行过滤仍是人们普遍认可的减少室内空气尘埃颗粒物的主流方法。如何使过滤器效率高、阻力小、安装方便，始终是需要研究改进的焦点问题。Ⅰ型超低阻高中效过滤器，其过滤效率如表 3-12 所示。

Ⅰ型超低阻高中效空气过滤器过滤效率　　表 3-12

额定风量 (m^3/h)	过滤效率 η (%)					
	≥0.3μm	≥0.5μm	≥0.7μm	≥1.0μm	≥2.0μm	≥5.0μm
400	61.8	61.6	79.2	86.3	94.2	96.4

3.6 建筑室内颗粒物污染及其复合污染控制关键技术研究

国家“十二五”课题“建筑室内颗粒物污染及其复合污染控制关键技术研究”

课题组（以下简称“课题组”）2012 年 11 月开始了对北京城区居民建筑和大学生公寓建筑室内外 $PM_{2.5}$ 和 PM_{10} 浓度水平的实时监测调查工作。2013 年 1 月开始了对北京城区临街办公建筑室内外 $PM_{2.5}$ 和 PM_{10} 浓度水平的实时监测调查工作。图 3-12 为课题组 2013 年 2 月实测的北京地区某小区居民住宅和某大学生宿舍外窗（门）关闭条件下的室内外 $PM_{2.5}$ 质量浓度状况（均为无人吸烟环境）；图 3-13 为课题组 2013 年 9 月关于北京城区某住宅小区 5 户居民住宅外窗（门）关闭条件下的室内外 $PM_{2.5}$ 质量浓度状况实测结果（均为无人吸烟环境）。

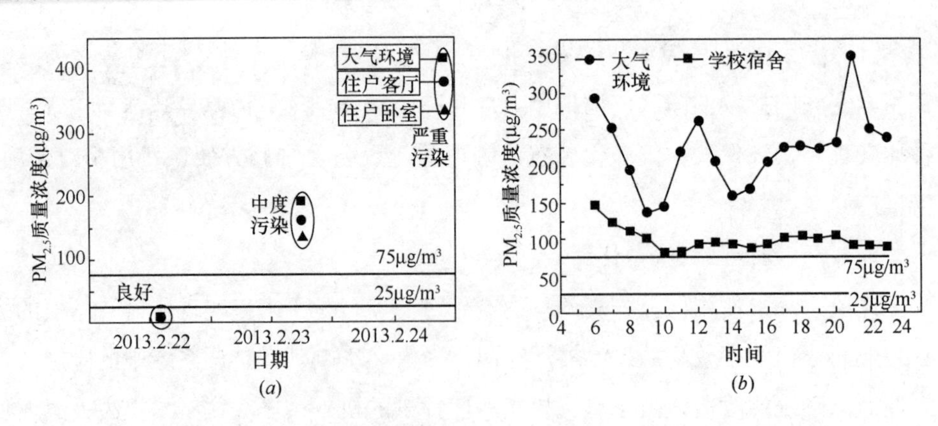

图 3-12 2013 年 2 月北京城区某住宅建筑室内外环境 $PM_{2.5}$ 质量浓度实测结果

(*a*) 居民楼；(*b*) 宿舍楼

由图 3-12（*a*）可见，当室外 $PM_{2.5}$ 质量浓度为 416μg/m³ 时，居室内的 $PM_{2.5}$ 质量浓度分别达到了 380μg/m³ 和 333μg/m³；即使在室外大气中度污染状况下（191μg/m³），居室内的 $PM_{2.5}$ 质量浓度也超标（分别为 162μg/m³ 和 133μg/m³）；图 3-12（*b*）大学生宿舍的实测结果和图 3-13 的居民楼实测结果都看到了同样的趋势。

课题组将进一步在更多的城市开展关于室外 $PM_{2.5}$ 对建筑室内环境影响的实时监测调查（图 3-14）。通过大量实测数据的调查与分析，进一步认识和把握室外气象条件、建筑围护结构构造特点等因素对建筑室内环境的影响规律；同时，结合市场现有 $PM_{2.5}$ 空气净化器产品性能特点以及课题组研发的空气净化新技术，研究建筑室内环境有效应对 $PM_{2.5}$ 污染危害的预防对策，为政府相关部门决策以及为建筑室内环境保护提供方法参考。

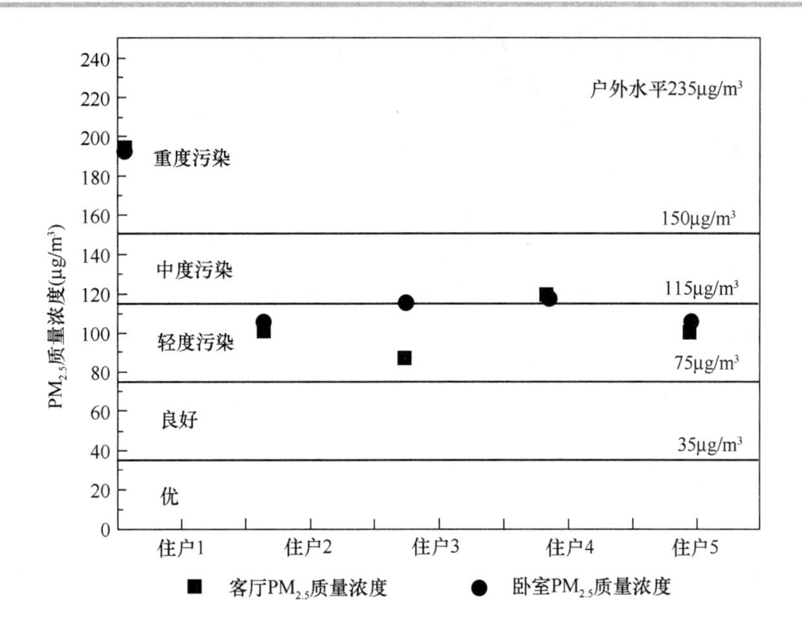

图 3-13 2013 年 9 月北京城区某住宅小区 5 户住宅建筑室内外环境 $PM_{2.5}$ 质量浓度实测结果

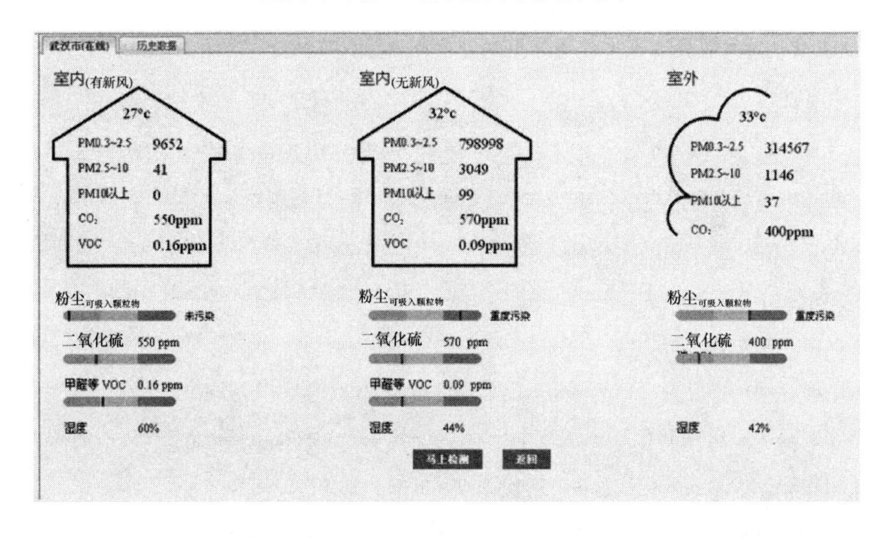

图 3-14 室内外 $PM_{2.5}$ 污染监测网络监测界面

参 考 文 献

[1] 周中平，赵寿堂，朱立等．室内污染检测与控制[M]．北京：化学工业出版社，2002.391.

[2] 邵龙义，时宗波．都市大气环境中可吸入颗粒物的研究[J]．环境保护，2000.(1)：24-293.

[3] Dockery DW. Pope CA. Acute respiratory effects of particulate air pollution [J]. Ann Rev Public Health，1994，15：107-132.

[4] Pellizzari ED. Clayton CA. Rodes CF. et al. Particulate matter and manganese exposures in Toronto，Canada[J]. Atmos Environ，1993. 33：721-734.

[5] Galler MD，Chang MC，Sioutas C，et al. Indoor/outdoor relationship and chemical composition of fine and course particles in the southern California deserts[J]. Atmos Environ，2002，36：1099-1110.

[6] Cyrys J.，Pitz M.，Bischof W，et a1. Relationship between indoor and outdoor levels of fine particle mass particle number concentrations and black smoke under different ventilation conditiom [J] Journal of Exposure Analysis and Environmental Epidemiology，2004，14(4)：275-283.

[7] Pekey B，Bozkurt Z，Pekey H，et al. Indoor/outdoor concentrations and elemental composition of PM_{10}/$PM_{2.5}$ in urban/industrial areas of Kocaeli City，Turkey[J]. Indoor Air，2010，20(2)：112-125.

[8] Fromme H，Twardella D，Dietrich S，et al. Particulate matter in the indoor air of classrooms-exploratory results from Munich and surrounding area[J]. Atmospheric Environment，2007. 41(4)：854-866.

[9] Cattaneo A，Peruzzo C，Garramone G，et al. Airborne particulate matter and gaseous air pollutants in residential structures in Lodi province，Italy [J]. Indoor Air，2011. 21(6)：489-500.

[10] Meng Q. Y，Turpin B. J.，Kom L.，et al. Influence of ambient(outdoor) sources on residential indoor and personal $PM_{2.5}$ concentration：Analyses of RIOPA data[J]. Journal of Exposure Analysis and Environmental Epidemiology，2005，15(1)：17-28.

[11] Cao MX，Lin S，Liu JL，et al. Study on human exposure assessment to indoor/outdoor air pollutants[J]. Transac Tianjin Uni. 1997，3(2)：189-192.

[12] 黄虹，李顺诚，曹军骥等. 广州市夏、冬季室内外 $PM_{2.5}$质量浓度的特征[J]. 环境污染与防治，2006，28(12)：954 -958.

[13] 段琼，张渝，李红格等. 太原市某办公室 PM_{10}与 $PM_{2.5}$的实测与研究[J]. 能源研究与信息，2006，22 (1)：12-17.

[14] 谈荣华，张元茂，郑叶飞等. 上海市城区典型居民住宅区 $PM_{2.5}$的污染状况分析[J]. 环境与职业医学，2004，21(3)：226-229.

[15] 徐亚，赵金平，陈进生，张福旺．室内空气中颗粒物污染特征研究[J]. 环境污染与防治，2011，33(1)：52-60.

[16] 韩月梅，沈振兴，曹军骥，霍宗权，刘随心，张婷．室内外细粒子 $PM_{2.5}$ 和总悬浮颗粒物污染水平的对比研究[J]. 中国粉体技术，2009，15(2)：14-17.

[17] 程鸿，胡敏，张利文，万霖．北京秋季室内外 $PM_{2.5}$ 污染水平及其相关性[J]. 环境与健康杂志，2009，26(9).

[18] 亢燕铭，钟珂，柴士君．上海地区空调房间夏季室内外颗粒物浓度变化特征[J]. 过程工程学报，2006，6(2)：46-50.

[19] Cheng T J，Chang C Y，Tsou P N，et al. The Determinants of Mass Concentration of Indoor Particulate Matter in a Nursing Home [J]. Applied Mechanics and Materials，2011. 44：3026-3030.

[20] Chan A T. Indoor-outdoor relationships of particulate matter and nitrogen oxides underdifferent outdoor meteorological conditions[J]. Atmospheric Environment，2002. 36(9)：1543-1551.

[21] Cao J，Li H，Chow J C，et al. Chemical Composition of Indoor and Outdoor Atmospheric Particles at Emperor Qin's Terra-cotta Museum，Xi'an，China[J]. Aerosol and Air Quality Research，2011. 11(1)：70-79.

[22] 薛树娟．南昌大学前湖校区室内外 $PM_{2.5}$ 和 PM_{10} 及碳组分的分布与源解析[D]. 南昌大学，2012.

[23] Calderon-Garciduenas L，Valencia-Salazar G，Rodríguez-Alcaraz A，et al. Ultrastructural nasal pathology in children chronically and sequentially exposed to air pollutants. Am J Respir Cell Mol Biol，2001，24：132-138.

[24] Zanobetti A，Franklin M，Koutrakis P，et al. Fine particulate air pollution and its components in association with cause-specific emergency admissions. Environ Health，2009，8：58.

[25] Churg A，BrauerM. [J]. Am J Respir Crit CareMed，1997，155：2109-2111.

[26] Harrison RM，Yin JX. [J]. Sci Total Environ，2000，249(1-3)：85-101.

[27] 戴海夏，宋伟民．大气 $PM_{2.5}$ 的健康影响[J]. 国外医学卫生分册，2001，28(2)：299-303.

[28] Carlsten C，Kaufman J D，Peretz A，et al. Coagulation markers in healthy human subjects exposed to diesel exhaust. Thromb Res，2007，120：849-855.

[29] Bai N，Khazaei M，van Eeden S F，et al. The pharmacology of particulate matter air pollu-

tion-induced cardiovascular dysfunction. Pharmacol Ther，2007，113：16-29.

[30] Nelin T D，Joseph A M，Gorr M W，et al. Direct and indirect effects of particulate matter on the cardiovascular system. Toxicol Lett，2012，208：293-299.

[31] 林治卿，袭著革，杨丹凤，晁福寰. PM2.5 的污染特征及其生物效应研究进展[J]. 解放军预防医学杂志，2005，23(2)：150-152.

[32] Kang X，Li N，Wang M，et al. Adjuvant effects of ambient particulate matter monitored by proteomics of bronchoalveolar lavage fluid. Proteomics，2010，10：520-531.

[33] Koike E，Takano H，Inoue K，et al. Carbon black nanoparticles promote the maturation and function of mouse bone marrow-derived dendritic cells. Chemosphere，2008，73：371-376.

[34] de Haar C，Kool M，Hassing I，et al. Lung dendritic cells are stimulated by ultrafine particles and play a key role in particle adjuvant activity. J Allergy Clin Immunol，2008，121：1246-1254.

[35] Sénéchal S，de Nadai P，Ralainirina N，et al. Effect of diesel on chemokines and chemokine receptors involved in helper T cell type 1/type 2 recruitment in patients with asthma. Am J Respir Crit Care Med，2003，168：215-221.

[36] Nel A E，Diaz-Sanchez D，Ng D，et al. Enhancement of allergic inflammation by the interaction between diesel exhaust particles and theimmune system. J Allergy Clin Immunol，1998，102：539-554.

[37] Alessandrini F，Schulz H，Takenaka S，et al. Effects of ultrafine carbon particle inhalation on allergic inflammation of the lung. J Allergy Clin Immunol，2006，117：824-830.

[38] Pozzi R，De Berardis B，Paoletti L，et al. Inflammatory mediators induced by coarse (PM2.5- 10) and fine (PM2.5) urban air particles in RAW 264. 7 cells[J]. Toxicology，2003，183(1-3)：243.

[39] Seaton A，et al.[J]. Lancet，1995，345：176-178.

[40] Calderón-Garcidue ñas L，Engle R，Mora-Tiscare ño A，et al. Exposure to severe urban air pollution influences cognitive outcomes，brain volume and systemic inflammation in clinically healthy children. Brain Cogn，2011，77：345-355.

[41] Calderón-Garcidue ñ as L，Solt A C，Henríquez-Roldán C，et al. Long-term air pollution exposure is associated with neuroinflammation，analtered innate immune response，disruption of the blood-brain barrier，ultrafine particulate deposition，and accumulation of amyloid beta-42 and alpha-synuclein in children and young adults. Toxicol Pathol，2008，36：289-310.

[42] Sram RJ. [J]. Environ health Perspect, 1999, 107(11): 542-543.

[43] Carero ADP, Hoet PHM, Verschaeve L, et al. Genotox ic effects of carbon black particles, diesel exhaust particles, and urban air particulates and their extracts on a human alveolar epithelial cell line(A549) and a human monocytic cell line (THP- 1)[J]. Enviromental andMolecular Mutagenesis, 2001, 37: 155.

[44] Hsiao WL, Mo ZY, Fang M, et al. Cytotoxicity of PM2.5 and PM(2.5-10) ambient air pollutants assessed by the MTT and the Comet assays[J]. Mutat Res, 2000, 471(1-2): 45.

[45] Maeshima E, liang XM, Otani H, et al. Effect of environmental changes on oxidative deoxyribonucleic acid (DNA) damage in Systemic Lupus Erythematosus[J]. Archives of Enviromental Health, 2002, 57(5) : 425.

[46] 叶舜华，宋健，周伟．机动车排除物对人体健康危害的研究[J]. 上海环境科学，1998，17(10) : 16.

[47] de Kok T M, Driece H A, Hogervorst J G, et al. Toxicological assessment of ambient and traffic-related particulate matter: A review of recent studies. Mutat Res, 2006, 613: 103-122.

[48] Valavanidis A, Fiotakis K, Vlachogianni T. Airborne particulate matter and human health: toxicological assessment and importance of size and composition of particles for oxidative damage and carcinogenic mechanisms. J Environ Sci Health C Environ Carcinog Ecotoxicol Rev, 2008, 26: 339-362.

[49] 张文丽，徐东群．大气细颗粒物污染监测及其遗传毒性研究[J]. 环境与健康杂志，2003，20(1) : 3.

[50] Linda D M, et al. The role of Reactive oxygen and Nitrogen species in the Response of airway epithelium to particulate [J] . Environ Health Perspect, 1997, 105 (suppl5): 1301-1307.

[51] 赵毓梅，等．大气粗细颗粒物的成分分析及其肺毒性研究[J]. 卫生研究，1996，25(2): 89-91.

[52] 赵毓梅，等．大气总悬浮颗粒物的肺毒性及抗毒性实验研究[J]. 环境与健康杂志，1998，15(1): 1-4.

[53] 王晓舜．北京市居民室内 PM2.5 暴露水平调查[J]. 安全，2012，3.

[54] 孙俊玲，刘大锰，扬雪．北京市海淀区大气颗粒物污染水平及其影响因素[J]. 资源与产业．2009，11(1): 96-100.

[55] 顾庆平，高翔，陈洋，等. 江苏农村地区室内 PM2.5 浓度特征分析[J]. 复旦学报(自然科学版)，2009，48(5)：593-597.

[56] 日本空气清净协会. 空气净化技术手册. 电子工业部第十设计研究院，译. 北京：电子工业出版社，1985.

[57] Wallace L. Indoor particles: a review. J Air & Waste Manage Assoc, 1996, 46: 98 126.

[58] Tu K W, Hinchliffe L E. A study of particulate emissions from portable space heaters. Am Ind Hyg Ass J, 1983, 44: 857-862.

[59] Dasch J M. Particulate and gaseous emissions from wood-burning fireplaces. Envir Sci Technol, 1982, 16: 639-645.

[60] Lee Shun-Cheng, Wang Bei. Characteristics of emissions of air pollutants from burning of incense in a large environmental chamber. Atmospheric Environment, 2004, 38: 941-951.

[61] Austen P R. Contamination Index. AACC, 1965.

[62] Eileen Abt, Helen H Suh, Paul Catalano, et al. Relative Contribution of outdoor and indoor particle sources to indoor concentrations. Environ SciTechnol, 2000, 34: 3579-3587.

[63] He Congrong, Morawska Lidia, Hitchins Jane, et al. Contribution from indoor sources to particle number and mass concentrations in residential houses. Atmospheric Environment, 2004, 38: 3405-3415.

[64] 张帆. 大气悬浮颗粒物对建筑围护结构穿透机理的数值模拟[D]. 湖南，湖南大学，2007.

[65] Nazaroff W W. Indoor particle dynamics[J]. Indoor Air, 2004, 14(7): 175-183.

[66] Riley W J, Mckone T E, Lai A C K, et al. Indoor particulate matter of outdoor origin: importance of size-dependent removal mechanisms[J]. Environment Science and Technology, 2002, 36: 200-207.

[67] US EPA. National ambient air quality standards for particulate matter: final rule [EB/OL]. 1997 [2013-02-22]. http://www.epa.gov/ttn/oarpg/tl/fr_notices/pmanqqs.pdf.

[68] US EPA. National ambient air quality standards for particulate matter[EB/OL]. 2006 [2013-02-22]. http://www.epa.gov/fedrgstr/EPA-AIR/2006/October/Day-17/a8477.htm.

[69] US EPA. National ambient air quality standards for particulate matter: final rule [EB/OL]. 2013 [2013-02-22]. http://www.gpo.gov/fdsys/pkg/FR-2013-01-15/pdf/2012-30946.pdf.

[70] Australian Government. Department of sustainability, environment, water, population and communities, airquality standards [EB/OL]. [2011-12-23]. http://www.environment.gov.au/atmosphere/airquality/standards.html.

[71] WHO. Air quality guidelines: global update 2005[R]. Bonn: WHO Regional Office for Europe, 2005.

[72] GB 3095—2012，环境空气质量标准.

[73] GB 3095—1996，环境空气质量标准.

[74] Ferrer M A, Lozano M A, Tozer R. Thermoeconomics applied to air-conditioning systems [G]. ASHRAE Trans, 2011, 107(1): 638-643.

[75] 岳孝方，陈汝东. 制冷技术与应用[M]. 上海：同济大学出版社，1992.

[76] 朱天乐主编，郝吉明审定. 室内空气污染控制. 北京：化学工业出版社.

4 室内半挥发性有机物污染

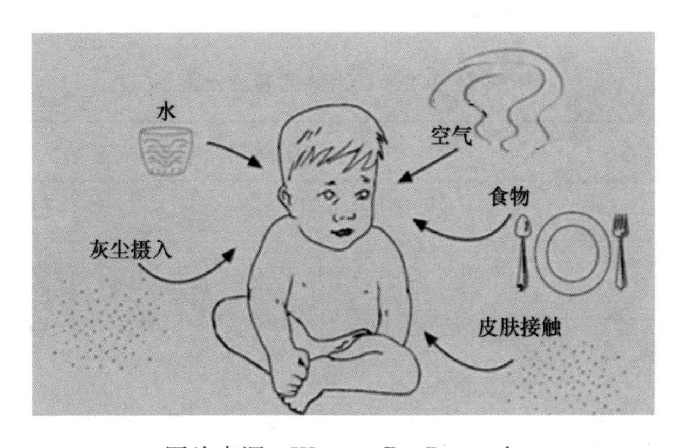

图片来源：Wayne. R. O. et al.
Exposure analysis，Taylor & Francis，2006

近年来，“塑化剂”这个名词屡次涉及食品安全问题，成为人们关注的焦点之一。2011 年我国台湾多家香料厂家的产品中被查出含有化学成分邻苯二甲酸二（2-乙基己基）酯（DEHP），牵扯到包括一些知名品牌在内的诸多厂家，引起大家的普遍关注。2012 年爆发的轰轰烈烈的白酒塑化剂事件，引起了民众对塑化剂的普遍恐慌。“塑化剂”DEHP 属于本章介绍的半挥发性有机物的一种，它们广泛存在于室内物品和空气中。本章通过对我国 SVOCs 相关研究的回顾和对比，发现我国室内 SVOCs 污染具有浓度较高、社会关注度不够、政府投入不足等特点，为进一步治理室内 SVOCs 污染提出了建议：加强室内 SVOCs 污染调研、源释放特性研究及对人体健康的影响。

4.1　半挥发性有机物(SVOCs)的基本概念

4.1.1　定义与分类

根据世界卫生组织 WHO，半挥发性有机物（Semi-volatile organic compounds，简称 VOCs）是指沸点在 240～260℃到 380～400℃的一类有机物。

16 种常见邻苯二甲酸酯名称及缩写　　表 4-1

中文名称	英文名称(缩写)	CAS 号	分子式
邻苯二甲酸二甲酯	dimethyl phthalate (DMP)	131-11-3	$C_{10}H_{10}O_4$
邻苯二甲酸二乙酯	diethyl phthalate (DEP)	84-66-2	$C_{12}H_{14}O_4$
邻苯二甲酸二异丁酯	diisobutyl phthalate (DIBP)	84-69-5	$C_{16}H_{22}O_4$
邻苯二甲酸二丁酯	dibutyl phthalate (DBP)	84-74-2	$C_{16}H_{22}O_4$
邻苯二甲酸二(2-甲氧基乙基)酯	bis(2-methoxyethyl) phthalate (DMEP)	117-82-8	$C_{14}H_{18}O_6$
邻苯二甲酸二(4-甲基-2-戊基)酯	bis(4-methyl-2-pentyl) phthalate (BMPP)	146-50-9	$C_{20}H_{30}O_4$
邻苯二甲酸二(2-乙氧基)乙酯	bis(2-ethoxyethyl) phthalate (DEEP)	605-54-9	$C_{16}H_{22}O_6$
邻苯二甲酸二戊酯	dipentyl phthalate (DPP)	131-18-0	$C_{18}H_{26}O_4$
邻苯二甲酸二己酯	dihexyl phthalate (DHXP)	84-75-3	$C_{20}H_{30}O_4$
邻苯二甲酸丁苄酯	benzyl butyl phthalate (BBP)	85-68-7	$C_{19}H_{20}O_4$
邻苯二甲酸二(2-丁氧基)乙酯	bis(2-n-butoxyethyl) phthalate (DBEP)	117-83-9	$C_{20}H_{30}O_6$
邻苯二甲酸二环己酯	dicyclohexyl phthalate (DCHP)	84-61-7	$C_{20}H_{26}O_4$
邻苯二甲酸二(2-乙基己基)酯	bis(2-ethylhexyl) phthalate (DEHP)	117-81-7	$C_{24}H_{38}O_4$
邻苯二甲酸二苯酯	diphenhyl phthalate	84-62-8	$C_{20}H_{14}O_4$
邻苯二甲酸二正辛酯	di-n-octyl phthalate (DNOP)	117-84-0	$C_{24}H_{38}O_4$
邻苯二甲酸二壬酯	dinonyl phthalate (DNP)	84-76-4	$C_{26}H_{42}O_4$

SVOCs 的种类众多，在室内广泛存在的主要有以下几类：

(1) 邻苯二甲酸酯类（phthalate esters，简称 PAEs）邻苯二甲酸酯结构见图

4-1，其中有六种在很多标准中被限制使用：邻苯二甲酸二（2-乙基已基）酯（DEHP）、邻苯二甲酸丁苄酯（BBP）、邻苯二甲酸二丁酯（DBP）、邻苯二甲酸二异壬酯（DINP）、邻苯二甲酸二异癸酯（DIDP）和邻苯二甲酸二正辛酯（DNOP）。另外，除了上述六类物质之外，在室内检测出的邻苯二甲酸酯可能还包括如邻苯二甲酸二异丁酯（DIBP）等物质。表 4-1 列出了室内常见的邻苯二甲酸酯的全称及英文名称和缩写。

（2）多环芳烃类（polycyclic aromatic hydrocarbons，PAHs）结构见图 4-1，主要来自于燃烧不完全产物，美国环保署将七类污染物认定为可疑致癌物，包括苯并［a］蒽、苯并［a］芘、苯并［b］荧蒽、苯并［k］荧蒽、屈（Chrysene）、二苯并［a，h］蒽、茚并［1，2，3-cd］芘（indeno［1，2，3-cd］pyrene）。

（3）多氯联苯类（polychlorinated biphenyls，PCBs）分子结构见图 4-1。通常，空气中的 PCB 主要是 2 氯、3 氯和 4 氯联苯物这类低氯化联苯物[8]，其中 PCB11（3，3′—二氯联苯）尽管在 PCB 产品中只占 0.6%的份额，但是其被发现广泛存在于环境中。这类物质以前主要用于变压器等电器中的阻燃剂，由于其致癌性，这类物质已经在很多国家被禁用，但由于其散发的长期性和难以降解性，目前

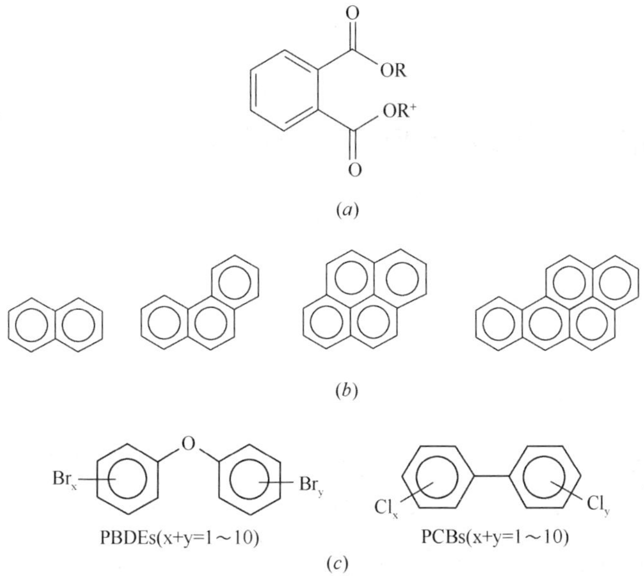

(*a*)

(*b*)

PBDEs(x+y=1～10)　　PCBs(x+y=1～10)

(*c*)

图 4-1　典型 SVOCs 结构示意图

（*a*）PAEs 结构；（*b*）典型 PAHs 结构；（*c*）PBDEs 和 PCBs 结构

在室内还有诸多该类物质存在。

（4）多溴联苯醚（polybrominated diphenyl ethers，PBDEs）等其分子结构如图 4-1 所示，主要用于电子器件等的阻燃剂。除了以上四类外，还有一些是来自于杀虫剂和防腐剂等。

4.1.2　室内 SVOCs 的特点

（1）源头广泛复杂

SVOCs 主要来自于室内化工用品中的塑化剂、阻燃剂、燃烧副产物、杀虫剂等，这类物质在现代生活中已不可或缺，从儿童玩具到女性化妆品，从装修建材到食品容器均有 SVOCs 存在。图 4-2 为室内常见的邻苯二甲酸酯类污染物源头，可以看出，在现代生活中对于邻苯二甲酸酯已经很难避免接触。其他常见 SVOCs 来源可参见 4.1.3 部分。

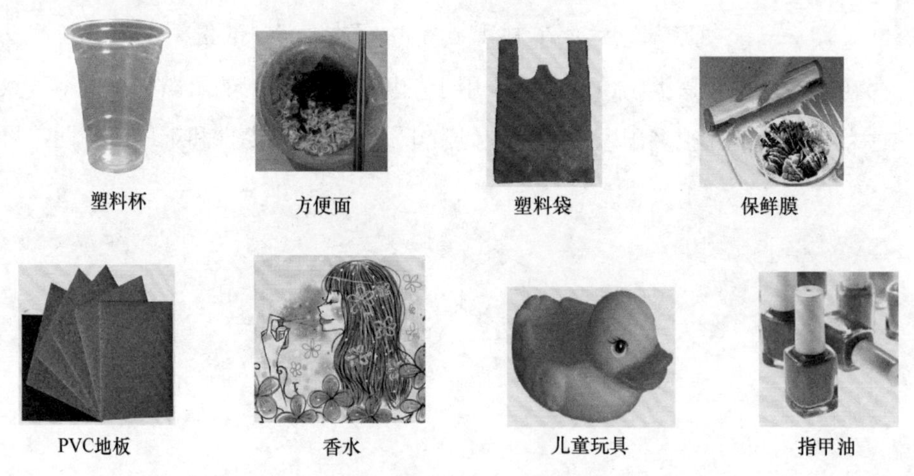

图 4-2　室内塑化剂常见来源

（2）蒸气压低、吸附性强、释放速率慢、在室内存在时间长

已经测得的 SVOCs 蒸气压的范围大致为 10^{-9}～10^{-4} atm，因此，其在室温下的挥发性较小，极易吸附到室内表面、室内颗粒物以及灰尘中，导致人们的室内活动都不可避免地处于 SVOCs 暴露中。另外由于其吸附性强，释放速率低，很难通过通风在短期内稀释完，在室内存在的时间较长，可达数年甚至数十年，因此对室内人员健康的影响更为长期。

(3) 多种形态存在、暴露途径多样

与挥发性有机物主要以气态污染的形式存在不同，SVOCs 气相、颗粒相和表面相均会对室内人员产生健康暴露风险。气相，是指由污染源释放出的 SVOCs 以气态的形式存在于室内空气中，SVOCs 通过人们的呼吸、皮肤吸附进入人体内；颗粒相，是指 SVOCs 被吸附到颗粒物上，既包括悬浮到空气中的颗粒物，也包括落在室内表面上的颗粒物，这些 SVOCs 被颗粒物携带经由呼吸，或者吞食进入人体内；表面相则是指气相 SVOCs 或者颗粒相 SVOCs 在与室内表面（如桌面、地板，墙面等）接触后，部分被吸附到这些表面的 SVOCs，可以通过皮肤接触进入人体内。

4.1.3 室内 SVOCs 的主要来源

室内 SVOCs 的来源广泛，包括为了改善材料的某些性能添加到材料中的各种助剂（增塑剂和阻燃剂等）；室内某些日常生活用品，如卫生杀虫剂；吸烟、熏香燃烧、烹饪等。

邻苯二甲酸酯类物质主要来自于室内的增塑剂。增塑剂主要用于添加到高分子聚合物中以增强材料的柔韧性和拉伸性。添加有增塑剂的室内物品在使用过程中，增塑剂可发生迁移和散发，是室内增塑剂污染的重要来源。增塑剂在塑料制品中的质量百分比可达百分之几十。目前，我国增塑剂生产以 DEHP、邻苯二甲酸二丁酯（DBP）为主，还生产邻苯二甲酸二异癸酯（DIDP）、邻苯二甲酸异壬酯（DINP）、对苯甲酸酯类、氯化石蜡、烷基磺酸酯、脂肪族二元酸酯、环氧脂类、偏苯三酸酯类、磷酸酯类等 50 多个品种，其中又以邻苯二甲酸酯类增塑剂的年产量最大。

多溴联苯醚主要来自于添加到室内材料中的阻燃剂。阻燃剂顾名思义是添加到材料中降低其可燃性的，阻止材料被引燃及抑制火焰传播，被广泛用于化学建材、电子电器、交通运输、航天航空、日用家具、室内装饰、衣食住行等各个领域。在我国塑料助剂中，阻燃剂生产是仅次于增塑剂的第二大行业，产量逐年增加，2006 年总产量已达到 26 万吨[1]。我国阻燃剂以卤系阻燃剂为主，其中十溴二苯醚（DecaBDE）是最便宜、效果最好的阻燃剂，已成为我国产量最大、用量最多的阻燃剂品种。

而多环芳烃则主要来自于燃烧不完全产物。室内的燃烧过程和高温加热过程可以产生大量SVOCs。燃烧产生SVOCs的方式有两种：一是存于源中的SVOCs受热散发至空气中，二是不完全燃烧过程产生新的SVOCs。燃烧过程的SVOCs产物中最常见且危害最大的是多环芳烃（PAHs）。高温加热过程如中式烹饪法常用的爆炒煎炸等加热食物的方式同样可产生大量PAHs。

个人护理产品也是室内SVOCs的重要来源。国外对72种化妆品和个人护理产品进行了调查，表明其中有52种含有邻苯二甲酸酯类物质，包括除臭剂、香水、发胶、沐浴液等，另外指甲油中也含有高浓度的DBP。通常液体或油状的个人护理产品包含低分子量的邻苯二甲酸酯作为溶剂。另外目前广泛用于室内的各种杀虫剂也均会产生SVOCs污染问题。室内典型SVOCs的来源如表4-2所示[2]。

室内常见SVOCs的来源及用途 **表4-2**

SVOCs种类	典型污染物	用途	来源
烷基苯酚	4-壬基苯酚 4-辛基苯酚	非离子表面活性剂	洗涤剂；消毒剂；表面清洁剂
有机氯	滴滴涕；氯丹	杀虫剂；杀白蚁剂；杀菌剂（部分在20世纪80年代已被禁止或限制使用）	室外或室内空气等，消毒用品等
有机磷组分	磷酸三（β-氯乙基）酯TCEP 三（氯异丙基）磷酸酯TCPP	塑化剂；无泡清洁剂阻燃剂和杀虫剂	聚合材料；纺织品，聚氨酯泡沫；电子产品；室外和室内空气；尘埃
邻苯二甲酸酯	邻苯二甲酸二（2-乙基己基）酯（DEHP） 邻苯二甲酸二异壬酯（DINP）	塑化剂；溶剂；配料香味	软PVC材料；PVC地板；墙材；电缆；电线套管；个人护理用品
多溴二苯醚	六溴二苯醚（BDE-153） 四溴二苯醚（BDE-47）	阻燃剂（五溴二苯醚和八溴二苯醚使用受限）	地毯衬垫， 墙面，电子产品（套管），家具（泡沫和床垫）

续表

SVOCs 种类	典型污染物	用 途	来 源
多氯联苯(PCBs)	2，2′，5，5′-四氯-1，1′-联苯（PCB 52），2，2′，4，4′，5，5′-六氯-1，1′-联苯（PCB 153）	传热工质；稳定剂；阻燃剂（20世纪70年代已经被禁或受限）	地板饰面，泡沫垫，床垫，油浸变压器，电容器
多环芳烃(PAHs)	苯并（a）芘	燃烧副产物	室外空气；烹饪；抽烟
拟除虫菊酯	氟氯氰菊酯，氯菊酯	杀虫剂	室内外空气；灰尘；清洁用品
对羟基苯甲酸酯	尼泊金丁酯，尼泊金甲酯	杀菌剂，抗菌剂，防腐剂	个人护理用品；罐装食品；纺织品

4.1.4 室内 SVOCs 浓度的影响因素

（1）室内颗粒物

由于 SVOCs 的饱和蒸气压较低，很容易黏附在颗粒物上，并随着颗粒物的运动在室内输运，室内颗粒物在 SVOCs 健康暴露中扮演着非常重要的角色，如图 4-3 所示。SVOCs 容易受颗粒物的室内外渗透、室内沉降和再悬浮、过滤、生成等物理过程的影响。

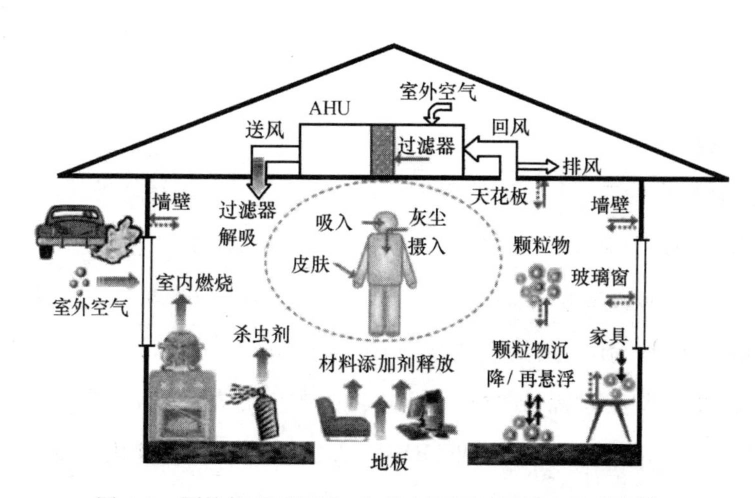

图 4-3 颗粒物对 SVOCs 在室内输运过程影响示意图[2]

SVOCs 被颗粒物吸附的多少由 SVOCs 颗粒相/气相分离常数决定，其定义为：

$$K_p = \frac{C_{s,p}/C_p}{C_{s,g}} \tag{4-1}$$

式中　K_p——SVOCs 颗粒相/气相分配系数，m^3/ug；

$C_{s,p}$——空气中颗粒相 SVOCs 浓度，ug/m^3；

C_p——空气中颗粒物浓度，ug/m^3；

$C_{s,g}$——空气中气相 SVOCs 浓度，ug/m^3。

K_p 主要与 SVOCs 的饱和蒸气压相关，也可由 SVOCs 的辛醇/空气分配系数估算出来，通常来讲，饱和蒸气压大的 SVOCs，K_p 较小，从而颗粒物的影响也较小。

从式（4-1）可以看出，颗粒相浓度与气相浓度、颗粒相/气相分配系数、颗粒物浓度成正比。在其他条件相同的情况下，颗粒相/气相分配系数越大，SVOCs 越倾向于以颗粒相形式存在。

颗粒相除了会影响 SVOCs 在室内的存在形态外，还会强化其在空气和室内表面间的传质[3]，如图 4-4 所示。

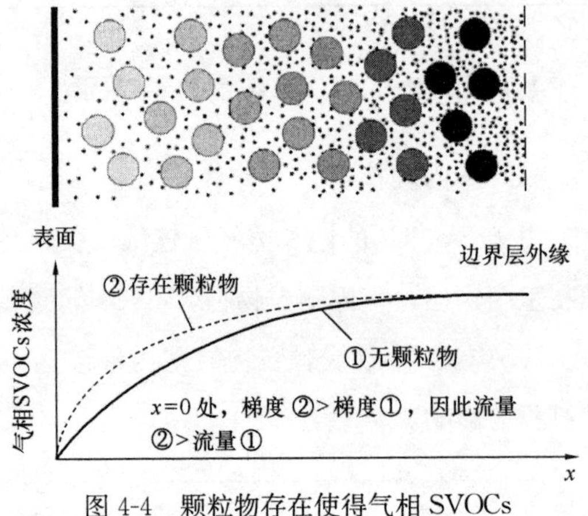

图 4-4　颗粒物存在使得气相 SVOCs 在室内表面上的传输得到强化[3]

（2）室内热环境

室内热环境会影响 SVOCs 的散发，Clausen 等[4]利用环境舱 FLEC 开展的实验研究表明，DEHP 从 PVC 地板中散发的速率会随着环境温度的增加迅速增加，从而使得室内 DEHP 浓度增加，如图 4-5 所示。当空气温度由 20℃升至 60℃时，实验中环境舱 FLEC 出口的稳态浓度升高了近 200 倍，因此夏季 SVOCs 污染可能会比冬季更为严重，需要做进一步实地调查研究。利用同样的实验装置，Clausen 等发现，相对湿度对于 DEHP 从 PVC 地板中的散发几乎没有影响[5]。

（3）通风

通风是降低室内 VOCs 浓度非常有效的方法，对于 SVOCs 来讲，Xu 等的研究[2]表明，开始通风后室内 SVOCs 浓度始终会上升，并最终稳定在某一个值上，继续用同样换气次数通风，室内空气中 SVOCs 浓度并不会下降，这点与 VOCs 有所不同。与 VOCs 类似，增加换气次数，可以使得空气中 SVOCs 的浓度下降。如图 4-6 所示，从中也可看出，通风的影响对不同 SVOCs 有所不同，对分子量较小的 SVOCs 影响较大，而对分子量较大的 SVOCs 影响较小。

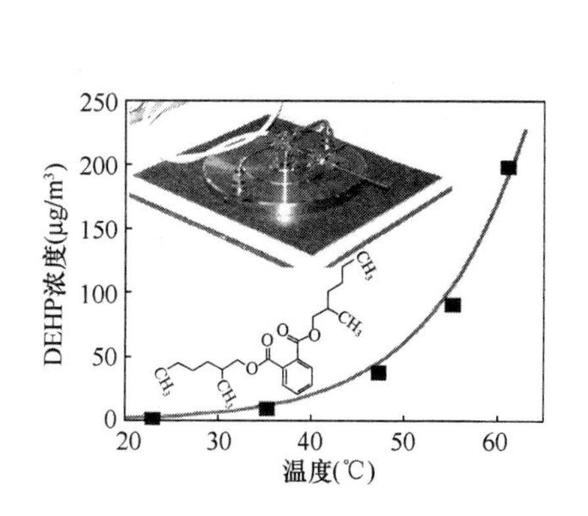

图 4-5 实验中 DEHP 从 PVC 地板中散发随温度的变化[4]

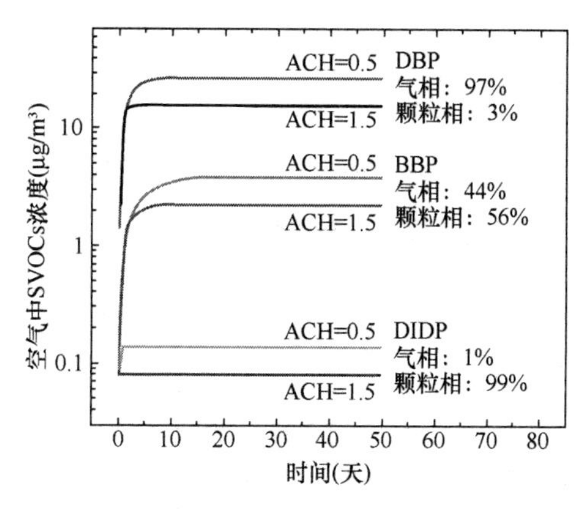

图 4-6 换气次数为 0.5 和 1.5 时不同 SVOCs 室内空气中浓度变化[2]

4.2 国内外 SVOCs 的浓度水平

目前邻苯二甲酸酯类物质作为很多材料的增塑剂被广泛应用于室内，多环芳烃类物质作为不完全燃烧的产物存在于室内环境中，多溴联苯醚作为防火需求添加到许多材料成为阻燃剂的重要成分之一，这三类物质广泛存在于室内，并且目前室内尚很难从源头上杜绝其存在，因此此处重点总结目前所调查的室内这三类物质的浓度水平。多氯联苯曾经作为良好的绝缘物质用于变压器和电力电容器，但由于其致癌性，包括中国在内的许多国家从 20 世纪 70 年代末开始陆续禁止生产和使用多氯联苯，由于其在环境中非常难降解，各种原来被污染的土壤在这类物质禁止使用后仍然逐渐释放出 PCBs 到空气中，从而影响人们的健康。但由于其源头已被禁止，

21世纪以来国内对室内PCBs浓度的调查也较少，此处不单独总结，感兴趣的读者可参考韩文亮、Xing等[6,7]最新的文献。

4.2.1　室内SVOCs的采样

如前所述，室内SVOCs主要以气相、颗粒相和表面相存在，目前现场调查主要是对空气中SVOCs（气相+颗粒相）的浓度和室内降尘中SVOCs浓度的调查。对室内SVOCs的空气采样主要基于大流量石英滤膜/聚氨酯泡沫（PUF）的方法，其采样仪器的示意图见图4-7，由采样泵提供动力对室内空气进行采样，空气流经采样头时，空气中的颗粒物及吸附其上的颗粒相SVOCs被石英滤膜过滤采集到；而气相SVOCs则经过石英滤膜被其后的聚氨酯泡沫所吸附。通过分析石英滤膜和聚氨酯泡沫中的SVOCs的量，可以得到室内空气的SVOCs浓度。而室内灰尘相SVOCs则主要通过采集吸尘器中灰尘或通过吹扫法采集室内表面降尘的方法进行采样。采样后的样品经过一系列前处理后将采集介质中的SVOCs萃取到溶液中，利用气相色谱-质谱法（GC/MS）或其他分析方法进行分析。

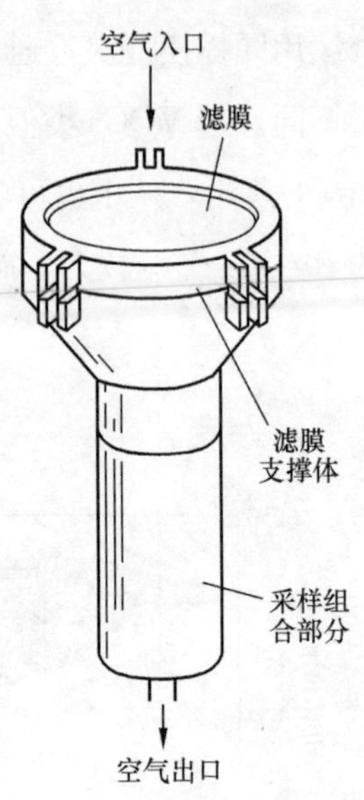

图4-7　大流量石英滤膜/PUF采样仪器示意图[8]

目前研究者对于室外SVOCs的测量较多，相比而言，室内SVOCs现有调查数据并不多，并且仅局限于少数几个大城市，测量样本数也有限。Rudel等[9]比较了室内外SVOCs浓度，室内SVOCs浓度从统计意义上明显高于室外SVOCs浓度。但目前室内SVOCs浓度的调查相比其重要性而言数据还较为缺少，特别是在中国，仅有少数几个大城市有室内SVOCs污染的调查数据，这对了解我国室内SVOCs污染现状、特点仍显不足，也很难为今后治理室内SVOCs污染提供合理的参考。

4.2.2　邻苯二甲酸酯类

表4-3和表4-4分别总结了目前我国及国外部分城市室内常见的邻苯二甲酸酯

表 4-3

室内空气中部分邻苯二甲酸酯浓度水平

国家	地点	建筑类型	样本数	部分邻苯二甲酸酯浓度（ng/m³）				其他检出PAEs
					DMP	DBP	DEHP	
中国	北京[10]	住宅、办公室、学生宿舍	30	中值	—	748	1271	BBP DCHP
				范围	—	327～1754	251～3214	
				检出率（%）	—	100	100	
	杭州[11]	住宅	10	中值	1455	1939	2437	DEP BBP
				范围	nd-6578（气相）； nd-1322（颗粒相）	348～1526（气相）； nd-2007（颗粒相）	29～2143（气相）； 275-8954（颗粒相）	
				检出率（%）	NI	NI	NI	
	西安[12]	住宅、办公室	28	中值	444	1063	1086	DIBP
				范围	nd-2463	nd-6008	203～5018	
				检出率（%）	71	96	100	
挪威	奥斯陆等7城市[13]	校园建筑、幼儿园、住宅	14	平均值[3,4]	—	75	12	BBP DCHP
				范围	—	51～93	3～29	
				检出率（%）	—	100	100	
瑞典	斯德哥尔摩[14]	住宅、工作间、医疗中心	30（各类建筑各10）	中值	15（住宅）； 4.7（工作间）； 4.4（医疗中心）	850（住宅）； 600（工作间）； 550（医疗中心）	200（住宅）； 240（工作间）； 100（医疗中心）	DEP DiBP BzBP
				范围	7.4-47（住宅）； 2.3-14（工作间）； 2.8-7.9（医疗中心）	300-2300（住宅）； 330-1700（工作间）； 190-1200（医疗中心）	92-530（住宅）； 130-480（工作间）； 15-320（医疗中心）	
				检出率（%）	100	100	100	

续表

国家	地点	建筑类型	样本数	部分邻苯二甲酸酯浓度（ng/m³）				其他检出PAEs
					DMP	DBP	DEHP	
日本	东京[15]	住宅和公寓	27	中值	—	390	0.11	DEP BBP DCHP TBP TVEP TPP TBEP
				范围	—	10～6180	nd-3.13	
				检出率（%）	—	NI	NI	
德国	柏林[16]	公寓、幼儿园	13359个公寓，74个幼儿园	中值	436（公寓），331（幼儿园）	1083（公寓）；1188（幼儿园）	156（公寓）；599（幼儿园）	DEP DMPP BBP
				范围	NI-13907（公寓）；NI-13233（幼儿园）	NI-5586（公寓）；NI-13305（幼儿园）	NI-615（公寓）NI-2253（幼儿园）	
				检出率（%）	100%，公寓 100%，幼儿园	100%，公寓 100%，幼儿园	100%，公寓 100%，幼儿园	

注：1. nd：低于检测限；
2. NI：文献中没有相关信息；
3. 文献中只有平均值，没有中值；
4. 文献中只测了颗粒相浓度，没有测气相浓度。

室内降尘中部分邻苯二甲酸酯浓度水平 表 4-4

国家	地点	建筑类型	样本数	部分邻苯二甲酸酯浓度（μg/g）				其他检出 PAEs
					DMP	DBP	DEHP	
中国	北京[10]	住宅、办公室、学生宿舍	30	中值	—	41	250	BBP DCHP
				范围	—	8～381	83～6232	
				检出率（%）	—	100	100	
	北京[17]	NI	11	中值	0.7	18.9	156	DEP DIBP BzBP DNOP
				范围	nd-1.6	7.0～31.5	48～883	
				检出率（%）	NI	100	100	
	南京[18]	住宅	215	中值	0.1	23.7	183	DEP BBP DOP
				范围	nd[1]-24.0	nd-2150	0.3～9950	
				检出率（%）	89	98	100	
	西安[12]	住宅、办公室	28	中值	nd	135	582	DIBP
				范围	nd-69	4～4357	67～3476	
				检出率（%）	14	100	100	
	广州[17]	NI	11	中值	0.3	11.6	146	DEP、DIBP、DNHP、BzBP、DNOP
				范围	0.2～0.9	9.2～58.7	56.6～949	
				检出率（%）	100	100	100	
	济南[17]	NI	13	中值	0.06	9.3	98.2	DEP、DIBP、DNHP、BzBP、DNOP
				范围	nd-0.7	2.3～128	9.9～252	
				检出率（%）	NI	100	100	
	齐齐哈尔[17]	NI	12	中值	0.1	21.9	348	DEP、DIBP、DNHP、BzBP、DNOP、DCHP
				范围	0.1～0.3	10.9～147	149～939	
				检出率（%）	100	100	100	

续表

国家	地点	建筑类型	样本数	部分邻苯二甲酸酯浓度（$\mu g/g$）				其他检出 PAEs
					DMP	DBP	DEHP	
中国	上海[17]	NI	21	中值	0.2	26.9	319	DEP、DIBP、DNHP、BzBP、DNOP、DCHP
				范围	0.1～0.8	1.5～96.2	117～1380	
				检出率（%）	100	100	100	
	乌鲁木齐[17]	NI	7	中值	0.5	170	563	DEP、DIBP、DNHP、BzBP、DNOP
				范围	0.3～8.2	77.9～1160	204～8400	
				检出率（%）	100	100	100	
	台湾[19]	住宅	101	中值	0.1	20.2	753.3	DEP、BBzP
				范围（25th-75th）	0.1～0.1	13.3～39.8	486.7～1314.5	
				检出率（%）	94	75	91	
挪威	奥斯陆[20]	住宅	38	平均值[1]	—	10	64	BBP，DEP，DIBP，DNP
				范围	—	1～103	10～161	
				检出率（%）	—	100	100	
瑞典	斯德哥尔摩[21]	住宅、工作间、医疗中心	30（各类建筑各10）	中值	0.04（住宅）；0.1（工作间）；0.2（医疗中心）	130（住宅）；150（工作间）；100（医疗中心）	680（住宅）；1600（工作间）；1100（医疗中心）	DEP DiBP BzBP
				范围	0.03～0.1（住宅）；0.01～1.5（工间）；0.05～1.2（医疗中心）	17～260（住宅）；38～560（工作间）；20～450（医疗中心）	130～3200（住宅）；260～5800（工作间）；57～3700（医疗中心）	
				检出率（%）	100	100	100	

续表

国家	地点	建筑类型	样本数	部分邻苯二甲酸酯浓度（μg/g）				其他检出PAEs
					DMP	DBP	DEHP	
德国	Halle/Saale[22]	住宅	30	中值	—	87.4	604	
				范围[2]	—	30～850	220～2650	
				检出率（%）	—	NI	NI	
丹麦	Danish island of Fyn[23]	住宅和医疗中心	651	中值	—	15（住宅）；38（医疗中心）	210（住宅）；500（医疗中心）	DEP，DiBP，BBzP
				范围	—	NI	NI	
				检出率（%）	—	18	100	
保加利亚	Sofia and Burgas[24]	住宅	177	中值	0.26[3]	9850	990	DEP，DnOP，BBzP
				范围	NI	NI	NI	
				检出率（%）	91	100	100	
科威特[25]	NI	住宅	21	中值	0.03	45	2256	DEP，DnHP，BzBP，DcHP，DnOP
				范围	nd-0.1	8.3～160	380～7800	
				检出率（%）	62	100	95	
美国	New York[17]	住宅	33	中值	0.08	13.1	304	DEP，DiBP，DNHP，BzBP，DCHP，DNOP
				范围	nd-3.3	4.5～94.5	37.2～9650	
				检出率（%）	94	100	100	
	MA[26]	住宅	120	中值	—	20.1	340	DCHP，BBP，DEP，DNHP，DiBP，DOA
				范围	—	nd-352	16.7～7700	
				检出率（%）	—	—	—	

注：1. 文献中没有报道中值，此处给出文献中报道的平均值；
2. 由文献给出的图进行采集得到；
3. 几何平均值。

在空气和降尘中的浓度测量值。从已有测量数据来看，我国部分地区室内邻苯二甲酸酯污染比较严重。通过分析比较，我国室内邻苯二甲酸酯污染具有以下特点：(1) 对于室内外邻苯二甲酸酯污染，我国的调查数据样本量都较少，与文献中的室外大气中的邻苯二甲酸酯浓度测量数据比较，我国室内邻苯二甲酸酯浓度比室外邻苯二甲酸酯污染高数十倍乃至数百倍，室内邻苯二甲酸酯污染不容忽视；(2) 现有测量结果表明，空气中 DBP 和 DEHP 是检出率最高的两种邻苯二甲酸酯，并且其浓度较高，而在降尘中也有类似的结果，不过 DEHP 浓度相比 DBP 的浓度要高。可能的原因在于我国室内材料的增塑剂仍然主要使用 DEHP 和 DBP。(3) 与美国，北欧、日本等发达国家相比，我国室内的邻苯二甲酸酯浓度明显偏高，而且国内没有相关的立法限制，普通老百姓了解还很不足。

4.2.3 多环芳烃类

表 4-5 展示了不同国家地区颗粒物中 PAHs 浓度水平。总体来说，PM_{10} 中的 PAHs 浓度水平从高到低依次为交通密集地区、市中心、居民区及郊区。研究表明：气体多环芳烃（2～3 环）室内/室外浓度比例大大超过 1.0；附着于颗粒物多环芳烃（>5 环）通常小于 1.0；且环数越多毒性越大，其中最具代表性的物质为苯并芘 BaP。气体多环芳烃的来源主要在室内，而附着于颗粒物的多环芳烃的来源主要是室外。室内 PAHs 来自于吸烟和使用无通风的加热装置。在某些情况下，多环芳烃可以增加到非常高的水平，如云南宣威燃烧烟煤的室内 BaP 水平竟达到 14.7$\mu g/m^3$。

世界不同城市颗粒物 PAHs 环境暴露水平（ng/m^3） **表 4-5**

地点	城市	调查年份	总浓度	BaP 浓度	颗粒物尺寸
交通 市区 工业区	台南 中国台湾[27]	1994～1995	912 203.9 116.8	37.01 10.5 2.39	PM_{10}（21PAHs）
居民区 交通 工业区 市区	那不勒斯 意大利[28]	1996～1997	22.7 54.8 39.5 24.5	0.9 2.97 2.75 1.8	PM_{10}（15PAHs）
市区 郊区	吉隆坡 马来西亚[29]	1998～1999 2000	6.3 0.3	— —	PM_{10}（17PAHs）

续表

地点	城市	调查年份	总浓度	BaP浓度	颗粒物尺寸
市区 工业区	孟买 印度[30]	1995	24.5 38.8	1.8 2.1	PM_{10}（18PAHs）
交通 工业区	香港 中国[31]	2000～2001	44.54 23.86	2.13 1.3	PM_{10}（16PAHs）
市区 工业区	佛兰德斯 比利时[32]	2000～2001	93.03 55.12	0.82 0.76	PM_{10}（16PAHs）

表4-6展示了不同国家地区城市室内空气中多环芳烃的浓度比较。我国西藏农村室内总PAHs的浓度低于中国杭州和印度的污染水平，明显高于中国台北的室内PAHs浓度，更加高于瑞典室内的浓度。尤其是苯并芘（BaP）的浓度超过国家标准（1.0 ng /m^3）的70倍之多。从单个PAHs浓度来看，城市区域的室内污染主要集中在分子量较小，挥发性较大的PAHs上，尤其以萘（NAP）最为突出，这和居民家中用来防霉防蛀的卫生球中萘的挥发有很直接的关系。农村室内不用卫生球等防蛀物品，所以室内的萘等小分子量的PAHs的浓度较低。在没有其他室内源（卫生球、抽烟、燃煤、交通）的干扰下，可以认为，农村室内的PAHs的来源是木材和生物质燃烧。

国内外典型居民室内环境各种PAHs平均浓度水平（ng/m^3）　　表4-6

PAHs	西藏/ 农村[33]	印度/ 农村（冬）[34]	杭州/ 居室（夏秋）[35]	成都/ 厨房[36]	台北/ 郊区[37]	瑞典/ 居室[38]
NAP	11	—	5785	—	71	8.7
ACY&ACA	13	—	1022	—	13	—
FLU	8	—	120	—	23	2.9
PHE	123	—	857	—	20	2.2
ANT	22	—	220	—	2	0.41
FLT	28	—	449	—	6	—
PYR	48	—	356	273	7	—
BaA	10	4110	205	208	8	0.42
CHR	76	9560	155	—	4	0.66
BbF&BkF	100	6260	7	1.95	3	0.92
BaP	82	1860	10	3.6	2	0.37
IPY	10	5520	nd	—	5	0.34
BPE	7	6230	nd	8.93	6	0.34
ΣPAH	538	33540	9186	19.29	267	—

注：nd表示浓度低于仪器可测量的最低值。

4.2.4 多溴联苯醚

目前，国内对室内多溴联苯醚的调查数据较邻苯二甲酸酯多，包括广州、海口、武汉、北京、上海、杭州、深圳、天津、南昌、哈尔滨等，室内空气中多溴联苯醚浓度最高可达 824ng/m^3[39-42]。

通过比较调查结果，可以发现我国室内多溴联苯醚的污染有如下特点：(1) 与欧美等国家类似，我国室内多溴联苯醚污染随着建筑用途的不同而有所不同，污染趋势为电子垃圾拆解厂车间＞办公场所＞居室家庭，这是由于多溴联苯醚主要来自于室内电子器件。(2) 我国办公场所多溴联苯醚污染以 BDE-209 等高溴联苯醚为主，而欧美国家低溴联苯醚污染较为严重，如 BDE-154 的最大值出现在英国，BDE-28、BDE-47 的最大值出现在美国[40]。(3) 尽管目前国内关于室内 PBDE 污染的调查数据较多，但在一些国外报道多溴联苯醚污染较为严重的场所我国还尚未见到相关数据，如网吧、数码广场、汽车等室内空间。国外发现网吧、数码广场空气中的浓度分别是家庭中浓度的 15.9、10.6 倍，污染非常严重[43]。我国这类场所长期以来管理混乱，而场所内多为青少年，国内对其室内空气污染的关注不够，应该对此类场所开展相关调查。

4.3 室内 SVOCs 的健康影响

4.3.1 室内 SVOCs 进入人体的途径

(1) 外暴露与内暴露

如图 4-8 所示，SVOCs 通过注射、呼吸、饮食、皮肤接触四种途径，进入人体，经过循环系统的传输，沉积在各组织器官，在特定器官中发生代谢反应，最后排出体外。通常情况下，室内的暴露途径主要有呼吸、饮食和皮肤接触。挥发性较强，以气态分子形式存在于空气中的 SVOCs，主要暴露途径为呼吸。它们通过呼吸道到达肺泡，然后进入血液。而对于分子量较大，难挥发，以及包含在颗粒中的 SVOCs，主要考虑的暴露途径为皮肤接触和饮食摄入（含部分吸入后经过呼吸道纤毛运动外排后吞咽进入消化道的情况）。不同于高挥发性物质，比如甲醛，在吸

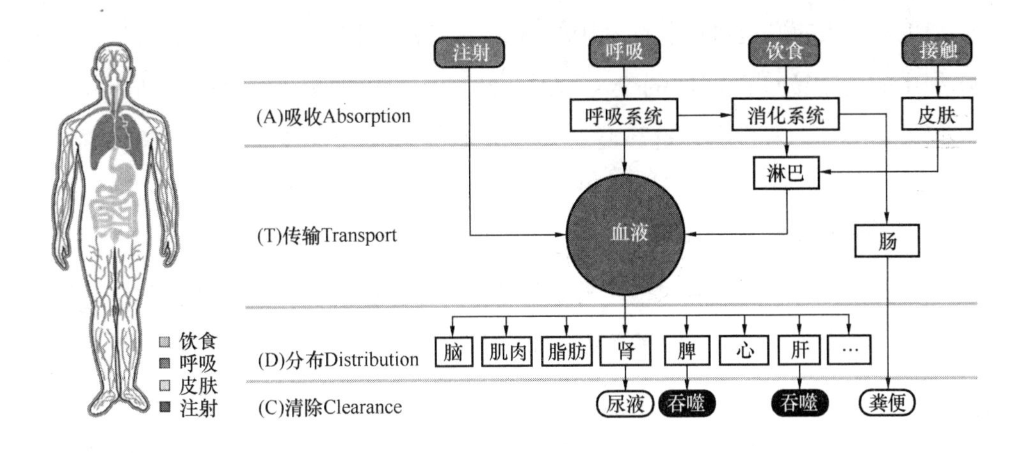

图 4-8 SVOCs 在体内的生理传输动力学行为与过程：
吸收（A）、传给（T）、器官分布（D）、清除（C）

入过程中，极易与呼吸道内壁直接作用，产生急性的炎症反应。而 SVOCs 在吸入过程中，化学性质相对稳定，主要考虑的是通过各种途径进入血液后的健康效应。

对个体而言，SVOCs 源的强度或者在空气当中的浓度，称为外暴露水平。当该物质进入血液，形成一定的浓度，这个浓度称之为内暴露水平。经过生理传输，进入并沉积在各组织器官，特定器官中的浓度称为沉积剂量。很多 SVOCs，对靶器官产生健康效应的并非其本身而是代谢产物，那么产生健康效应的代谢产物的浓度，称为效应剂量。经过一定的时间，物质及其代谢产物会排出体外，那么整个吸收、传输、分布以及清除过程所需的时间叫做代谢周期。上述的研究过程和概念，属于生理代谢动力学的范畴，该方法最初用于研究药物在人体的靶向剂量和药效。近年来越来越多地运用在研究有害物质对人体的健康效应。外暴露水平并不能直接说明 SVOCs 对人体的影响，因为决定健康效应的是人的生理过程和效应剂量。因此，建模研究 SVOCs 的内暴露水平，靶器官的沉积剂量和效应剂量是研究健康效应的基础。

（2）生物代谢动力学模型

生理药物代谢动力学模型（Physiologically based pharmacokinetic model，PB-PK model）是当前药效研究和毒理学研究的重要方法。PBPK 模型是一种基于生理机制的数学模型，化学物质在体内的动力学过程，可以用于模拟各种化学物质（如持久性有机污染物 POPs、半挥发性有害气体 SVOCs 等）在体内的分布和代谢，并且方便进行各种外推，近年来得到越来越广泛的应用。

PBPK 模型的发展可以追溯到 1937 年，在 Teorell 推导了几个公式来描述血液和组织中的药物浓度随时间的变化情况。经过数十年的努力，经过改进的 PBPK 模型可应用于药物开发和评价环境毒素。在过去二十年里，先进的计算机科学和生物医学科学知识的突破支撑了 PBPK 建模的迅速发展，现在已有可用的针对人群进行的 PBPK 建模与仿真工具。

传统的 PK（pharmacokinetic）模型是基于外部暴露和流行病学数据的统计拟合模型，模型结构本身不具有生理意义，且不便外推。PBPK 模型是基于机制的部件模型，它可以模拟外源物质在生物体内经过生理过程（ADME）：吸收（Absorption）、分布（Distribution）、代谢（Metabolism）、排泄（Excretion）。外源物质可能通过呼吸、消化、皮肤和静脉注射四种途径进入血液，再通过循环系统进入人体的各组织器官，沉积并代谢，最终排出体外。PBPK 建模的目的是，在已知外暴露情况的基础上，通过模拟化学物质在人体的过程，确定生物有效剂量（Biologically effective dose）和不同染毒途径（体外到体内）、暴露情况（单暴露到多暴露）、剂量（高到低）和种系间（动物到人）的外推，从而进行内暴露评价和毒理学研究。

PBPK 建模首先要进行资料搜集，包括物质的药物代谢动力学特性即模型结构的确定和模型参数的获取。物质在人体的传输和代谢主要涉及或者重点关注哪些组织器官，用结构图描述系统内各部件（compartment）之间的联系。物质质量变化可用质量守恒（Mass balance）微分方程表示，因而系统的数学模型即为一个微分方程组。模型参数包括生理参数，物质分配系数和代谢参数。生理参数与特定的化学物质无关。分配系数和代谢参数是针对特定的化学物质，由实验以及外推计算得到。

模拟结果和实验结果的比较并决定模型是否需要改进。根据具体情况或要求进行其他操作，如参数优化（Parameter optimization）、灵敏度分析（Sensitivity analysis）等。验证模型，观察模型能否成功模拟同一物质的其他药代资料；PBPK 模型建立并被验证后可用于药代学外推，即预测不同暴露条件下的物质处置过程。模型确定后，可用来模拟和预测各种实验条件下的某特定器官或组织内的药代过程。

（3）建模研究案例：芘在人体的传输代谢和沉积

芘是一种分子量较小的多环芳烃，主要考虑其通过呼吸系统摄入。基于 Ramsey 等人 1983 年的模型，如图 4-9 所示，模型中考虑其中四个组织部件：肺部、肾脏、脂肪和肝脏。肺部用于气体交换，代谢过程全部发生在肝脏，物质的排出通过肾完成。Q（L/h）表示各器官中血液流量，A（mg）表示物质的质量，C（mg/L）表示物质的浓度。

物质从血液扩散进入部件的过程可分为流量限制型（Flow-limited）和弥散限制型（Diffusion-limited）。前者中，物质分子迅速透过细胞膜并达到血液一部件分布平衡；而后者中，物质分子扩散受细胞膜限制，需要较长时间达到分布平衡。对于 SVOCs，部件摄取过程可视为血流限制型。

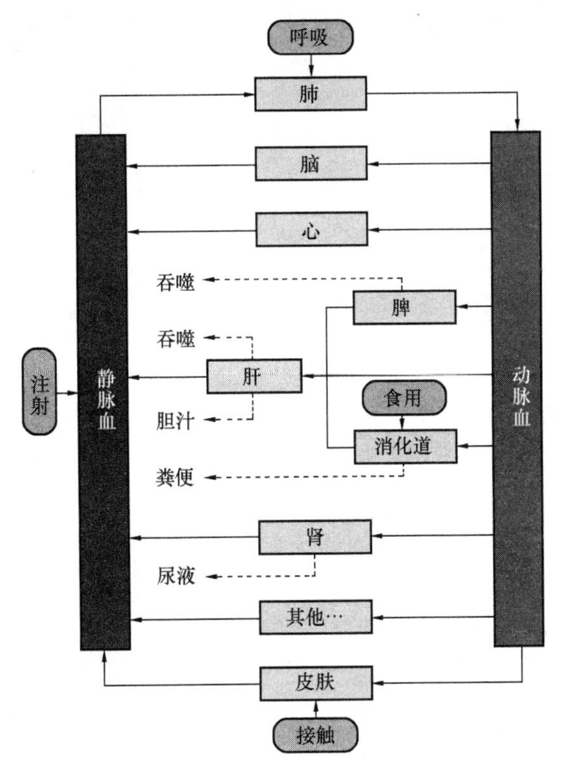

图 4-9 PBPK 模型示意图

物质在肺里的代谢和分布可忽略，则：

$$Q_p (C_{in} - C_{ex}) - Q_c (C_a - C_v) = 0 \quad (4\text{-}2)$$

由 $C_{out} = C_a / P_b$ 可得：

$$C_a = \frac{Q_c C_v + P_b C_{in}}{Q_c + Q_p / P_b} \quad (4\text{-}3)$$

其中，P_b 为血气分配系数。

除了肝脏以外，其余部件都不包含物质的代谢过程，这类部件（i）的质量平衡方程为（MBDE）：

$$dA_i/dt = Q_i (C_a - C_{vi}) \quad (4\text{-}4)$$

$$C_{vi} = A_i / V_i P_i \quad (4\text{-}5)$$

其中，P_i 为器官与其静脉血中物质浓度的分配系数。

用 A_{ment} 表示物质代谢量，肝脏的 MBDE 为：

$$dA_i/dt = Q_l (C_a - C_{vl}) - dA_{met}/dt \quad (4\text{-}6)$$

其中，$C_{vl} = A_l / V_l P_l$

$$dA_{met}/dt = \frac{V_{max}C_{vl}}{K_m + C_{vl}}$$

血液流经以上部件后，充分混合的静脉血物质浓度表示为：

$$C_v = \frac{Q_l C_{vl} + Q_f C_{vf} + Q_r C_{vr} + Q_s C_{vs}}{Q_c} \tag{4-7}$$

模型中，芘（Py）在肝脏中代谢，生成一级代谢产物 1-OHP，并通过肝静脉进入血液循环。利用相同的计算方法，可求出它在各器官中的沉积量。1-OHP 继续代谢生成 1-OHPG，该物质为二级代谢产物。芘与其一级和二级代谢产物的传输过程是三个互不影响的循环。代谢产物 1-OHP 产生健康效应，而 1-OHPG 常作为反应暴露水平的生物标志物，在暴露后的尿液中可大量检测到。计算过程中所需的参数见表 4-7～表 4-9。

成年男性生理参数表 **表 4-7**

体重 BW(kg)：70		心输出率 Q_C(L/h/0.75kg)：16.5	肺通气率 Q_P(L/h/0.75kg)：24
	体积（L）值/体重值	比例血流量	
脂肪	0.052	0.052	
肝脏	0.24	0.24	
肾脏	0.197	0.197	

用于计算分配系数的化学属性 **表 4-8**

化学属性	物质		
	芘（Py）	一级代谢产物（1-OHP）	二级代谢产物（1-OHPG）
密度（mg/cm^3）	1270	1000	10000
分子量	202.26	218.28	394
蒸气分压（Pa）	0.0106	0.000022	3.20×10^{-17}
Log（Kow）	4.88	4.45	−2.12
水溶性（mg/L）	0.135	4	40000

代 谢 参 数 **表 4-9**

代谢参数	物质		
	芘（Py）	一级代谢产物（1-OHP）	二级代谢产物（1-OHPG）
	排泄		
V_{max}（μmol/（kg_{tissue}·h））	360	6900	&
K_M（μmol/L）	4.5	7.7	—
	转化		
V_{max}（μmol/（kg_{tissue}·h））	180	6900	—
K_M（μmol/L）	4.5	7.7	—

如果成年人从 $t=0$ 时刻暴露于 1μg/m³的芘 4 小时，那么，静脉血和尿液中的芘及其代谢产物浓度随时间的变化情况如图 4-10 所示。其中，C_0、C_1、C_2 分别表示芘及其一、二级代谢产物浓度（mol/L）。图 4-10（a）是静脉血中浓度，图（b）是尿液中浓度。静脉血中的物质浓度反映了内暴露水平，可用于环境暴露评价。尿液中物质浓度可作为生物标志物监测，从而验证模型。模型计算还可得到肝脏、肾脏及脂肪组织中物质浓度随时间的变化，这些靶器官中的浓度可以用于风险评价和指导体外实验。

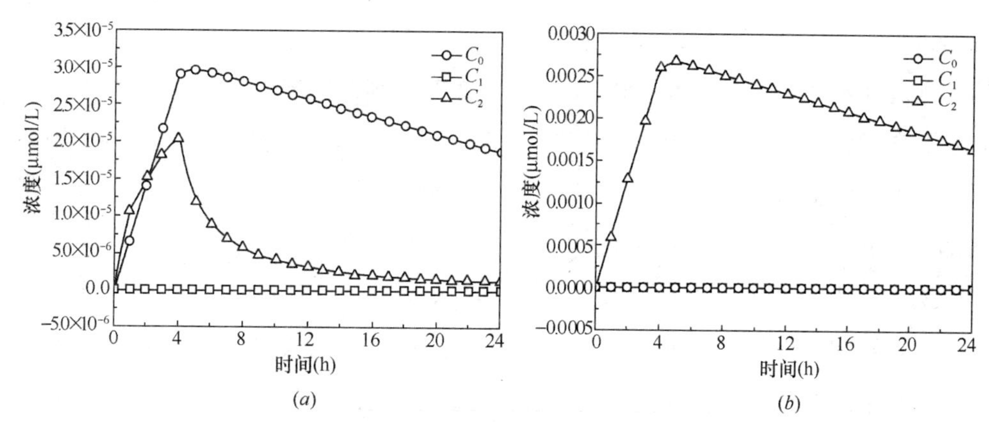

图 4-10 静脉血和尿液中的芘及其代谢产物浓度随时间的变化

（a）血液中；（b）尿样中

4.3.2 室内 SVOCs 的毒理学研究

4.3.2.1 邻苯二甲酸酯类

王立鑫、杨旭[44]以及刘淑敏和常薇[45]对邻苯二甲酸酯的毒性和健康效应研究进展进行了综述，通过最新的动物毒理学研究发现邻苯二甲酸酯的主要毒性包括：生殖发育毒性、免疫毒性和佐剂作用、肝脏毒性和致癌作用。

（1）生殖发育毒性

动物实验发现，邻苯二甲酸酯可干扰机体内分泌系统，具有类雌激素作用和抗雄性激素作用。所谓“邻苯二甲酸酯综合征（phthalate syndrome)”专指被邻苯二甲酸酯类化合物（特别是 DEHP、DBP、BBP）染毒之后，雄性啮齿类动物表现出生殖系统畸形，包括附睾发育不全、隐睾、尿道下裂，输精管、精囊、前列腺异常等以及肛门生殖器距离（Anogenital distance，AGD，简称“肛殖距”）的缩短和乳头残留等。最近关注的焦点集中在孕期大鼠暴露于邻苯二甲酸酯类物质后，对其雄性后代（子代、二代或三代）的生殖系统发育所产生的影响。

最新的一份研究报告指出，不仅原先认定的DEHP及其代谢产物邻苯二甲酸单（2-乙基己基）酯（MEHP）、DBP和BBP对生殖系统有致畸作用，而且邻苯二甲酸二异壬酯（DINP）、邻苯二甲酸二异癸酯（DIDP）和邻苯二甲酸正二己酯（DNHP）也有抗雄性激素作用[46,47]。研究人员采用上述7种邻苯二甲酸酯类化合物对去势SD雄性大鼠进行染毒，发现这些化合物均可引起肛殖距的缩短。其作用机制涉及邻苯二甲酸酯类化合物对雄激素、雌激素和类固醇激素受体功能的干扰。在哺乳动物中雄激素信号分子的结构是高度保守和相似的，人类也属于哺乳动物，人类的产妇和胎儿体液中也可检出邻苯二甲酸酯代谢产物，因此可以推断邻苯二甲酸酯会影响人类的生殖发育[48]。

除了上述雄性生殖发育毒性以外，邻苯二甲酸酯也可对卵巢颗粒细胞、卵泡和子宫造成影响。卵巢是女性的生殖性腺，其排卵功能是成熟女性最基本的生殖功能；卵巢中的颗粒细胞对卵泡形成和发育过程起支持作用，并具有分泌性腺激素维持卵巢功能的能力。马明月等[49]采用DEHP对3周龄SD大鼠连续灌胃28d，500mg/kg剂量组大鼠的卵巢组织中PPARγ表达显著增高，P450arom mRNA表达显著下降，说明DEHP降低雌激素合成与PPARs的间接作用有关。PPARs可调节多种基因的表达、细胞分化及脂质代谢，可被DEHP、DBP的多种代谢产物激活。因此，激活PPARs可能是影响雌激素的途径之一。

对卵泡的影响。卵泡是卵巢的功能单位，包含了颗粒细胞和膜细胞，囊状卵泡能合成各种甾体激素。有研究表明，80μg/mL的MEHP可明显抑制囊状卵泡的生长发育[50]；100μg/mL的MEHP可促进卵巢颗粒细胞的凋亡，使卵泡的存活率降低[51]。PAEs可抑制窦状卵泡的生长，这与雌二醇水平的降低有关，在含DEHP和MEHP的培养液中添加雌二醇进行共同培养，DEHP和MEHP对卵泡生长的抑制可得到一定的拮抗[52]。卵泡发育开始时是不依赖激素的，PAEs可通过一般细胞毒性抑制原始卵泡发育。有实验发现，MEHP和DBP能降低细胞周期蛋白D2（cyclin D2）、细胞周期蛋白E1（cyclin E1）、细胞周期蛋白A2（cyclin A2）、细胞周期蛋白B1（cyclin B1）、细胞周期依赖激酶4（cyclin-dependant-kinase-4，

CDK4）的 mRNA 和抗凋亡基因 Bcl-2 的表达，并增加凋亡基因 Bax 的表达[52,53]。细胞周期调节因子减少，不能推动和协调细胞周期的正常进行，使卵泡内的细胞不能进入细胞周期，或者因凋亡基因表达增加而使细胞直接发生凋亡，从而导致卵泡细胞不能增殖分化，抑制了卵泡发育。cyclin D2 对卵巢颗粒细胞增殖尤为重要，cyclin D2 基因敲除的小鼠其卵巢颗粒细胞增殖分化受到抑制，卵泡减小，出现排卵障碍[54]。Wang 等[53]的实验结果显示，MEHP 可抑制小鼠卵泡超氧化物歧化酶 1（SOD1）和谷胱甘肽过氧化物酶（GPX）的活力及其基因表达，并且可增加活性氧（ROS）水平，小鼠囊状卵泡的发育亦受到抑制，使用乙酰半胱氨酸（NAC）抗氧化剂可以拮抗 MEHP 对卵泡发育的抑制。MBP 可诱导小鼠受精卵内 ROS 升高，并促进细胞色素 C 的释放，导致受精卵内氧化还原失衡，从而抑制受精卵的发育并引发凋亡[55]。而 SOD1 和 GPX 活力的降低及 ROS 含量的升高使卵泡内的过氧化物大量积聚，从而造成卵泡的氧化损伤。因此，PAEs 可能通过氧化应激途径来抑制囊状卵泡和受精卵的生长发育。

对子宫的影响。PAEs 可以使子宫内膜容受性降低、着床位点减少。在妊娠早期，充足的孕酮及孕激素受体（PR）的下调和相对低水平的雌二醇是胚泡着床的必要条件。有实验发现，DEHP 可上调子宫内膜雌激素受体 α（ERα）和孕激素受体（PR）水平，从而使着床期子宫内膜容受性降低[56]。

子宫的上皮细胞一间充质转化（epithelial-mesenchymaltransition，EMT）过程可使上皮细胞具有活动能力，能覆盖暴露的胚泡使其着床；E-钙粘蛋白（E-cadherin）下调可使子宫上皮细胞失去细胞间相互作用，有利于 EMT 过程。而 DEHP 可通过下调 p-细胞外信号调节激酶（p-ERK）和核因子 κB（NF-κB）使 E-钙粘蛋白表达增加而不利于胚泡着床[56]，导致临床妊娠率降低。PAEs 在妊娠中晚期也可影响胚胎及胎盘发育，造成胚胎丢失、活胎数降低、胎儿发育不良、胎儿畸形数增加[57]。孕期暴露可使子代雌性大鼠出现阴道开口延迟，发情时间延迟，卵巢重量增加，卵母细胞发育障碍[58]。

另外，DBP 和 DEHP 联合染毒可导致子宫内膜一氧化氮合酶（nitric oxide synthase，NOS）活力明显降低，并呈现协同作用[59]。NOS 在生殖过程中参与女性生殖生理活动，如卵泡发育、卵巢性激素的分泌、细胞凋亡、胚胎着床以及妊娠与分娩。因此，抑制 NOS 也是 PAEs 干扰女性生殖的可能途径之一。

（2）免疫毒性和佐剂作用

丹麦学者 Larsen 等采用口饲染毒[60]和气道染毒[61]方法对 BALB/c 小鼠进行毒理学研究，发现 DEHP 虽然不会使小鼠体内产生 DEHP 特异性抗体（即 DEHP 不是过敏原性化合物），但是可以使受白蛋白致敏的小鼠体内白蛋白特异性 IgG1 的生成数量成倍增加，并显示出可靠的剂量一效应关系。他们认为这是一种“佐剂效应”，可以诱导被 DEHP 染毒的动物发生过敏性哮喘。

Yang 等[62]采用口饲染毒的方法对 Wistar 大鼠进行毒理学研究，发现 DEHP 不但会使受白蛋白致敏的大鼠肺泡灌洗液中嗜酸性粒细胞数量增加，同时还使它们的气道阻力增加，肺组织切片呈现出明显的迟发相炎症反应，同时这三项指标都显示出明显的剂量一效应关系。结果说明 DEHP 表现出明显的免疫毒性，其作用机制为“佐剂作用”，即可以增强机体对过敏原（例如白蛋白）的应答能力。

（3）肝脏毒性和致癌作用

在环境毒理学研究中，通常通过观察动物肝脏过氧化物酶体的体积、数量以及过氧化物酶体增生物激活受体（peroxisome proliferator－activated receptor，PPARs）的变化来了解外源性化合物是否具有肝脏毒性。许多环境污染物都能够引起啮齿类动物肝脏过氧化物酶体的增生，如果引起了过氧化物酶体体积和数量的增加，就会导致肝肿大或肝癌等。邻苯二甲酸酯类也是一种过氧化物酶体增生物（peroxisome proliferator，PP），对大鼠染毒时，可观察到大鼠体内过氧化物酶体增生物激活受体的增加[63]。

研究表明 DEHP 可导致大鼠和小鼠恶性肝细胞肿瘤。Kluwe 等[64]曾对 Fischer 344 大鼠和 B6C3F1 小鼠进行了为期 103 周的慢性长期毒性实验，结果雌性大小鼠和雄性小鼠肝细胞癌发生率显著增高，而且雌性大鼠肝细胞癌和瘤样结节发生率明显增加，并且有近 1/3 小鼠（20/57）的肝癌转移至肺部；Rao 等[65]发现，20 g/kg DEHP 喂饲 14 只雄性 Fischer 344 大鼠共 108 周，肿瘤发生率为 78.5%（11/14），而对照组仅为 10%（1/10）。然而，由于 DEHP 在啮齿类动物和其他哺乳动物体内代谢途径的不同，因此许多人怀疑大、小鼠作为致癌性动物实验模型及将该类实验结果外推至人类是否合适。1990 年，Bichet 等[66]发现 DEHP 的主要代谢产物 MEHP 并不能使体外培养的人肝细胞的过氧化物酶的活力增强，因此，当前对于 DEHP 是否对人类具有致肝癌作用，还有许多不同的看法。

4.3.2.2 多溴联苯醚

杜苗苗等[67]、万斌等[68]和张慧慧等[69]对PBDEs的毒性效应研究进展进行了综述，研究结果表明：PBDEs的毒性效应包括内分泌干扰效应、肝脏毒性、生殖发育毒性和神经毒性等。

(1) PBDEs的内分泌干扰效应

PBDEs的内分泌干扰毒性更多地表现在其对甲状腺系统的扰乱作用。甲状腺激素为人体正常生长发育所必需，其分泌不足或过量都可引起疾病。甲状腺激素与大脑发育密切相关，甲亢能引起许多神经解剖学和行为异常。甲状腺功能不足时，躯体与智力发育均受影响，可致呆小病（克汀病），成人甲状腺功能不全时，则可引起黏液性水肿。有研究表明，十溴联苯醚（BDE-209）可以干扰Wistar大鼠甲状腺系统的平衡状态，血清中TT4、FT4和TT3浓度均随着BDE-209暴露剂量的增大而下降[69]。怀孕期大鼠饮食摄入DecaBDE，可以导致仔鼠发育中的甲状腺功能减退。虽然PBDEs对甲状腺系统的干扰机制尚不明确，但是大多数研究者认为，PBDEs对甲状腺激素系统的影响是由于PBDEs的羟基化代谢产物与甲状腺激素T3和T4的分子结构非常相似，在生物体内起着类似T3和T4的作用。

(2) PBDEs的肝脏毒性

美国环境保护局（EPA）于2006年评价了PBDEs的肝脏毒性，发现PBDEs的同系物和混合物可以导致肝脏微粒体酶的变化、肝脏重量增加和肝脏细胞变性，但是不同同系物的毒性强弱有所不同。Zhou等[70]研究了三种PBDEs产品对断乳大鼠肝脏的影响，发现五溴联苯醚（BDE-71）、八溴联苯醚（BDE-79）具有肝脏毒性，而相同剂量的十溴联苯醚（BDE-83R）则未观察到肝脏毒性。吴伟等[71]将鲫鱼的离体肝脏组织暴露于不同浓度的BDE-47和BDE-209。结果显示，过氧化氢酶（CAT）和谷胱甘肽过氧化物酶（GSH-Px）的活性随着BDE-47和BDE-209质量浓度的增加而逐渐下降，甚至中毒失活，从而使清除活性氧自由基（ROS）的能力下降，ROS对组织氧化损伤加剧，导致机体产生生化反应，表明BDE-47和BDE-209可对鲫鱼肝脏产生氧化胁迫效应。

(3) PBDEs的生殖发育毒性

低剂量的BDE-99（300μg/L）可以影响雄性小鼠的生精过程，导致精子和精原细胞数量下降。在研究OctaBDE对怀孕大鼠的毒性试验中，发现亲代母鼠的体重下降，胆固醇含量稍微上升，子代胎儿的平均体重下降，发生严重水肿，头骨的骨化过程减慢；当OctaBDE的浓度高达50mg/（kg·d）时，甚至会出现骨骼弯曲等发育异常现象。斑马鱼胚胎暴露于PBDEs，会导致幼鱼游动速度下降，自发行为改变，畸形率和死亡率上升。有报道指出，食用受PBDEs污染过的鱼类，母亲怀孕期会缩短，婴儿出生时体重偏低，并且运动神经系统发育不成熟。可见，PBDEs在母亲体内的存在，不仅会影响到自身身体健康状况，还会影响到胎儿的正常发育，并且PBDEs对胎儿或新生幼儿的伤害，比对成年者严重，而且所需剂量较小[72]。

（4）PBDEs的神经毒性

相关资料显示，PBDEs可以降低甲状腺素在血液中的含量，破坏甲状腺素的平衡状态，减少大脑可以利用的甲状腺素含量，进而影响胎儿神经系统发育[72]。PBDEs能引起受试动物本能运动行为和神经行为的持久改变。BDE-47、BDE-99、BDE-153和BDE-203能造成小鼠认知行为损伤，成年后记忆和学习能力明显下降。BDE-71可以导致大鼠视觉分辨能力和学习能力下降。

4.3.3 室内SVOCs的人群流行病学研究

4.3.3.1 邻苯二甲酸酯类

2000年之前邻苯二甲酸酯与人体健康关系的流行病学研究非常少见。2000年以来，出现了一批高质量的人群流行病学研究报告，并提出一系列敏感可靠的生物标志物，客观地反映出邻苯二甲酸酯对人类的危害。通过人群流行病学研究发现，邻苯二甲酸酯暴露所致人类的健康问题主要包括：（1）男婴生殖器官发育畸形；（2）女童乳房发育早熟症；（3）儿童持久性过敏症；（4）成年男性肺功能减退；（5）成年男性肥胖症与糖尿病；（6）成年男性甲状腺功能减退。现分述如下，

（1）男婴生殖器官发育畸形

人类男婴生殖器官发育畸形与实验动物的“邻苯二甲酸酯综合征（phthalate syndrome)”具有平行性，是邻苯二甲酸酯类化合物的生殖发育毒性带给人类健康不良影响的最直接证据。2005年美国Rochester大学的Swan等[73]针对134名2～36个月龄的男性婴儿进行流行病学研究，以母亲产前尿液中邻苯二甲酸酯单体含量为暴露标志物，以生殖系统畸形为效应指标，研究结果显示，人类胎儿期暴露于

邻苯二甲酸酯可引起男性婴儿生殖系统畸形，指标包括肛殖距缩短（shorter anogenital distance）、阴茎短小（reduced penile size）、睾丸发育不全（incomplete testicular descent）等。这一研究成果证明了孕妇产前暴露于环境浓度水平的邻苯二甲酸酯可使男婴生殖系统出现畸形的科学假说。

（2）女童乳房发育早熟症

乳房发育早熟症（premature breast development）指的是年龄小于 8 岁女童出现的单纯性乳腺组织增生，而没有其他类型的性早熟体征。为了找出波多黎各地区女童乳房发育早熟症高发现象的原因，2000 年 Colon 等[74]对波多黎各地区的 76 名女童（41 名乳房发育早熟症患者；35 名健康对照者）进行了流行病学调查。对 76 名女童的血样分析发现，血样中均不含杀虫剂及其代谢产物。但是 41 名患者中有 28 名患者（68%）血样中检出了高水平的邻苯二甲酸酯（DBP，DEP，BBP，DEHP）和代谢产物 MEHP；而 35 名健康对照者之中，仅有 1 名的血样检出高水平的邻苯二甲酸酯。研究结果表明，波多黎各地区女童乳房发育早熟症与邻苯二甲酸酯化合物的暴露可能存在一定的联系，并且作者认为在乳房发育早熟症病例体内邻苯二甲酸酯起到了类雌激素作用和抗雄性激素作用。

（3）儿童持久性过敏症

历经 3 年，瑞典学者 Bornehag 等[75]完成了一项巢式病例对照流行病学研究。通过对 10852 名瑞典儿童（3～8 岁）的前瞻队列流行病学研究，共确诊 198 例儿童持久性过敏症（persistent allergic symptoms in children）患者，并按照统计学原则从中挑选 202 名健康儿童作为对照人群。在此项研究中“儿童持久性过敏症”的定义为同时满足下列两项诊断标准的患者：1）在初次问卷调查中，同时具有湿疹、哮喘、鼻炎 3 项症状中两项症状者；2）在 1.5 年后的再次问卷调查中，同时具有湿疹、哮喘、鼻炎三项症状中两项症状者。研究发现：1）患者卧室降尘中 BBP 含量（0.15 mg/g）显著高于对照者（0.12 mg/g）；2）卧室降尘中 BBP 的浓度水平与儿童过敏性鼻炎显著相关（$P=0.001$），也与湿疹显著相关（$P=0.001$）；3）卧室降尘中 DEHP 的浓度水平与儿童哮喘病显著相关（$P=0.022$）；4）家庭降尘中邻苯二甲酸酯含量与儿童持久性过敏症之间的剂量－反应关系得到统计学趋势分析的支持。

2008 年 Kolarik 等[76]在保加利亚完成了一项类似的巢式病例对照流行病学研

究。研究对象包括102名儿童（2～7岁）持久性过敏症患者和82名正常对照者；邻苯二甲酸酯的暴露剂量通过测量儿童卧室降尘中DMP，DEP，DBP，BBP，DEHP和DNOP的含量。结果表明：1）患者的卧室降尘中DEHP浓度（1.24 mg/g）高于对照者（0.86 mg/g）；2）降尘中DEHP浓度与儿童哮喘之间有显著性联系（$P=0.035$）；3）降尘中DEHP浓度与儿童哮喘的病情程度之间呈剂量-反应关系。

上述两项研究不但揭示了邻苯二甲酸酯化合物与儿童过敏性疾病的关系，同时还发现，除了经食物和饮水途径的暴露可造成人体健康的危害之外，通过降尘的吸入，邻苯二甲酸酯也可以造成对人体健康的危害。

（4）成年男性肺功能减退

2004年Hoppin等[77]应用美国1988～1994年全国健康和营养调查（National Health and Nutrition Examination Survey，NHANES）的数据，以240名成人（女性140名，男性100名）为研究对象，对尿液中邻苯二甲酸酯代谢产物［邻苯二甲酸单丁酯（MBP）、邻苯二甲酸单乙酯（MEP）和MEHP］的含量与肺功能［最大肺活量（forced vital capacity，FVC）、一秒用力呼气量（forced expiratory volume at 1 sec，FEV1）、最大呼气流量（peak expiratory flow，PEF）］之间作多元线形回归分析。回归模型的控制因素包括：种族、年龄、身高、体质指数、吸烟年龄和吸烟状况。研究发现邻苯二甲酸酯暴露与成年男性肺功能减退（decrements of pulmonary function）有统计学联系：1）尿液中MBP含量与3项肺功能指标（FVC，FEV1，PEF）的降低存在显著性联系；2）尿液中MEP含量升高与男性成人两项肺功能指标（FVC，FEV1）的降低存在显著性联系；3）但尿液中MEHP含量对成人肺功能指标没有影响。

（5）成年男性肥胖症与糖尿病

2007年Stahlhut等[78]用美国1999～2002年全国健康和营养调查（NHANES）的数据，以651名具有双向检测数据（邻苯二甲酸酯暴露和肥胖症，或者邻苯二甲酸酯暴露和糖尿病）的成年男性为研究对象，对尿液中邻苯二甲酸酯代谢产物MBP、MEP、MEHP、邻苯二甲酸单苄酯（MBzP）、邻苯二甲酸单（2-乙基-5-羟基己基）酯（MEHHP）和邻苯二甲酸单（2-乙基-5-羰基己基）酯（MEOHP）的含量与腹部肥胖症指标（腰围），以及与糖尿病指标（胰岛素抗性）之间进行多元线形回归分析。回归模型Ⅰ的控制因素包括：年龄、种族、脂肪度、总卡路里耗量、体育运动水平、吸烟（血清可替宁）、尿液肌酐含量。回归模型Ⅱ的控制因素：在模型Ⅰ的基础上另加肾功能和肝功能。研究发现邻苯二甲酸酯的暴露与肥胖症和糖尿病的生物学指标之间有统计学联系：1）4种邻苯二甲酸酯的代谢产物（MBzP，MEHHP，MEOHP，MEP）与腰围增加有关（$P=0.013$）；2）3种邻苯二甲酸酯的代谢产物（MBP，MBzP，MEP）与胰岛素抗性增加有关（$P=0.011$）；3）应用回归模型Ⅱ时，除了MBP与胰岛素抗性，其他的统计学联系仍然成立。

（6）成年男性甲状腺功能减退

美国学者Meeker等[79]发现，有关邻苯二甲酸酯暴露与动物甲状腺功能关系的研究中，还缺少人类的数据，因此他们选择来自于美国马萨诸塞州总医院（Massachusetts General Hospital）408名18～55岁的成年男性为研究对象进行了一项研究。这些人曾作为合作者参与了2000～2005年的一项环境因素与生殖毒性的流行病学研究。Meeker等检测了研究对象尿液中DEHP和它的代谢产物MEHP的含量，同时检测了血清中游离甲状腺素（T4）、碘甲腺氨酸（T3）和促甲状腺激素（TSH）。研究发现：血清中T3和T4浓度水平降低与人体尿液中MEHP浓度的增加有关，结果显示邻苯二甲酸酯的暴露与现代成年男性甲状腺功能减退可能存在联系。

4.3.3.2 多溴联苯醚

（1）国外流行病学研究

Main等[80]于1997～2001年在丹麦一芬兰分析了隐睾病患儿（样本数$n=95$）和健康男孩（$n=185$）出生时胎盘组织以及病例组母亲（$n=62$）和对照组母亲（$n=68$）母乳中14种PBDEs同系物水平，结果表明，病例组胎盘的PBDEs水平与对照组没有显著性差异，病例组母乳中PBDEs水平高于对照组；PBDEs的总量与血清中黄体生成素水平呈正相关。这说明母乳PBDEs水平与先天性隐睾发生存在关联。Herbstman等[81]分析了329名孕妇产前的PBDEs暴露水平以及追踪观察她们的孩子在0～6岁的神经发育状况，这项研究证实，脐带血PBDEs含量的高低会对儿童神经发育产生不同程度的危害效应。Chevrier等[82]通过对270名孕妇在妊娠27周左右时血清促甲状腺素（TSH）水平的测量发现，PBDEs暴露与孕期低水平的TSH有关。另外，该课题组的Harley等[83]对上一人群进行追踪研究后发现，新生儿出生体重与母亲血清中的BDE-47、99、100水平呈负相关。

（2）国内流行病学研究

Chao 等[84]研究母乳中 PBDEs 水平与婴儿出生结局以及母亲月经状况之间的关系，发现母乳中 PBDEs 含量增高与婴儿的出生体重、身长、胸围降低有关联，没有发现 PBDEs 对月经周期的影响。吴库生[85]研究了 108 名来自汕头贵屿（电子垃圾处理区）和 59 名来自潮南（对照区）孕妇的新生儿脐带血中 PBDEs 水平和新生儿出生结局之间的关系。结果显示，贵屿的新生儿脐带血 PBDEs 的暴露水平要高于对照组，而贵屿新生儿 Apgar 评分则低于潮南的新生儿。韩关根等[86]选择了 369 名 6～8 岁的儿童进行血液中 PBDEs 与 TSH 含量的相关性研究，结果显示 PBDEs 与 TSH 的含量呈较强正相关。

4.4 小　　结

通过对我国 SVOCs 相关研究的回顾及与国外相关研究的对比，可发现我国室内 SVOCs 污染呈如下特点：（1）目前我国室内邻苯二甲酸酯、多环芳烃、多溴联苯醚总体来讲浓度较高，对人群有潜在的健康隐患，包括生殖健康、儿童的发育问题甚至致癌等不良的健康结局，且影响周期较长，必须予以重视。（2）国内从管理部门到普通老百姓对于室内 SVOCs 污染的关注度还不够，对其潜在健康危害的了解也极其有限。《室内空气质量标准》GB/T 18883—2002 中仅有对苯并［a］芘这种多环芳烃的浓度有限值规定，而对于邻苯二甲酸酯和多溴联苯醚类物质以及其他多环芳烃类物质则缺乏限制，相关的立法工作滞后于国外。（3）国家对于室内 SVOCs 污染研究的投入不足。像瑞典等发达国家开展了系统的室内 SVOCs 污染浓度以及与室内人员健康关联性的调研，为进一步治理室内 SVOCs 污染提供了必要的数据基础。而我国此方面的研究规模较小，缺乏系统性和规范性。

建议今后在以下几个方面加强相关的科学研究工作：

（1）加强国内对室内 SVOCs 污染的调研

对于室内邻苯二甲酸酯类物质，国内的调研仅有少数大城市的数据，且普遍调研样本较小，所得数据对于了解目前国内室内邻苯二甲酸酯的污染情况还不够；各调研之间缺乏交流，所采用采样方法和分析方法存在不一致之处。缺乏各个城市之间污染差异性的比较。对于室内多环芳烃类污染物，国内有个别地区（云南宣威）

做过细致充分地调研，但其他地区的数据也明显不足，对于多环芳烃的源解析工作还不够。国内对室内多溴联苯醚的调研近年来较多，但对于多溴联苯醚污染可能较为严重的场所如网吧、数码广场等地还未见有相关报道数据，这对于了解和治理室内多溴联苯醚污染无疑是一种缺憾。

（2）加强室内 SVOCs 污染的源释放特性研究

国外已有部分对于邻苯二甲酸酯释放规律的研究，但国内对这方面的研究主要局限于数学模型上，由于对其进行实验测试工作需要花费较长时间，国内还未见到有类似的实验数据。对于电子器件 PBDEs 的释放规律和传质机理的研究也较缺乏。对于环境条件和建筑特性对 SVOCs 源释放的影响的机理以及 SVOCs 在室内存在时发生的降解等研究国内还未见相关报道。这无疑使得源头治理室内 SVOCs 污染缺乏必要的指导依据。

（3）拓展 SVOCs 污染在室内的输运特点的研究深度

SVOCs 如何从源头进入人体，进而影响室内人员健康？室内环境温度、相对湿度、其他污染物的存在、通风以及室内气流组织等室内环境因素如何影响 SVOCs 在室内的输运过程？尽管国内已经开展相关研究，但对于指导治理室内 SVOCs 污染来讲在广度和深度上都有所不足。通常人们在室内度过的时间可达到 80%以上，而部分 SVOCs 对人体健康的影响巨大，长期处于过高的室内 SVOCs 浓度下的人们，健康可能会受到长期损害。因此建议国家对公众加强此方面的宣传，让普通老百姓认识到室内 SVOCs 污染问题的严重性，并加大在此方面的研究投入力度，为治理室内 SVOCs 污染提供必要的指导。

参考文献

[1] 王立鑫，赵彬，刘聪，林辉，杨旭，张寅平．中国室内 SVOCs 污染问题评述．科学通报，2010. 55(11)：967-977.

[2] Xu，Y. and J. Zhang，Understanding SVOCs ASHRAE Journal，2011. 11：121-125.

[3] Liu，C.，G. C. Morrison，and Y. Zhang. Role of aerosols in enhancing SVOCs flux between air and indoor surfaces and its influence on exposure. Atmospheric Environment，2013. 55：p. 347-356.

[4] Clausen，P. A.，Z. Liu，V. Kofoed- Sorensen，J. Little，and P. Wolkoff. Influence of Tem-

perature on the Emission of Di-(2-ethylhexyl) phthalate (DEHP) from PVC Flooring in the Emission Cell FLEC. Environmental Science & Technology, 2012. 46(2): p. 909-915.

[5] Clausen, P. A., Y. Xu, V. Kofoed-Sorensen, J. C. Little, and P. Wolkoff. The influence of humidity on the emission of di-(2-ethylhexyl) phthalate (DEHP) from vinyl flooring in the emission cell FLEC. Atmospheric Environment, 2007. 41(15): p. 3217-3224.

[6] 韩文亮. 城市室内外空气中多溴联苯醚与多氯联苯. 上海大学, 2009.

[7] Xing, G. H., Y. Liang, L. X. Chen, S. C. Wu, and M. H. Wong. Exposure to PCBs, through inhalation, dermal contact and dust ingestion at Taizhou, China. Chemosphere, 2011. 83(4): p. 605-611.

[8] EPA. Compendium of Methods for the Determination of Toxic Organic Compounds in Ambient Air. Determination of Pesticides and Polychlorinated Biphenyls in Ambient Air Using Low Volume Polyurethane Foam (PUF) Sampling Followed by Gas Chromatographic/Multi-detector Detection (GC/MD), in Compendium Method TO-10A, EPA/625/R-96/010b EPA, Cincinnati (1999) p. 37. 1999.

[9] Rudel, R. A., R. E. Dodson, L. J. Perovich, R. Morello-Frosch, D. E. Camann, M. M. Zuniga, A. Y. Yau, A. C. Just, and J. G. Brody, Semivolatile endocrine-disrupting compounds in paired indoor and outdoor air in two northern California communities. Environmental Science & Technology, 2010. 44(17): p. 6583-6590.

[10] 沈婷. 室内空气和降尘中邻苯二甲酸酯的分析研究. 北京工业大学, 2009.

[11] 裴小强. 室内空气中邻苯二甲酸酯的污染特征和健康风险. 浙江大学, 2013.

[12] 陶伟. 西安市室内邻苯二甲酸酯浓度调查. 西安交通大学, 2013.

[13] Rakkestad, K. E., C. J. Dye, K. E. Yttri, J. A. Holme, J. K. Hongslo, P. E. Schwarze, and R. Becher. Phthalate levels in Norwegian indoor air related to particle size fraction. Journal of environmental monitoring, 2007. 9(12): p. 1419-1425.

[14] Bergh, C., K. M. Bberg, M. Svartengren, G. Emenius, and C. Astman. Organophosphate and phthalate esters in indoor air: a comparison between multi-storey buildings with high and low prevalence of sick building symptoms. Journal of environmental monitoring, 2011. 13(7): p. 2001-2009.

[15] Otake, T., J. Yoshinaga. and Y. Yanagisawa. Exposure to phthalate esters from indoor environment. Journal of Exposure Science and Environmental Epidemiology, 2004. 14(7): p. 524-528.

[16] Fromme, H., T. Lahrz, M. Piloty, H. Gebhart, A. Oddoy, and H. Rüden. Occurrence of phthalates and musk fragrances in indoor air and dust from apartments and kindergartens in Berlin (Germany). Indoor Air, 2004. 14(3): p. 188-195.

[17] Guo, Y. and K. Kannan. Comparative assessment of human exposure to phthalate esters from house dust in China and the United States. Environmental Science & Technology, 2011. 45(8): p. 3788-3794.

[18] Zhang, Q., X.-M. Lu, X.-L. Zhang, Y.-G. Sun, D.-M. Zhu, B.-L. Wang, R.-Z. Zhao, and Z.-D. Zhang. Levels of phthalate esters in settled house dust from urban dwellings with young children in Nanjing, China. Atmospheric Environment, 2013. 69: p. 258-264.

[19] Hsu, N., C. Lee, J. Wang, Y. Li, H. Chang, C. Chen, C. Bornehag, P. Wu, J. Sundell, and H. Su. Predicted risk of childhood allergy, asthma, and reported symptoms using measured phthalate exposure in dust and urine. Indoor Air, 2012. 22(3): p. 186-199.

[20] Oie, L., L.-G. Hersoug, and J.O. Madsen. Residential exposure to plasticizers and its possible role in the pathogenesis of asthma. Environmental health perspectives, 1997. 105(9): p. 972-978.

[21] Bornehag, C.-G., B. Lundgren, C.J. Weschler, T. Sigsgaard, L. Hagerhed-Engman, and J. Sundell. Phthalates in indoor dust and their association with building characteristics. Environmental health perspectives, 2005. 113(10): p. 1299-1304.

[22] Abb, M., T. Heinrich, E. Sorkau, and W. Lorenz. Phthalates in house dust. Environment International, 2009. 35(6): p. 965-970.

[23] Langer, S., C.J. Weschler, A. Fischer, G. Beko, J. Toftum, and G. Clausen. Phthalate and PAH concentrations in dust collected from Danish homes and daycare centers. Atmospheric Environment, 2010. 44(19): p. 2294-2301.

[24] Kolarik, B., K. Naydenov, M. Larsson, C.-G. Bornehag, and J. Sundell. The association between phthalates in dust and allergic diseases among Bulgarian children. Environmental health perspectives, 2008. 116(1): p. 98-103.

[25] Gevao, B., A.N. Al-Ghadban, M. Bahloul, S. Uddin, and J. Zafar. Phthalates in indoor dust in Kuwait: implications for non-dietary human exposure. Indoor Air, 2013. 26(3): p. 26-33.

[26] Rudel, R.A., D.E. Camann, J.D. Spengler, L.R. Korn, and J.G. Brody. Phthalates,

alkylphenols, pesticides, polybrominated diphenyl ethers, and other endocrine-disrupting compounds in indoor air and dust. Environmental Science & Technology, 2003. 37(20): p. 4543-4553.

[27] Sheu H L, Lee W J, Lin S J, et al. Particle-bound PAH content in ambient air [J]. Environmental Pollution, 1997, 96(3): 369-382.

[28] Carichhia A M, Chiavarini S, Pezza M. Polycyclic aromatic hydrocarbons in the urban atmospheric particulate matter in the city of Naples (Italy)[J]. Atmospheric Environment, 1999, 33(23): 3731-3738.

[29] Omar N Y M J, Abas M, Ketuly K A, et al. Concentrations of PAHs in atmospheric particles(PM_{10}) and roadside soil particles collected in Kuala Lumpur, Malaysia [J]. Atmospheric Environment, 2002, 36(2): 247-254.

[30] Kulkarni P, Venkataraman C. Atmospheric polycyclic aromatic hydrocarbons in Mumbai, India[J]. Atmospheric Environment, 2000, 34(17): 2785-2790.

[31] Guo H, Lee S C, Ho K F, et al. Particle-associated polycyclic aromatic hydrocarbons in urban air of Hong Kong[J]. Atmospheric Environment, 2003, 37(38): 5307-5317.

[32] Ravindra K, Bencs L, Wauters E, et al. Seasonal and site-specific variation in vapour and aerosol phase PAHs over Flanders(Belgium) and their relation with anthropogenic activities [J]. Atmospheric Environment, 2006, 40(4): 771-785.

[33] 陆晨刚，高翔，余琦等．西藏民居室内空气中多环芳烃及其对人体健康影响[J]. 复旦学报(自然科学版), 2006, 45(6): 714-718, 725.

[34] Bhargava A, Khanna R N, Bhargava S K, et al. Exposure risk to carcinogenic PAHs in indoor-air during biomass combustion whilst cooking in rural India[J]. Atmospheric Environment, 2004, 38(28): 4761-4767.

[35] 朱利中，沈学优，刘勇建．城市居民区空气中多环芳烃污染特征和来源分析[J]. 环境科学, 2001, 22(1): 86-89.

[36] 李永新，张宏，毛丽莎等．气相色谱/质谱法测定熏肉中的多环芳烃[J]. 色谱, 2003, 21(5): 476-479.

[37] 李瑞琴，张增全，施钧慧等．北京地区大气颗粒物中有机物的分析[J]. 环境科学研究, 2001, 14(3): 21-23.

[38] Bohlin P, Jones K C, Tovalin H, et al. Observations on persistent organic pollutants in indoor and outdoor air using passive polyurethane foam samplers[J]. Atmospheric Environ-

ment，2008，42(31)：7234-7241.

[39] 刘洋．上海市室内空气中多溴联苯醚污染状况及甲状腺干扰活性的初步研究．2011，东华大学：上海．

[40] 孙鑫．杭州市典型室内环境中多溴联苯醚的初步研究．浙江工业大学，2012.

[41] 韩文亮，冯加良，彭小霞，吴明红，傅家谟．上海室内环境中多溴二苯醚的沉降通量与组成．环境科学，2010. 31(3)：p. 579-585.

[42] 黄玉妹，陈来国，文丽君，许振成，彭晓春，叶芝祥，曾敏．广州市室内尘土中多溴联苯醚的分布特点及来源．中国环境科学，2009. 29：p. 1147-1152.

[43] Mandalakis，M.，V. Atsarou，and E. G. Stephanou. Airborne PBDEs in specialized occupational settings，houses and outdoor urban areas in Greece. Environmental Pollution，2008. 155(2)：p. 375-382.

[44] 王立鑫，杨旭．邻苯二甲酸酯毒性及健康效应研究进展．环境与健康杂志，2010. 27(3)：276-281.

[45] 刘淑敏，常薇．邻苯二甲酸酯致雌性生殖系统毒性及其机制的研究进展．环境与健康杂志，2013. 30(4)：p. 374-377.

[46] Foster，P.. Disruption of reproductive development in male rat offspring following in utero exposure to phthalate esters. International journal of andrology，2006. 29(1)：p. 140-147.

[47] Lee，B. M. and H. J. Koo. Hershberger assay for antiandrogenic effects of phthalates. Journal of Toxicology and Environmental Health，Part A，2007. 70(15-16)：p. 1365-1370.

[48] Howdeshell，K. L.，C. V. Rider，V. S. Wilson，and L. E. Gray. Mechanisms of action of phthalate esters，individually and in combination，to induce abnormal reproductive development in male laboratory rats. Environmental research，2008. 108(2)：p. 168-176.

[49] 马明月，张玉敏，裴秀丛，段志文．青春期前邻苯二甲酸二(2-乙基)己酯暴露对雌性大鼠生殖发育及过氧化物酶体增殖剂激活受体的影响．卫生研究，2011. 40(6)：p. 688-692.

[50] 万旭英，朱玉平，马玺里．邻苯二甲酸二(2-乙基己基)酯及其代谢产物 MEHP 对体外大鼠卵泡发育的影响．卫生研究，2010. 39(3)：p. 268-274.

[51] Inada，H.，K. Chihara，A. Yamashita，I. Miyawaki，C. Fukuda，Y. Tateishi，T. Kunimatsu，J. Kimura，H. Funabashi，and T. Miyano. Evaluation of ovarian toxicity of mono-(2-ethylhexyl) phthalate (MEHP) using cultured rat ovarian follicles. Journal of Toxicological Sciences，2012. 37(3)：p. 483-490.

[52] Gupta，R. K.，J. M. Singh，T. C. Leslie，S. Meachum，J. A. Flaws，and H. H. C.

Yao. Di-(2-ethylhexyl) phthalate and mono-(2-ethylhexyl) phthalate inhibit growth and reduce estradiol levels of antral follicles in vitro. Toxicology and applied pharmacology, 2010. 242(2): p. 224-230.

[53] Wang, W., Z. R. Craig, M. S. Basavarajappa, R. K. Gupta, and J. A. Flaws. Di (2-ethylhexyl) phthalate inhibits growth of mouse ovarian antral follicles through an oxidative stress pathway. Toxicology and applied pharmacology, 2012. 258(2): p. 288-295.

[54] Craig, Z. R., P. R. Hannon, W. Wang, A. Ziv-Gal, and J. A. Flaws. Di-n-Butyl Phthalate Disrupts the Expression of Genes Involved in Cell Cycle and Apoptotic Pathways in Mouse Ovarian Antral Follicles. Biology of Reproduction, 2013. 88(1): p. 23-33.

[55] Chu, D.-P., S. Tian, D.-G. Sun, C.-J. Hao, H.-F. Xia, and X. Ma. Exposure to mono-n-butyl phthalate disrupts the development of preimplantation embryos. Reproduction, Fertility and Development, 2012. http://dx.doi.org/10.1071/RD12178.

[56] Li, R., C. Yu, R. Gao, X. Liu, J. Lu, L. Zhao, X. Chen, Y. Ding, Y. Wang, and J. He. Effects of DEHP on endometrial receptivity and embryo implantation in pregnant mice. Journal of hazardous materials, 2012. 241/242: p. 231-240.

[57] 王心，尚丽新，吴楠等. DEHP对妊娠大鼠胚胎着床及胚胎发育影响. 中国公共卫生，2011. 27(5): p. 597-599.

[58] Pocar, P., N. Fiandanese, C. Secchi, A. Berrini, B. Fischer, J. S. Schmidt, K. Schaedlich, and V. Borromeo. Exposure to di (2-ethyl-hexyl) phthalate (DEHP) in utero and during lactation causes long-term pituitary-gonadal axis disruption in male and female mouse offspring. Endocrinology, 2012. 153(2): p. 937-948.

[59] 李玲，田晓梅，宋琦如等. 邻苯二甲酸二丁酯和邻苯二甲酸二(2-乙基己基)酯联合染毒对雌性大鼠的生殖毒性. 环境与健康杂志，2010. 27(10): p. 857-860.

[60] Larsen, S. T., J. S. Hansen, E. W. Hansen, P. A. Clausen, and G. D. Nielsen. Airway inflammation and adjuvant effect after repeated airborne exposures to di-(2-ethylhexyl) phthalate and ovalbumin in BALB/c mice. Toxicology, 2007. 235(1): p. 119-129.

[61] Thor Larsen, S., R. My Lund, G. Damgård Nielsen, P. Thygesen, and O. Melchior Poulsen. Di-(2-ethylhexyl) phthalate possesses an adjuvant effect in a subcutaneous injection model with BALB/c mice. Toxicology letters, 2001. 125(1): p. 11-18.

[62] Yang, G., Y. Qiao, B. Li, J. Yang, D. Liu, H. Yao, D. Xu, and X. Yang. Adjuvant effect of di-(2-ethylhexyl) phthalate on asthma-like pathological changes in ovalbumin-im-

munised rats. Food and Agricultural Immunology, 2008. 19(4): p. 351-362.

[63] Bility, M. T., J. T. Thompson, R. H. McKee, R. M. David, J. H. Butala, J. P. V. Heuvel, and J. M. Peters, Activation of mouse and human peroxisome proliferator-activated receptors (PPARs) by phthalate monoesters. Toxicological Sciences, 2004. 82(1): p. 170-182.

[64] Kluwe, W. M., J. K. Haseman, J. F. Douglas, and J. E. Huff, The carcinogenicity of dietary di phthalate (DEHP) in Fischer 344 rats and B6C3F1 mice. Journal of Toxicology and Environmental Health, Part A Current Issues, 1982. 10(4-5): p. 797-815.

[65] Rao, M. S., A. V. Yeldandi, and V. Subbarao, Quantitative analysis of hepatocellular lesions induced by di (2 - ethylhexyl) phthalate in F - 344 rats. Journal of Toxicology and Environmental Health, Part A Current Issues, 1990. 30(2): p. 85-89.

[66] Bichet, N., D. Cahard, G. Fabre, B. Remandet, D. Gouy, and J. P. Cano, Toxicological studies on a benzofuran derivative: III. Comparison of peroxisome proliferation in rat and human hepatocytes in primary culture. Toxicology and applied pharmacology, 1990. 106(3): p. 509-517.

[67] 杜苗苗，张娴，颜昌宙．溴系阻燃剂的毒理学研究进展．生态毒理学报，2012. 2012, 7(6): p. 575-584.

[68] 万斌，郭良宏．多溴联苯醚的环境毒理学研究进展．环境化学，2011. 30(1): p. 143-152.

[69] 张慧慧，于国伟，牛静萍．多溴联苯醚健康效应的研究进展．环境与健康杂志，2011. 28(12): p. 1124-1127.

[70] Zhou, T., D. G. Ross, M. J. DeVito, and K. M. Crofton, Effects of short-term in vivo exposure to polybrominated diphenyl ethers on thyroid hormones and hepatic enzyme activities in weanling rats. Toxicological Sciences, 2001. 61(1): p. 76-82.

[71] 吴伟，聂凤琴，瞿建宏．多溴联苯醚对鲫鱼离体肝脏组织中CAT和GSH-Px的影响．生态环境学报，2009. 18(2): p. 408-413.

[72] Park, J.-s., J. She, A. Holden, M. Sharp, R. Gephartg, G. Souders-Mason, V. Zhang, J. Chow, B. Leslie, and K. Hooper, High Postnatal Exposures to Polybrominated Diphenyl Ethers (PBDEs) and Polychlorinated Biphenyls (PCBs) via Breast Milk in California: Does BDE-209 Transfer to Breast Milk? Environmental Science & Technology, 2011. 45(10): p. 4579-4585.

[73] Swan, S. H., K. M. Main, F. Liu, S. L. Stewart, R. L. Kruse, A. M. Calafat, C. S.

Mao, J. B. Redmon, C. L. Ternand, and S. Sullivan. Decrease in anogenital distance among male infants with prenatal phthalate exposure. Environmental health perspectives, 2005. 113(8): p. 1056.

[74] Colon, I., D. Caro, C. J. Bourdony, and O. Rosario. Identification of phthalate esters in the serum of young Puerto Rican girls with premature breast development. Environmental health perspectives, 2000. 108(9): p. 895-900.

[75] Bornehag, C.-G., J. Sundell, C. J. Weschler, T. Sigsgaard, B. Lundgren, M. Hasselgren, and L. Hogerhed-Engman. The association between asthma and allergic symptoms in children and phthalates in house dust: a nested case control study. Environmental health perspectives, 2004. 112(14): p. 1393-1397.

[76] Kolarik, B., K. Naydenov, M. Larsson, C.-G. Bornehag, and J. Sundell. The association between phthalates in dust and allergic diseases among Bulgarian children. Environmental health perspectives, 2008. 116(1): p. 98.

[77] Hoppin, J. A., R. Ulmer, and S. J. London. Phthalate exposure and pulmonary function. Environmental health perspectives, 2004. 112(5): p. 571.

[78] Stahlhut, R. W., E. van Wijngaarden, T. D. Dye, S. Cook, and S. H. Swan. Concentrations of urinary phthalate metabolites are associated with increased waist circumference and insulin resistance in adult US males. Environmental health perspectives, 2007. 115(6): p. 876.

[79] Meeker, J. D., A. M. Calafat, and R. Hauser. Di (2-ethylhexyl) phthalate metabolites may alter thyroid hormone levels in men. Environmental health perspectives, 2007. 115(7): p. 1029.

[80] Main, K. M., H. Kiviranta, H. E. Virtanen, E. Sundqvist, J. T. Tuomisto, J. Tuomisto, T. Vartiainen, N. E. Skakkebk, and J. Toppari. Flame retardants in placenta and breast milk and cryptorchidism in newborn boys. Environmental health perspectives, 2007. 115(10): p. 1519.

[81] Herbstman, J. B., A. Sjodin, M. Kurzon, S. A. Lederman, R. S. Jones, V. Rauh, L. L. Needham, D. Tang, M. Niedzwiecki, and R. Y. Wang. Prenatal exposure to PBDEs and neurodevelopment. Environmental health perspectives, 2010. 118(5): p. 712.

[82] Chevrier, J., K. G. Harley, A. Bradman, M. Gharbi, A. Sjödin, and B. Eskenazi. Polybrominated diphenyl ether (PBDE) flame retardants and thyroid hormone during pregnancy. Environmental health perspectives, 2010. 118(10): p. 1444.

[83] Harley, K. G. , J. Chevrier, R. A. Schall, A. Sjödin, A. Bradman, and B. Eskenazi. Association of prenatal exposure to polybrominated diphenyl ethers and infant birth weight. American journal of epidemiology, 2011. 174(8): p. 885-892.

[84] Chao, H. -R. , S. -L. Wang, W. -J. Lee, Y. -F. Wang, and O. Päpke. Levels of polybrominated diphenyl ethers (PBDEs) in breast milk from central Taiwan and their relation to infant birth outcome and maternal menstruation effects. Environment International, 2007. 33 (2): p. 239-245.

[85] 吴库生．电子垃圾拆解区新生儿多溴联苯醚(PBDEs)暴露与不良出生结局及相关影响因素，汕头大学，2010.

[86] 韩关根，丁钢强，楼晓明等．电容器拆解区儿童静脉血持久性有机污染物与促甲状腺素含量研究．卫生研究，2010. 39 (5): p. 580-582.

室内家具有害物质释放检测与标准 5

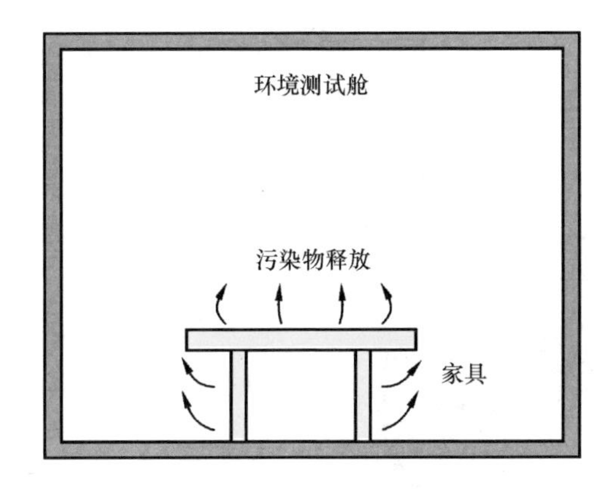

室内环境中建材或家具中有害物质散发过程

源自：《中国室内环境与健康研究进展报告 2012》

近年来，我国家具行业实现了快速增长，一方面是我国工业化、城市化建设的发展，人民生活水平的提高，住宅建设的快速增长，形成了强大的购买力；另一方面，因为我国家具产业迅速成长，产品数量和产品质量同步提高，吸引了国际采购商来我国购买家具，反过来又促进了我国家具行业快速发展。家具已成为我国不少城市室内空气污染的重要来源之一。随着消费者生活水平质量的日益提高，家具挥发性有害物质释放的检测已成为人们关注的焦点。本章重点介绍了我国现行家具有害物质释放检测标准及其不足，并比较了国内外相关检测方法的优劣，为我国家具有害物质释放检测标准的完善提供了建议：采用整体家具污染物释放气候舱检测法；建立家具污染物释放标识。

5.1 我国家具行业现状

我国近年来家具产业蓬勃发展，已成为世界家具生产和出口大国，具体表现为：

(1) 总体产值分析。2011 年国内家具行业规模以上企业共有 4125 家，累计完成工业总产值 5195.64 亿元，同比增长 25.28%，全年家具行业产值达 10100 亿元，同比增幅 16.09%，全年表现为高速增长的态势，如图 5-1 所示。从月度工业总产值走势来看，下半年自 8 月份起呈现逐月攀升，年末翘尾仍然如期再现，12 月份创出历年新高，达到 544.99 亿元，比 6 月份高出 56.98 亿元，同比增长 24.07%。三年曲线基本一致，说明 2011 年总体形势符合发展规律，如图 5-2 所示。

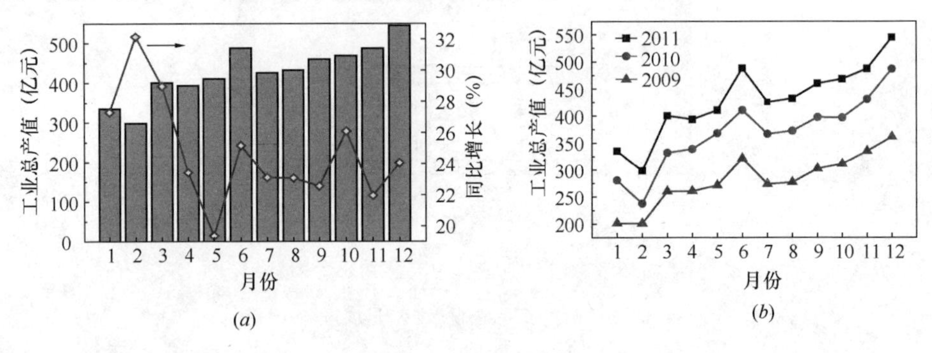

图 5-1 家具行业月度业务总产值及形势图

(*a*) 2011 年 1～12 月；(*b*) 2009～2011 年

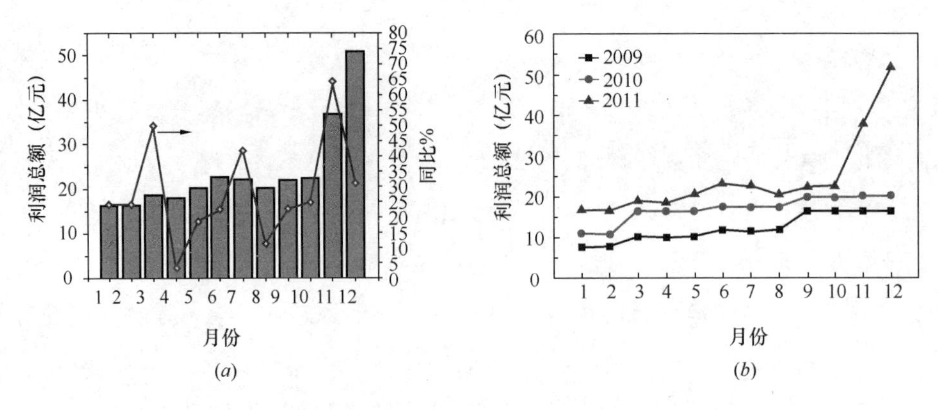

图 5-2 家具行业月度利润

(*a*) 2011 年 1～12 月；(*b*) 2009～2011 年

（2）总体利润分析。2011 年，家具行业实现利润 289.42 亿元，同比增长 32.20%，月度利润形成了波浪式上升格局，4 月份略微下降，但 5～7 月逐月上升，12 月份盈利效果尤为显著，实现利润 51.14 亿元，是全年的峰值。

但是随着家具新产品、新材料、新工艺的不断出现以及家具市场科学技术的持续发展，现有家具标准存在一些不足，如新工艺、新材料生产的家具标准滞后，原有标龄过长，体系交叉等，因此家具标准体系需要进一步完善，特别是在有害物质释放方面。

5.2 家具有害物质限量标准

5.2.1 家具有害物质限量标准的重要性

随着社会的进步与发展，消费者对自身健康安全的关注，以及重视程度的不断提高，对居住环境要求也有了新的认识。由于家具制造时使用的原材料良莠不齐，劣质原材料造成挥发性有害物质超标，严重影响了人们的生活质量、危害人们的身体健康。研究挥发性有害物质科学合理的检测技术，规定人体可接受的有害物质限量值，以达到有效控制的目的，是目前我国乃至全世界家具行业、科研机构关注的热点。

在家具质量投诉方面的主要反映是，消费者虽然购买了经检验合格的家具，但居住环境的空气质量经检测总是不合格，质疑家具生产企业的产品质量，造成企业对产品生产质量控制管理的困惑。因此，现行的家具中挥发性有害物质的检测已引起消费者、企业、社会等社会各界的普遍关注。

由于家具材料涉及范围较广，因此家具有害物质标准涉及家具标准体系中的木家具、软体家具、其他家具等多个体系类目[1]，而且家具有害物质标准也属于家具安全卫生标准类别，是家具标准体系中最关键的内容，是各类材料家具产品均应注重的问题[2]。家具产品安全卫生要求规定的科学性、合理性，影响着广大家具消费者的健康安全，因此家具标准体系把安全卫生标准提升为一个类别，加强对家具产品中有害物质的规范和监督。

5.2.2 我国现行家具有害物质限量标准简介

我国国家强制性标准《室内装饰装修材料木家具中有害物质限量》GB 18584—2001 只规定了木家具中甲醛的收集方法——干燥器法[3]。采用该方法检测时，首先按照每种木质材质与产品中使用面积比例确定试件数量，然后按照尺寸规格进行制备试件，将试件放在干燥器中，通过干燥器底部的蒸馏水吸收试件释放的甲醛，最后通过分光光度计测定甲醛浓度。

原有的检测方法在使用的十几年中，为规范家具行业生产秩序、提高木家具产品的环保质量、保护消费者的健康安全发挥了重要作用，同时在快速检测方面具有一定的优势。但是随着家具行业的发展，该方法测试家具中挥发性有害物质存在很多局限性。主要表现在：

（1）范围局限性。原标准检测的挥发性有害物质种类局限于甲醛，而对家具中消费者普遍关注的苯、甲苯、二甲苯等挥发性有机化合物没有规定。而且，测试的家具局限于木家具，不涉及软体家具等材料的家具，不具有代表性，范围较窄。

（2）检测破坏性。原标准中的检测方法是破坏性的，一方面不利于节约资源、保护环境；另一方面样品检测后基本报废不能使用，企业和消费者承担的检测风险较大，成本较高。

（3）反映准确性。原有的检测方法是局部取样检验，试验结果只能反映家具材料的部分有害气体情况，不能准确地反映整件家具的有害气体释放情况。

软体家具中如沙发、床垫等产品并没有独立的挥发性有害物质的检测标准，原来的轻工强制性行业标准对弹簧软床垫也只规定了甲醛释放量的检测方法。采用该方法检测时，从床垫面料至铺垫料取样，按照《室内装饰装修材料——地毯、地毯衬垫及地毯胶粘剂有害物质释放限量》GB 18587—2001 的 $1m^3$ 气候舱法进行测试[4]。该检测方法也是破坏性检验，同样反映的是局部原材料释放属性。

5.2.3 标准的修订及与原标准的差异

针对原家具有害物质标准的缺点，为了全面有效地检测家具中挥发性有害物质，使检测方法具有广泛的适用性，有必要对家具中有害物质标准，尤其是挥发性有害物质相关标准进行研究，制定科学合理的标准，达到规范市场秩序，促进行业健康发展，保护消费者安全健康的目的。

目前，我国新修订的《室内装饰装修材料木家具中有害物质限量》GB 18584中，挥发性有害物质的检测采用了气候舱测试法，即将样品按照规定的体积承载率放入气候舱内，模拟样品在使用环境条件进行试验。当达到规定时间后，采集舱内空气，通过规定的试验方法测定其甲醛和苯、甲苯、二甲苯、TVOCs浓度。修订后的新家具有害物质标准将在以下三个方面体现其优势。

（1）整体检测，使结果更可靠。修订后的新检测标准要求采用气候箱整体检测，在保持恒温恒湿的房间中“气候舱检测”所得出的数据，可以更准确地体现送检家具有毒有害物质的整体实际释放情况，该方法将更科学、更严谨地帮消费者把控家具的环保质量。

（2）无损检测，风险明显降低。以往，家具的破坏性检测让很多想要维权的消费者打了退堂鼓。新的气候箱检测方法比现行方法先进很多，弥补了现行检测方式的漏洞，将整件家具放置在特定环境中进行检测，家具本身并不会有任何程度的损坏。

（3）环保家具更加名副其实。如今的家具已不再是单一的木制而成，很多家具运用玻璃、金属甚至海绵填充物等材质，现行的检测方法由于只针对木制部分进行检测，无法客观反映家具的整体环保状况，而气候箱检测可以将家具所有部件纳入检测范围，检测整体环保状况，还可在检测甲醛的同时，对家具VOCs等有害物质的释放量做出判定，检测结果更加全面、可靠。

新修订的家具有害物质标准适用范围更广，适用于木家具、沙发和床垫等软体家具，除甲醛外，还能检测苯、甲苯、二甲苯等挥发性有机化合物，该方法取代了原有的局部取样检验，通过整体家具的检测，既避免了破坏家具产品，又能准确地反映整件家具的有害气体释放情况。原标准和修订后的标准的差异见对比表5-1。

修订后的标准差异对比 **表 5-1**

	差异对比	
	干燥器法	气候舱法
适用范围	木家具	木家具、软体家具（沙发、床垫等）
检测有害物质	甲醛	甲醛、苯，甲苯，二甲苯、TVOCs 等

续表

	差异对比	
	干燥器法	气候舱法
试验仪器设备	干燥器、分光光度计	气候舱、空气采集系统
试件制备	局部取样，按产品材料比例选取，破坏性取样	整体试验，不破坏样品
是否预处理	否	预处理时间为120±2h
试验时间	干燥器中放置24h后，进行溶液测定	气候舱内放置20±0.5h，1h内完成舱内空气采集后测定
分析方法	甲醛采用乙酰丙酮分光光度法	甲醛采用酚试剂分光光度法、变色酸分光光度法；苯、甲苯、二甲苯、TVOCs等采用气相色谱-质谱法

5.3 家具中挥发性有害物质的来源与危害

家具之所以会造成空气污染，致使消费者健康安全受到威胁，主要来源于家具原辅材料及生产过程中使用涂料、胶粘剂等，这些材料含有挥发性有害物质，制成家具产品后，这些挥发性有害物质没有完全挥发所致。含有挥发性有害物质的原辅材料主要有木质材料、涂料油漆（底漆、面漆、腻子等）、胶粘剂等。

5.3.1 家具中挥发性有害物质的来源

家具的各种原材料中主要含有的几种典型的挥发性有害物质见表5-2，其主要来源包括以下几类：

家具中几种典型材料释放的VOCs **表5-2**

材　　料	释放的挥发性有害物质
木质材料	烷烃、胺类、苯、萜烯、甲苯等
涂料、油漆等	醋酸酯、丙烯酸酯、醇类、烷烃、芳香烃、胺类、苯、甲苯、萜二烯、聚氨酯、卤代烃等
胶粘剂	醇类、胺类、苯、癸烷、二甲苯、甲醛、甲苯、萜烯（胶粘剂主要用于木工板及家具生产）等
纺织面料、泡沫海绵等	甲醛、苯，二甲苯，甲苯等

（1）木质材料

木质材料是木家具的主要原材料，木家具的主要用材包括实木、人造板两大类木质材料。实木又包括实木指接板和实木板材两类。人造板包括纤维板、刨花板、胶合板、细木工板、层积材等，是将木材通过机械加工、胶粘、压合而成的板材或模压制品。实木家具是指以实木锯材或实木板材为主要用材（又称基材）制作的、表面经油漆等涂饰处理的家具；或在此类基材上采用实木单板或薄木（木皮）贴面后，再进行涂饰处理的家具。目前家具中存在的有害物质主要是人造板及胶粘剂中释放出的游离甲醛，以及家具漆膜中的有机溶剂未完全挥发所致。

（2）胶粘剂

在家具生产过程中，材料之间的结合方式主要采用胶粘剂，例如在基材上采用实木单板或薄木（木皮）进行贴面时。胶粘剂主要由胶结基料、填料、溶剂（或水）及各种配套助剂组成。在胶粘剂的生产和应用过程中，以往仅考虑粘结性能和降低成本问题，忽略了挥发性有机化合物的控制，实际上胶粘剂对室内空气的污染危害比涂料油漆还要大。由于胶粘剂粘贴后被材料覆盖，TVOCs 迟迟散发不尽，很难通过简单的通风措施来消除污染，必须严格控制胶粘剂中的有害物质含量。在保证正常使用功能的前提下，尽量选用低毒性、低有害气体挥发量的溶剂型胶粘剂或水性胶粘剂。

（3）涂料油漆

家具的涂装工艺流程一般分为：底材处理→底材调整→底色→头道底漆→砂光→二道底漆→砂光→一道面漆→修色→二道面漆→罩面漆。

家具漆主要有 PE、PU、NC、UV 四种。PE 漆主要由主剂＋促进剂（蓝水）＋固化剂（白水）混合而成，特点是漆膜较厚，硬度高，覆盖力强，耐高温，封固性好，但不易打磨，流平较差，施工环境要求高，主要用于亮光板式家具。UV 漆主要用于地板的表面涂装。

PU 漆：主要由主剂＋固化剂＋稀释剂混合而成，特点：漆膜硬度较 PE 漆差，耐高温，封固性较好，附着力强，流平较好，易于打磨，施工环境要求较高，主要用于板式家具。PU 漆的溶剂体系主要为苯系物、酯类、醚酯类和酮类溶剂的组合，常用的溶剂种类有甲苯、二甲苯、醋酸丁酯、醋酸乙酯、乙二醇乙醚醋酸酯(CAC)、环已酮、MIBK 等。

NC漆：主要由主剂＋稀释剂混合而成，特点是流平好，易打磨，自然干燥，施工环境要求不高，但不耐高温，漆膜薄，抗磨性差，附着力差，硬度差，主要用于实木家具。NC漆的溶剂体系主要为苯系物、酯类、醇类、醇醚类、酮类溶剂的组合，常用的溶剂种类有甲苯、二甲苯、醋酸丁酯、醋酸乙酯、乙二醇丁醚(BCS)、乙醇、异丙醇、丁醇、环己酮等。

油漆涂料中含有许多有毒有害物质，主要是由于在生产过程中加入了各类稀释剂和缓冲剂如天那水、开油水、白电油等，其中主要成分包括苯、甲苯、二甲苯、正己烷、乙酸乙酯、丙酮等。油漆涂料的稀释剂中，最早发现的对工人健康危害最大的有害物质是苯。后来随着苯的毒性日渐得到人们的重视，逐渐减低了其使用浓度，并且在一些发达国家已经禁止使用苯作为油漆涂料的稀释剂，由一些低毒性的有机溶剂代替，如：甲苯、二甲苯、酮类、正己烷、乙酸乙酯等。

(4) 纺织面料及泡沫海绵等

软体家具（沙发、床垫等）产品中较常使用的纺织面料很少是纯棉、纯羊毛的，其主要原料大多为轻工业纺织的化纤、棉麻、混纺等，而这些类别的化学性纺织物在印染、制胚和防虫防霉处理时，必须使用甲醛这种工业原料来达到防虫、防蛀、防霉等效果。此外，在软体家具产品的加工过程中也会使用部分胶粘剂产品，造成沙发产品易产生甲醛污染隐患。此外，软体家具产品中采用的原材料主要有泡沫海绵，该类本身含有一定量的TVOCs，此外在加工过程中多次的涂胶工艺流程使得TVOCs不断积聚，造成了二次加工污染。

5.3.2 家具中挥发性有害物质的危害

家具原材料中的人造板、涂料、胶粘剂均含有苯、甲苯、二甲苯、VOCs等挥发性有机物，如企业在生产过程中，未正确的选择材料及合理确定用材量、未使挥发性有机物得到完全释放，家具成品就必然会在到达消费者手中时继续释放有害气体，造成空气污染。研究表明，家具中挥发性有害物质对人体的呼吸系统、血液循环系统、生殖系统等产生危害。通常这些挥发性有害物质在比较密闭的室内空间积聚，通过呼吸进入体内，通过机体反映影响人体健康。

(1) 甲醛：一种易挥发的物质。当空气中含有少量游离甲醛时会引起眼睛刺痛，并有流泪症状。甲醛浓度升高时，人会感到咽喉痛痒、鼻痛胸闷、咳嗽、呼吸困难、软弱无力和头痛等症状。1980 年 12 月美国国家劳动安全卫生研究院（NIOSH）与美国产业安全局（OSHA）共同发出警告：甲醛应作为癌症重要诱因加以控制[5]。甲醛浓度在空气中达到 0.06～0.07mg/m^3 时，儿童就会发生轻微气喘；当室内空气中达到 0.1mg/m^3 时，就有异味和不适感；达到 0.5mg/m^3 时，可刺激眼睛，引起流泪；达到 0.6 mg/m^3，可引起咽喉不适或疼痛；浓度更高时，可引起恶心呕吐，咳嗽胸闷，气喘甚至肺水肿；达到 30 mg/m^3 时，会立即致人死亡[6]。

（2）TVOCs：挥发性有机化合物（VOCs）在室内空气中作为一类污染物，由于它们单独的浓度低，但种类多，一般不予逐个分别表示，以 TVOCs 表示其总量。TVOCs 包括苯、对（间）（邻）二甲苯、苯乙烯、乙苯、乙酸丁酯、三氯乙烯、三氯甲烷、十一烷等。室内建筑和装饰材料是空气中 TVOCs 的主要来源。研究表明，即使室内空气中单个 VOCs 含量都低于其限含量，但多种 VOCs 的混合存在及其相互作用，就使危害强度增大。TVOCs 表现出毒性、刺激性，能引起机体免疫水平失调，影响中枢神经系统功能，出现头晕、头痛、嗜睡、无力、胸闷等症状，还可能影响消化系统，出现食欲不振、恶心等。当 TVOCs 浓度为 3.0～25mg/m^3 时，会产生刺激和不适，与其他因素联合作用时，可能出现头痛；当 TVOCs 浓度大于 25mg/m^3 时，除头痛外，可能出现其他的神经毒性作用[7]。

5.4 不同类型家具挥发性有害物质限量标准

新修订的 GB 18584 中选择气候舱作为试验设备，将家具组装后整体放入气候舱，并模拟家具使用环境，通过测定气候舱内空气质量，用以反映家具中挥发性有害物质挥发量对室内空气质量的影响，达到最终评价家具质量的目的[9]。

该标准依据不同家具类型又可细分为木家具、床垫和沙发三大类。本标准编制过程中，遵循了下列的修订原则：

（1）目的性原则。以确保消费者人身健康安全为目的，合理确定木家具中有害物质种类及限量，设定符合实际的试验条件，运用科学的分析方法，确保标准在保障消费者的健康安全、指导企业生产、促进行业技术进步和健康发展等方面起到应有作用。

（2）先进性原则。在充分学习、研究国际标准和国外先进标准的基础上，结合我国家具行业现状和消费实际，在技术指标设定和检测应用尽量保持与国际先进标准的一致性。

（3）可证实性原则。通过大量的家具生产实际调研，家具使用情况调研，以及样品验证试验数据的方法，验证标准的科学性和适用性。

（4）标准协调性原则。规定的挥发性有害物质种类和限量，与现行国家标准空气质量标准一致。在试验环境条件设定上采用和部分采用国内外相关标准。

5.4.1 木家具中挥发性有害物质标准

5.4.1.1 有害物质种类及限量值

木家具原材料人造板、涂料、胶粘剂均含有苯、甲苯、二甲苯、VOCs 等挥发性有机物，如企业在生产过程中，未正确选择材料及合理确定用材量、未使挥发性有机物得到完全释放，家具成品就必然会在到达消费者手中时还将继续释放有害气体，造成空气污染[10]。鉴于此，新修订标准在保留原标准《室内装饰装修材料木家具中有害物质限量》GB 18584 中甲醛限量要求的基础上，增加了苯、甲苯、二甲苯、TVOCs 等挥发性有机物限量要求。经比较国内外空气质量标准的规定，并结合我国空气质量标准的要求[11]，木家具中各种挥发性有害物质的限量值见表 5-3。

标准中的有害物质限量值 **表 5-3**

有害物质		限量值（mg/m^3）
甲醛		≤0.10
VOCs	苯	≤0.11
	甲苯	≤0.20
	二甲苯	≤0.20
	TVOCs	≤0.60

5.4.1.2 样品的预处理环境条件

为使样品在试验前表面漆膜已处于干燥状态及内外部甲醛、VOCs 释放量达到相对稳定状态，检测前需对样品进行预处理。通过对部分家具企业家具漆膜涂饰工艺及干燥时间进行问卷调查，数据表明：木家具企业主要用漆是 PU、PE、NC、UV 漆，涂饰工艺普遍采用喷枪喷涂。91.5%认为 24h 内面漆干燥，87.8%认为经涂饰后的家具放置 7 天，漆膜完全干燥可以出厂，这与业界普遍认可的“漆膜完全干燥时间为 7 天”是一致的。家具产品从涂饰后表干入库，运输到检测机构至少 48h 计，预处理 120h，就能满足家具表面漆膜完全干燥的时间。调查结果见图 5-3 及图 5-4。另外，国内外有关家具有害物质标准中检测甲醛、VOCs 释放量对样品预处理环境条件的有关规定见表 5-4。

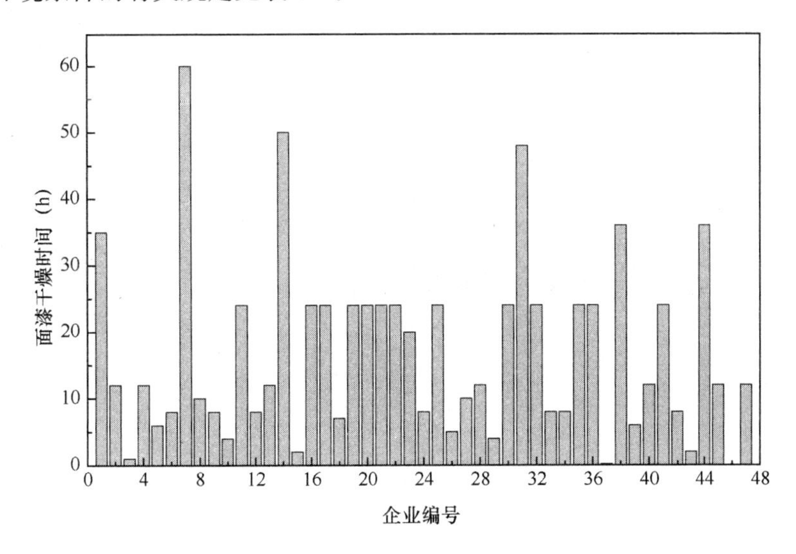

图 5-3　面漆干燥时间

国内外标准中甲醛、VOCs 释放量预处理条件的规定　　**表 5-4**

标　　准	预处理条件			
	温度	相对湿度	预处理时间	背景浓度
ASTM 1333：2002	25±3℃	50%± 5%	7d±3h	0.3m 范围内的甲醛空气浓度不应超过 0.1ppm
ISO 16000—9：2006	23±2℃	50%±5%	未定	—
EN 717.1—2004	无预处理要求。但样品放在舱内试验时间至少 10 天（不超过 28 天）			
BIFMA M 7.1：2005	23±3 ℃	≤60%	—	TVOCs≤0.1mg/m^3
RAL-UZ38：2002	无预处理要求。但样品在舱内试验时间为 28 天			

考虑到家具从人造板材料采购到制造、出厂时甲醛已释放了一段时间，适当缩短家具甲醛预处理时间至 120h，同时也满足了漆膜干燥的预处理时间要求。参考上述要求，标准中预处理条件确定为：温度为 23±2℃，相对湿度为 45%±10%。

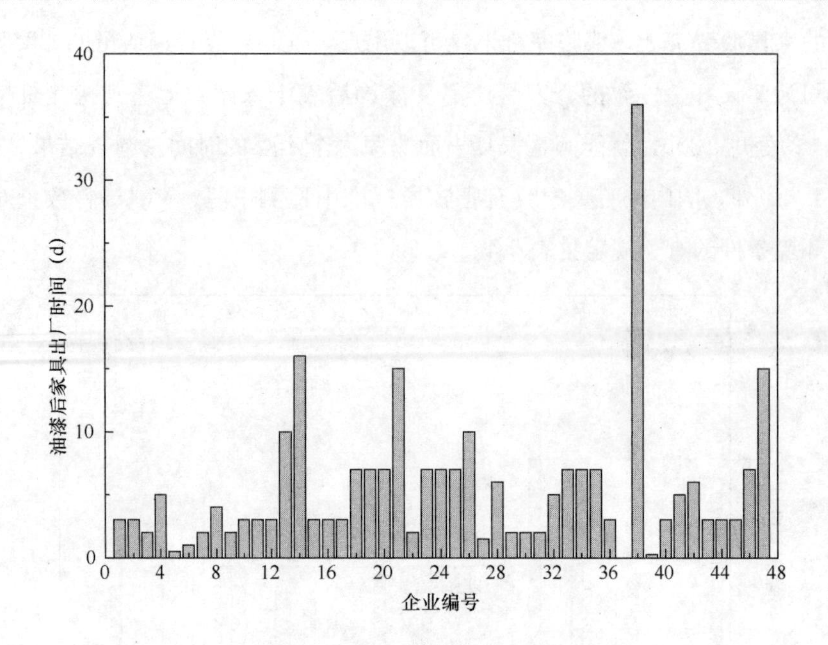

图 5-4 油漆后家具出厂时间

为了避免预处理环境中背景浓度以及不同样品释放相互影响，规定放入预处理环境中样品间的距离应不小于 300mm，样品间的甲醛浓度≤0.1mg/m³，TVOCs 浓度≤0.6mg/m³。

5.4.1.3 试验环境条件指标

环境指标的确定除考虑使用环境条件外，重点考虑的应是影响甲醛、VOCs 挥发的各项因素。家具一般是由多种材料混合加工制成的组合体，它的甲醛、VOCs 释放机理较单纯的板材复杂，但是从各方相关专家大量的研究经验得出，家具中释放甲醛的充分必要条件是：家具人造板部件的内部环境与家具存放空间存在压差，而且有供空气流通的通道。假设家具是置于大气环境中的一个独立系统，家具外表面作为家具与大气环境两个系统的分界面。假定两个系统是相互独立的，如图 5-5 所示。

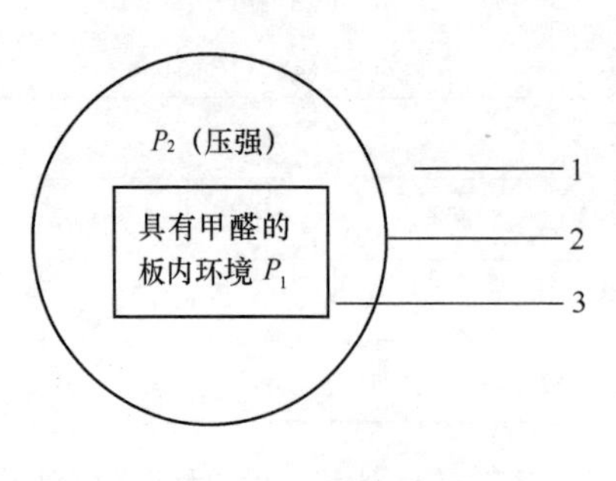

图 5-5 甲醛释放原理

1—大气系统；2—家具系统与大气系统之间的假想界面；3—家具系统

从气体的理想状态方程：

$$P/\rho = KT/M \tag{5-1}$$

式中：P 为气体压强；ρ 为气体密度；T 为气体温度；M 为分子质量；K 为波尔兹曼常数（$K=1.38\times10^{-23}$J/K）。不难看出，当 ρ 为常量时，压强 P 取决于温度 T，当外界温度升高时，家具内的气体压力增大，在释放气体通道存在的情况下，家具系统内的甲醛就会向外界释放。

木家具中 VOCs 的释放原理同甲醛释放原理一样，也受到温度、相对湿度、气流量等影响。在研究了影响甲醛、VOCs 释放量因素，分析了国内外标准对试验环境的规定后，确定了木家具中挥发性有害物质的试验环境条件，参见表 5-5。

标准中的试验环境条件 **表 5-5**

序号	试验环境条件	要　求
1	温度	23±2℃
2	相对湿度	45%±5%
3	空气流速	0.1～0.3m/s
4	背景浓度	甲醛≤0.006mg/m^3
		单个目标 VOCs 浓度≤0.005mg/m^3
		TVOCs 浓度≤0.05mg/m^3

5.4.1.4 体积承载率

体积承载率是指木家具外形轮廓体积与气候舱舱容的比值。当家具的材料、用量、工艺、结构已经确定时，按照规定的体积承载率放入气候舱内，模拟家具使用环境条件进行试验，通过规定的化学分析方法测定气候舱中空气甲醛和 VOCs 含量，可以达到评定家具甲醛和 VOCs 释放量的目的。

气候舱样品承载率是在确定了试验条件、预处理条件后，为使检测样品能充分反映室内家具实际使用量对室内空气质量的影响，而需要确定的又一个试验条件。尤其是重点研究家庭典型房间装载的家具总外形轮廓体积与所占空间的比例规律，并寻找出在一定体积承载率甲醛、VOCs 挥发量与室内空气质量的关系规律，从而确定气候舱内检测样品的体积承载率。

通过对家庭卧室家具体积承载率作的调查，卧室内木家具的体积承载率调查结果分布情况如图 5-6 所示。调查结果统计显示，被调查的 160 个家庭中，有 136 个家庭的卧室内木家具体积承载率≤0.15m^3/m^3，85%的卧室放置的家具体积承载率小于 0.15。因此，最后确定标准中采用体积承载率测试方法，并规定将 0.15 作为木家具中挥发性有害物质检测的体积承载率。

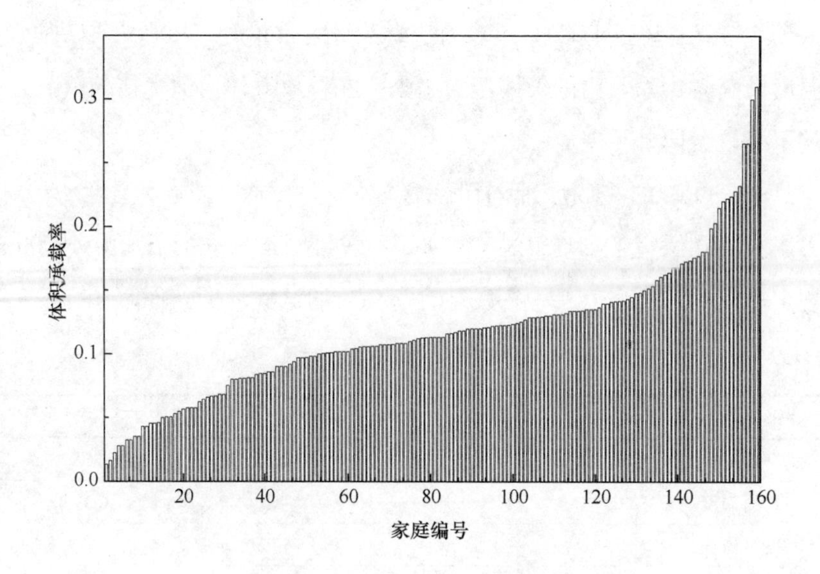

图 5-6 体积承载率调查表

各类木家具外形轮廓体积计算方法如下：

（1）柜类家具：测量柜类家具的最大水平投影面积和最大外形高度，计算两者的乘积作为柜类家具的外形轮廓体积。

（2）桌类家具：测量桌类家具的最大水平投影面积和最大外形高度，计算两者的乘积作为桌类家具的外形轮廓体积。

（3）椅类家具：测量座面的最大水平投影面积和座面最大高度，计算两者的乘积作为椅类家具的外形轮廓体积。椅背和扶手的体积忽略不计。

（4）凳类家具：测量凳面的最大水平投影面积和凳面最大高度，计算两者的乘积作为凳类家具的外形轮廓体积。

（5）床类家具：测量床铺面的最大水平投影面积和铺面高度，计算两者的乘积作为床类家具的外形轮廓体积。高出铺面的床板体积忽略不计。

5.4.2 床垫中挥发性有害物质标准

由于在床垫生产中使用的纺织品面料、纺织品纤维、各种铺垫材料、泡沫塑料、塑料网垫和胶粘剂等物质普遍含甲醛、TVOCs 等挥发性化学物质，所以将甲醛及 TVOCs 列入床垫挥发性有害物质限量标准。

甲醛及 TVOCs 的采样原理是模拟人在自然睡眠状态时，被窝里的气体被鼻孔吸入体内的实际状态，特别是把头捂在被子里睡觉的极端状态。由于被子的聚拢作用，几乎把床垫释放的所有气体全部引向了人的鼻孔处，通过呼吸作用进入人体[12]。甲醛/TVOCs 收集器放置于床垫的中心位置，模拟睡眠时的人体温度（通常为 36±1℃）和被窝空气温度（通常为 30±1℃），通过采集被窝中的空气，采用分光光度法和气相色谱法进行定量分析，确定产品甲醛释放量及 TVOCs 释放量。

5.4.2.1 标准的限量指标

《室内空气质量标准》GB/T 18883—2002 中规定室内甲醛释放量≤0.10mg/m^3、TVOCs≤0.60 mg/m^3，也就是说在此浓度限量以下的空气中长期生活是安全的。众所周知，床垫在使用过程中下表面有床板阻挡，加之气体受热后会上升，所以床垫中释放的气体主要从上表面释放到床垫与被子形成的空间中，再通过鼻孔的呼吸作用进入人体。由于睡眠时床垫释放的气体几乎被人全部吸入体内，所以只要释放的有害气体等于或小于上述限量值，那么对使用者来讲就是安全的。因而，新修定的标准规定，限量值为甲醛释放量≤0.10mg/m^3、TVOCs≤0.60 mg/m^3，见表 5-6。

标准中的挥发性有害物质限量值 **表 5-6**

有害物质	限量值（mg/m^3）
甲醛释放量	≤0.10
TVOCs	≤0.60

5.4.2.2 甲醛/TVOCs 收集器

现在市场上流通的主要床垫产品中，床垫高宽比一般小于 1∶7，所以可忽略侧面的甲醛释放。在使用过程中床垫的下表面绝大部分都有床板阻挡，床垫中释放的气体主要从上表面释放到床垫与被子形成的空间中，因此床垫上表面可近似认为是有害气体释放的最主要的表面。

据《中国成年人人体尺寸》GB/T 10000—1988 95%成年男性身高低于 178cm；95%女性身高低于 165cm。在实际睡眠中，既有平卧睡觉姿势又有侧卧睡觉姿势。因此，试验采用平均男性身高为对象，即身高 178cm 且不胖不瘦中等身材的男性睡觉时所占的空间情况。根据实际测量，一个 1.78m 左右的人睡觉时占用的床垫表面大约在长 1.8m、宽 0.55m 即 1m^2 左右的面积上，高度在 0.3m 左右。为了同时满足宽度为 800mm 的单人床垫检测，所以最终将收集器外形修改为在正方体上面增加了锥形体结构，将长宽修改为长 1300mm、宽 770mm（即 $1m^2$ 的挥发面积），完全模拟人体睡觉时所占用床垫空间体积。甲醛/TVOCs 收集器见图 5-7。

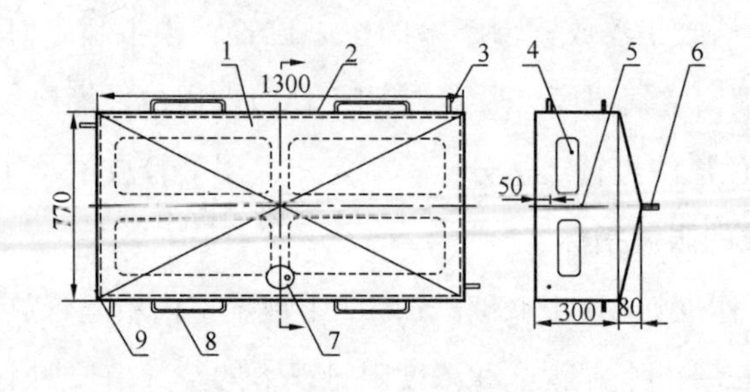

图 5-7　甲醛/TVOCs 收集器

1—箱体；2—保温层；3—进气单向阀；4—板式加热装置；5—温度传感器；6—排气单向阀；7—嗅辨孔；8—把手；9—温控器接口

5.4.2.3　标准中的试验环境条件

由于人体是一个均匀而且恒定的发热体，在睡觉时人体各部位温度分布也是均衡的，其正常温度通常为 36℃。所以，为模拟真实睡觉环境，故要求甲醛/TVOCs 收集器中的加热器为热量均布（加热板任意两点的温差不大于 0.5℃）的板式加热装置，加热板的总表面积应基本符合上述人身表面积。所以最终确定的加热板尺寸为长 560mm、宽 230mm、高 50mm（加热装置不应使用点热源和线热源，如红外灯泡、石英加热管等），其功率应能在 20～30min 的时间将箱内温度从 23℃升到 30℃，并保证加热器温度恒定在 36±1℃。

在睡眠过程中绝大部分气体是通过被子与人的颈部的空隙进行交换，只有少部分通过被子与床垫之间的间隙交换，但不管哪种方式，所有气体都是无强制换气现象，同时根据冷空气下沉热空气上升的原理，甲醛/TVOCs 收集器采用箱体四周侧面距下部和侧面各为 50mm 处各设置一个进气单向通气口和中间一个排气单向通气口，以保证自然换气要求。同时，中间通气中兼做采样口，这样在采样过程中可最大限度地使新进入的空气与被窝中的空气充分的混合，确保采样气体的均匀性。

在正常的睡眠过程中，除人的正常体温在 36℃外，被窝里的温度通常在 30℃。经实验，当被窝里的温度低于 29℃时会感觉凉，同时人会无意识地收紧被子，当高于 31℃时会感觉热，人也会无意识地将身体手或脚等部位露出被子。所以本收集器工作时规定其加热板温度应恒定在36±1℃的同时箱内温度恒定在30±1℃，达到实际睡眠状态要求。标准规定，试验时应保持周围环境的恒定，通过验证试验，设定的试验环境条件见表5-7。

标准中的试验环境条件 表5-7

序号	试验环境条件	要求
1	温度	23±5℃
2	相对湿度	50%±5%
3	背景浓度	甲醛≤0.004mg/m³
		TVOCs浓度≤0.06mg/m³
4	测试室尺寸	面积为10～15m²
		高为3±0.5m

5.4.2.4 挥发性有害物质的采集量

由于本标准甲醛和TVOCs限量值采用《室内空气质量标准》GB/T 18883—2002中限量要求，所以采样量参照了《公共场所空气中甲醛的测定方法》GB/T 18204.26—2000标准中的有关规定，并结合产品可能存在挥发性气体含量差异很大的情况及采样管（或采样器）的差异，确定采样参数为：采样流量为0.25～0.50L/min，采样量甲醛为10～15L，TVOCs为5～10L。

整个气体收集过程从样品放入测试室开始到采样完毕结束，共耗时约8h，标准为人的正常睡眠时间。测试时，要求关闭门窗，模拟冬天的季节，同时也是人体在睡眠时气体外泄最少的状态。

5.4.3 沙发中挥发性有害物质标准

5.4.3.1 标准中的挥发性有害物质限量

沙发由于加工过程中使用了较多的弹性材料、铺垫材料以及覆面材料，且由于不少生产企业加工过程中使用了大量的胶粘剂粘合弹性材料及覆面材料，理论上沙发产品释放出的TVOCs、甲醛含量均应较高，而其他挥发性有害物质检出率低，规律性差，因此将甲醛及TVOCs确定为沙发中主要的挥发性有害物质[13]。

通过验证试验，沙发中甲醛释放量一般在0.02～0.05mg/m³之间，TVOCs释放量数值普遍偏高。这主要是因为，在较大规模的沙发生产企业中，生产工艺中胶粘剂的使用比行业平均水平较低，因而产品释放的甲醛值较低，而由于沙发中大量使用泡沫海绵等材料，TVOCs释放量基本能反应实际数值。经研究初步将挥发性有害物质限量值定为：甲醛≤0.05mg/m³、TVOCs≤0.60 mg/m³，见表 5-8。

沙发中挥发性有害物质限量值 表 5-8

有害物质	限量值（mg/m³）
甲醛释放量	≤0.05
TVOCs	≤0.60

5.4.3.2 气候舱法测试

沙发中挥发性有害物质的检测方法参考采用了气候舱法，对沙发产品的实际使用状态进行模拟，并对其周围环境的气体进行样本采集和分析，以考察挥发性有害物质的释放速率及数量。该检测方法在用于表达环境舱内样品的平均挥发性有害物质浓度，不代表挥发性有害物质浓度的最高值或最低值，其可以有效反映产品挥发性有害物质的平均释放水平，并可评价长期使用过程中的危害指数。采用环境舱测试法，将被测样品放置在环境舱中心，关闭舱门。采集环境舱出气口处气体进行分析；保持环境舱的开启状态，使舱内气流循环过被测样品的所有表面；在环境舱运行过程中采集并记录舱内温度、相对湿度、气体流速、压力情况，至少每 15min 采集一次。试验过程中环境舱内的环境指标要保持恒定，试验环境条件见表 5-9。试验开始后，采集环境舱进气口处及双倍出气口处气体样本，分析和计算得出甲醛和 TVOCs 的释放量。

沙发中挥发性有害物质的试验环境条件 表 5-9

序号	试验环境条件	要　求
1	温度	23±2℃
2	相对湿度	50%±5%
3	空气流速	0.1～0.3m/s
4	气体置换率	1±0.05h⁻¹

5.4.3.3 承载率

进行沙发中挥发性有害物质测试时，其承载率定义为被测样品暴露总面积与气候舱舱容的比值，样品暴露总面积为暴露在空气中的材料总表面积之和。当产品整个下表面与地面紧密接触时，下表面不计入总面积。

通过对美国的相关标准（例如 ASTM D 5116-97 中 7.2.4、BIFMA M7.1）进行分析后，发现其主要采用的是被测样品的释放面面积与环境舱容积之比，因此将承载率定为 0.4m²/m³。另外，考虑到沙发类产品基本上属于外形较为固定的家具类产品，经过沙发产品的比对，其表面积与体积的比值大多在7.5～8.5之间（单人沙发、布艺沙发、配有靠垫产品的比值较大），即较大的沙发产品具有较大体积的同时也具有较大的表面面积，这点与其他木制类家具有较大区别。同时因沙发产品的有害物质释放主要来自产品表面纺织及皮革覆盖物和产品内部的海绵等弹性材料，外部材料的释放占有较为主导的位置，如果采用木家具中体积比的方式进行试验设计，非释放性的体积会影响实验数据的评估效果，故采用面积与舱容的比值。

设定的面积与舱容承载率为0.4，也是在一定的实验数据基础上进行的。在我国，基本上沙发产品摆放区域为客厅，客厅面积通常在12～20m^2，两个单人沙发和一个三人沙发的表面积约为4+4+8=16 m^2（大小会有较大不同，但基本上会按照大客厅用大沙发，小客厅用小沙发的模式），以0.4的承载率计算约为40m^{3}的有效容积，鉴于通常层高为2.6～2.9m，一般客厅的有效容积约为35～50m^3，与0.4承载率下相差不大。

5.4.4 挥发性有害物质检测方法标准

5.4.4.1 甲醛浓度测定方法

目前测定甲醛的方法有：酚试剂分光光度法、变色酸分光光度法、乙酰丙酮分光光度法、AHMT分光光度法、气相色谱法、液相色谱法等。由于之前，家具检测行业大多采用分光光度法检测甲醛，而且该法方便快捷、易于掌握。通过对酚试剂分光光度法、变色酸分光光度法和乙酰丙酮分光光度法进行实验对比验证，并用气候舱法测试家具样品的甲醛释放量，最终得出，乙酰丙酮分光光度法由于采集气体体积太大（需要采气100L），灵敏度低，不适合气候舱法测试甲醛。

因此，在选择家具中挥发性有害物质检测方式时优先采用分光光度法作为甲醛测试的标准方法。根据气候箱法甲醛释放量测试的限量范围，在进行了一系列对照验证试验之后，选定了酚试剂分光光度法和变色酸分光光度法两种测试方法作为甲醛的测定方法。

（1）酚试剂分光光度法

酚试剂分光光度法的试验原理是利用空气中的甲醛与酚试剂反应生成嗪，嗪在酸性溶液中被高铁离子氧化形成蓝绿色化合物。根据颜色深浅，比色定量。家具中挥发性有害物质的甲醛测定采用《公共场所空气中甲醛的测定方法》

GB/T18204.26—2000 中的酚试剂分光光度法，根据拟定的家具中挥发性有机化合物测试采用的气候舱法：采样时，用一个内装 10mL 吸收液的大型气泡吸收管，以 0.5～1.0L/min 流速，自测试设备的出口气体中采样，采样体积取决于待测气体中的甲醛浓度，一般不低于 10L，采样时，应确保采样流量不大于设备出口气体流量的 80%。记录采样点的温度和大气压力。采样后样品在室温下应在 24h 内分析。

(2) 变色酸分光光度法

变色酸分光光度法的试验原理是利用甲醛与变色酸在硫酸溶液中呈紫色化合物，其颜色的深浅与甲醛含量成正比。家具中挥发性有害物质的甲醛测定采用《Standard Test Method for Determining Formaldehyde Concentration in Air from Wood Products Using a Small Scale Chamber》ASTM D6007—2002 标准中的方法，根据拟定的家具中挥发性有机化合物测试采用气候舱法：用一个内装 20mL 吸收液的大型气泡吸收管，以 0.5～1.0L/min 流速自测试设备的出口气体中采样，采样体积取决于待测气体中的甲醛浓度，一般不低于 20L，采样时，应确保采样流量不大于设备出口气体流量的 80%。记录采样点的温度和大气压力。采样后样品在室温下应在 24h 内分析。

5.4.4.2 挥发性有机化合物浓度测定

目前，测定空气中苯系物的方法主要有两种：一种是活性炭吸附，二硫化碳解吸、气相色谱测定；另一种是用 Tanex TA 或类似填料吸附，然后通过热解吸的方式测定。空气中总挥发性有机化合物的含量通常也采用 Tanex TA 吸附和热解吸的方式测定。家具挥发性有害物质限量标准中通常需要测试总挥发性有机化合物，且苯系物可以在测试总挥发性有机化合物时一并进行测定。通过对验证结果的分析，发现家具中挥发性有机化合物常见物质见表 5-10。

家具中挥发性有机化合物常见物质列表 **表 5-10**

序号	分类	有害物质
1	苯系物	甲苯、乙苯、二甲苯
2	酯类	乙酸丁酯、丁二酸二甲酯等
3	醇类	异丁醇，异戊醇
4	脂肪烃类	正十一烷、正十四烷等
5	环烃类	环已烷；卤代烃类

续表

序号	分类	有害物质
6	卤代烃类	三氯丙烷、三氯乙烯
7	多元醇及其醚类	2－丁氧基乙醇，乙二醇乙醚乙酸酯等
8	醛类	正己醛
9	酮类	环己酮

（1）测定原理

家具中挥发性有机化合物的测定原理是在规定实验条件下，利用含有 Tenax GC 或 Tenax TA 吸附剂的采样管采集一定体积含有家具样品释放出的挥发性有机化合物的混合气体，混合气体中挥发性有机化合物保留在采样管中，随后在实验室进行分析。收集到的挥发性有机化合物通过热解析，并经惰性载气传输通过冷阱，进入配备有毛细管柱的气相色谱，使用质谱检测器进行检测，用质谱定性，峰高或峰面积定量。

（2）采样

将采样管与空气采样器用管路连接。安装采样管到测试设备的气体出口，打开空气采样器，调节流量（适当的采样流量在 50～200mL/min），采样 1～6L（根据样品挥发性有机化合物释放量大小确定采样体积，在该测试条件下，3L 的采样体积能满足绝大多数样品测试），记录采样开始和结束的时间、采样流量、温度和大气压力。采样后将管取下，并立即将管两端密封。

（3）气相色谱—质谱分析条件

1）二级热解吸分析条件

选择热解吸的温度、时间和气体流速，使十六烷的热解吸效率达到 95％以上。由于达到热解吸效率的要求与所使用的仪器有关，因此只能给出二级热解吸的基本参数，其余的参数设置参考热解吸仪的使用指南。基本参数为：热解吸温度，260～280℃；热解吸时间，5～15min；热解吸气体流速，30～50mL/min；冷阱，最高温度：280℃，最低温度：－30℃，吸附剂：与采样管中吸附剂相同，40～100mg；传输线路温度：220～250℃；分流比：介于样品管和二级冷阱之间以及二级冷阱和分析柱之间的分流比应根据采样管中挥发性有机化合物的质量来选择。

2）气相色谱—质谱分析条件

由于测试结果与所使用的仪器有关，因此不可能给出气相色谱—质谱分析的通用参数。设定参数的原则是在最短的时间内获得最好的分离效果，下面给出的参数已经实验验证是可行的。色谱柱：30m×0.25mm×0.25μm的石英柱，固定相为5%苯基、1%乙烯基、94%甲基硅氧烷；色谱柱温度：程序升温，初始温度40℃，保持2min，以6℃/min速率程序升温到150℃，然后以15℃/min速率程序升温到250℃，再以25℃/min速率程序升温到300℃，保持10min；色谱—质谱接口温度：280℃；离子源温度：250℃；质量扫描范围：30～500amu；载气：氦气，1.2mL/min；电离方式：EI；电离能量：70eV。

5.5 结论与建议

(1) 我国家具行业的规模和产值均居世界第一，家具产品中释放出的挥发性有害物质已经成为我国不少城市室内环境中空气污染的重要来源之一，随着消费者生活质量的日益提高，家具中挥发性有害物质的检测已成为关注的焦点。

(2) 目前，气候舱法能够较为成熟地检测家具中挥发性有害物质。该方法适用范围广，适用于木家具、沙发和床垫等软体家具，除甲醛外，还能检测苯、甲苯、二甲苯等挥发性有机化合物，该方法也取代了原有的局部取样检验，通过整体家具的检测，既避免了破坏家具产品，又能准确地反映整件家具的有害气体释放情况。

(3) 家具中挥发性有害物质检测时，采用分光光度法作为甲醛测试的分析方法，即选定了酚试剂分光光度法和变色酸分光光度法两种方法作为甲醛的测定分析方法；采用气相色谱—质谱法作为挥发性有机化合物测试的标准方法，通过试验证明其可靠性。

(4) 源头治理是最为有效的控制家具中挥发性有害物质的方法。家具中挥发性有害物质主要来源于家具原材料以及生产加工工艺两方面，要降低家具中挥发性有害物质的释放，一方面应该严格把好材料关，制造安全、绿色、环保的家具用原辅材料；另一方面，应该提高家具生产工艺，避免在家具加工过程中带入新的有害物质，引起二次污染。然而，这些方面的研究还需要持续深入开展，随着研究的不断深入、认识的不断提高，对于我国防治家具中挥发性有害物质污染、营造健康舒适的室内环境将具有重要的意义。

参 考 文 献

[1] 罗菊芬，刘曜国，许俊．我国家具标准体系的研究．家具，2010，6：100-103.

[2] 罗菊芬，许俊．2012年我国家具标准化工作．家具，2013，1：92-95.

[3] 中华人民共和国国家质量监督检验检疫总局．GB 18584—2001 室内装饰装修材料木家具中有害物质限量．北京：中国标准出版社，2001.

[4] 中华人民共和国国家质量监督检验检疫总局．GB 18587—2001 室内装饰装修材料地毯、地毯衬垫及地毯胶粘剂有害物质释放限量．北京：中国标准出版社，2001.

[5] Molhave L. The sick buildings and other buildings with indoor climate problems，Environment，1989，15：65-74.

[6] 石碧清，刘湘，闾振华．室内甲醛污染现状及其防治对策．环境科学与技术，2007，6：49-54.

[7] 马天，曾令平，罗张怡．室内主要污染气体—甲醛、TVOCs的快速检测方法评述．中国测试技术，2004，5：77-79.

[8] AgBB. A contribution to the Construction Products Directive：Health-related evaluation procedure for volatile organic compounds emissions from building products. 2008.

[9] 张晓杰，罗菊芬，古鸣等．家具中挥发性有害物质检测技术的研究．家具，2010，5：105-107.

[10] 姚远．家具化学污染物释放标识若干关键问题研究[博士学位论文]．北京：清华大学，2011.

[11] 中华人民共和国国家质量监督检验检疫总局．GB 50325—2010 民用建筑工程室内环境污染控制规范．北京：中国标准出版社，2010.

[12] 罗菊芬，张晓杰，李隆平．床垫中甲醛、VOCs等挥发性有害气体收集方法的研究．质量与标准化，2011，2：41-43.

[13] 刘曜国，许俊，罗菊芬．沙发中有害物质的研究．上海标准化，2010，12：23-25.

6 车内空气污染检测与评价

车内空气污染威胁车主身体健康

源自：新浪网。

由于我国经济发展和居民收入的增加，汽车市场出现井喷式消费增长，产销量双双创历史新高。随着汽车进入家庭步伐的加快，车内空气污染问题越来越受到关注。个别汽车生产和装饰企业为降低成本、提高产品市场竞争力，采用一些质量不高甚至对人体健康有害的劣质材料，加剧了车内空气污染。为解决我国车内空气污染问题，保护消费者身体健康，促进汽车工业可持续发展，参考国外同行并结合卫生学制订了国家标准《乘用车内空气质量评价指南》GB/T 27630—2011，于2012年3月1日正式实施。该标准的发布为提高汽车制造工艺和技术水平发挥了一定作用。22家消费维权单位与北京市劳动保护科学研究所联合，对在我国常见的25个汽车品牌的43个在用车型的车内污染水平进行了测量，为消费者选购汽车提供一定的指导作用。

6.1 车内空气污染现状

进入21世纪，由于我国经济的发展和居民收入的增加，汽车市场出现了快速的消费增长，汽车消费量从2001年的237万辆迅速增长到2012的1930.64万辆，市场规模也从全球第七位上升到世界首位。经历2009年和2010年连续快速的扩张后，国内车市自2011年起进入稳定的增长期，2011年增速为2.5%。2012年全年乘用车销售1549.52万辆，同比增长7.07%；商用车销售381.12万辆，同比下降5.49%。2013年1～9月，国内汽车累计销售1588.2万辆，同比增长12.7%，其中乘用车（含轿车、MPV、SUV）累计销售1284.9万辆，同比增长14%。[1]

随着汽车进入家庭步伐的加快，车内空气污染问题越来越受到关注。其主要原因，一是社会公众的环境意识和自我保护意识不断提高，对直接关系身体健康的车内空气质量日益关注；二是消费者对汽车舒适性和感观的要求越来越高，汽车生产企业和装饰企业在设计、生产和提供汽车装饰服务时，为适应消费者的要求，不断提高车内设施的装饰水平及车厢密闭性，使车内空气污染物更容易聚积而产生污染；三是个别汽车生产和装饰企业为降低成本、提高产品市场竞争力，采用一些质量不高甚至对人体健康有害的劣质材料，加剧了车内空气污染。

车内空气污染问题引起社会各界的广泛关注，也受到国务院领导的高度重视。根据国务院的要求，环境保护部组织有关科研机构对车内空气污染问题进行了调查研究，从2004～2011年，制订了《乘用车内空气质量评价指南》GB/T 27630—2011和《车内挥发性有机物和醛酮类物质采样测定方法》HJ/T 400—2007。上述标准的实施，为解决我国车内空气污染问题，保护消费者的身体健康，促进汽车工业可持续发展，提高汽车制造技术水平发挥了重要作用。车内空气污染问题一般可分为以下几种类型：

（1）大气污染物进入车内造成的空气污染，如机动车尾气排放造成的污染；车辆外部零部件释放的污染物，如车辆燃油系统、发动机舱等散发的污染物。

（2）用户使用过程中产生的污染，如吸烟释放的污染物、人体释放的污染物、装载物品释放的气态污染物（如香水瓶）等。

（3）车内所用的装饰零部件释放的污染物，如座椅、仪表板、顶棚、地板、内门板、玻璃膜等内饰件散发的甲醛、VOCs等[2]。

6.2 法规与标准

6.2.1 国外发展现状

俄罗斯于1999年制定并实施了《车辆车内污染物评价标准及方法》P51206—98的国家标准，规定了HC（C1～C10）及部分无机物如CO、NO、NO_2等的浓度限值。该标准要求俄罗斯进口的汽车必须进行测试，只有车内污染物的浓度不超过规定的浓度限值才能在俄罗斯市场上销售。该标准最初制定时仅仅是以车辆工作区（驾驶室）的驾驶员为基础确定的浓度限值，后来才考虑到驾驶员和乘客共同影响区域的车内空气污染。对于被测试车辆，该标准要求同时进行怠速和匀速两种工况下的测试才算完成。

德国环保署与汽车制造学会联合制定了《德国汽车车内环境标准》，对车内的甲醛、苯、甲苯、二甲苯、苯乙烯、乙醇、醛类、酯类等多种VOCs的允许浓度值进行了限定，其中甲醛限值为0.06mg/m^3，苯限值为0.005mg/m^3。该标准规定车辆在销售前必须经过有毒气体释放期，以最大限度地保证提供给用户的汽车具有比较舒适的乘坐环境。同时，该标准规定：汽车本身、装在车内的塑料配件、地毯、车顶毡、座椅等必须符合德国“蓝天使”标志的要求。另外，德国汽车工业协会于2002年9月制订了VDA 278的测试方法标准。

日本汽车工业协会（JAMA）于2007年开始实施行业自律的VOCs降低自主行动（JAMA Voluntary Action Program to Reduce VOCs in Passenger Compartment）。日本汽车工业协会对汽车使用方法及检测方法进行了大量的研究和调查，制定了《降低车内VOCs行动计划》的行业自律标准，规定从2007年开始新车车内VOCs浓度需满足日本厚生劳动省的室内空气浓度指导值。该标准对13种VOCs的车内浓度值进行了限定，分别是甲醛、乙醛、甲苯、二甲苯、乙苯、苯乙烯、十四烷、邻苯二甲酸二丁酯、邻苯二甲酸二（2-乙己基）酯、对二氯苯、毒死蜱、二嗪磷、仲丁威。日本车内VOCs标准中甲苯限值为0.26mg/m^3，二甲苯限值为3.8mg/m^3，甲醛限值为0.10mg/m^3。该标准对于检测的车辆也做了较为详细的规定，即必须是制造组装及检查合格后 4 周以内（最好是 2 周以后 4 周以内）的车辆或者与此等效的车辆。该标准检测环境条件包括封闭静止放置模式及乘车模式。

韩国建设交通部为了针对新制造汽车车内材料挥发的有害物实施适当的管理，以实现安全驾驶和保护国民健康。2007 年颁布了《新制造汽车车内空气质量管理标准》，规定了新生产车的挥发性污染物排放检测方法和限值，空气污染物包括：甲醛、苯、甲苯、二甲苯、苯乙烷、苯乙烯。

以欧洲汽车工业协会为主的 ISO/TC146 工作组编制的 ISO/CD 12219-1：2011 汽车内空气质量—第一部分：整车试验舱-汽车内饰中挥发性有机物的测定方法和规范（Indoor air of road vehicles-Part 1：Whole vehicle test chamber-Specification and method for the determination of volatile organic compounds in car interiors）于 2012 年公布。该标准只涉及整车检测方法，包括三个测试阶段：静止密闭阶段、露天停放阶段、驾驶阶段。静止密闭阶段，密闭车辆 8 小时，环境温度 23℃；露天停放阶段，密闭车辆 4 小时，模拟阳光照射，车内内饰表面温度可达到 65℃；驾驶阶段，模拟车辆行驶与阳光照射，开启发动机与车内空调系统。

6.2.2 国内发展现状

2001～2004 年，车内空气污染所引发的诉讼案件时有发生，导致车内空气污染问题引起社会各界的广泛关注。由于当时国内没有适用的车内空气污染物浓度控制标准，有关部门在处理相关纠纷时，感到非常棘手，既不利于保护消费者的权益，也不利于约束企业的生产行为、促进汽车制造技术的进步。社会各界希望国家尽快出台相关标准。

正是源于以上原因，车内空气污染问题受到国务院领导的高度重视。按照国务院的要求，环境保护总局组织有关科研机构对车内空气污染问题进行了调查研究，在此基础上，启动了国家标准《车内空气污染物浓度限值及测量方法》的制订工作。

根据 2004 年 5 月环境保护总局下达的《关于下达〈土壤环境质量标准〉等环境保护标准制修订工作任务的函》（环办函［2004］318 号）“环境保护标准制修订项目表”中第 3 项《车内空气污染物浓度限值及测量方法》和 2004 年 9 月国家标

准化管理委员会下达的《国家标准制（修）订计划〈车内空气污染物浓度限值及测量方法〉》（国标委计划函［2004］58号）的要求，在环境保护总局领导下，在中国兵器装备集团公司的主持下，组成了以中国兵器装备集团公司科技质量部、北京市劳动保护科学研究所、北京市环境保护监测中心、中国兵器工业集团公司环境技开发中心、中国标准化研究院及一些企业为主要承担单位的车内空气污染物标准编制组。2008年3月1日正式制定并实施国家环境保护行业标准《车内挥发性有机物和醛酮类物质采样测定方法》HJ/T 400—2007，以便进一步开展大批量的数据采集工作，为国家标准《车内空气污染物浓度限值及测量方法》确定限值提供技术支持。

采用统一的测试方法，标准编制组采集了大量整车测试数据，并在此基础上，结合卫生学，制订了国家标准《乘用车内空气质量评价指南》GB/T 27630—2011，于2012年3月1日正式实施。同时，根据实际情况，原国家标准《车内空气污染物浓度限值及测量方法》更改为《乘用车内空气质量评价指南》。

《乘用车内空气质量评价指南》GB/T 27630—2011规定了车内空气中苯、甲苯、二甲苯、乙苯、苯乙烯、甲醛、乙醛和丙烯醛共8种有机物的浓度要求。采用该标准对车内空气质量进行评价时必须依据《车内挥发性有机物和醛酮类物质采样测定方法》HJ/T 400—2007对受试车辆进行检测，二者密不可分。检测时要求受检车辆放置在恒温、恒湿、静风、洁净空气环境中，车辆处于静止状态，车辆门、窗和乘员舱进风口风门均处于关闭状态，发动机和空调等设备不工作。

6.3 检测方法

6.3.1 中国环境保护行业标准

6.3.1.1 采样方法

根据大量实验结果，环境温度、相对湿度影响汽车内饰件有机物散发量；环境风速与风向对汽车轿厢的换气率影响很大；环境背景浓度值影响车内空气质量检测的准确性。因此，国家环境保护行业标准《车内挥发性有机物和醛酮类物质采样测定方法》HJ/T 400—2007中对环境温度、相对湿度、风速、背景浓度值进行了详细规定，即：恒温25±1℃；恒湿50%±10%；风速小于0.3m/s；空气中甲苯浓度小于0.02mg/m³，甲醛浓度小于0.02mg/m³。

为了保证采样环境条件的一致性，该标准规定受试车辆应放置在符合上述环境条件要求的车内空气污染采样环境舱内（图6-1）进行采样。特别提示的是上述环境条件是指整车放置在车内空气污染采样环境舱内时的环境条件，而非空舱。

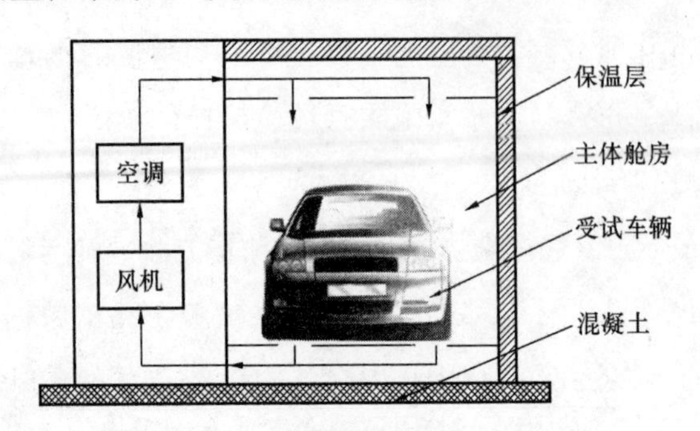

图6-1　车内空气污染采样环境舱示意图

在确定车辆受试环境条件时，从以下四个方面进行考虑：车内出现几率最多的环境条件；车内VOCs释放较稳定的环境条件；技术与经济可行的环境条件；与相关标准的协调一致。

根据研究结果，采样环境的温度、相对湿度、气流、环境污染物背景值对测量结果的影响很大。因此，该标准规定了采样环境的温度、相对湿度、气流和环境污染物背景值。

温度是影响车内空气污染物浓度值的重要环境因素。同一环境条件下，同一辆汽车在不同的采样环境温度下，其车内空气污染物浓度值有很大的变化，以TVOCs浓度为例，30℃时大约是25℃时的一倍，25℃时大约是23℃时的一倍，其浓度随温度变化幅度很大。因此，必须确定统一的采样环境温度。

《公共交通工具卫生标准》GB 9673—1996中将公共交通工具（旅客列车车厢、轮船客舱、飞机客舱）内的微小气候环境温度值规定为24～28℃（夏季空调）。当驾驶员或乘客感觉温度不舒服时，会选择开车前让门开着或驾驶时开窗或增加空调力度来立即降低（增加）温度到舒适温度区间。因此，车内出现几率最多的温度区间应为24～28℃。同时，按通常的卫生学限值条件，25℃是常用的。因此，该标准规定25.0℃±1.0℃作为采样环境温度。

《公共交通工具卫生标准》GB 9673—1996中将公共交通工具内的微小气候环

境相对湿度规定为：旅客列车车厢40%～70%、轮船客舱40%～80%、飞机客舱40%～60%（夏季空调）。汽车空调具有一定的除湿作用，夏季空调运行时车内出现几率最多的湿度区间为40%～70%。

根据所选择的温度控制设备，其所匹配的相对湿度控制变化范围一般是±10%。因此，该标准规定50%±10%作为采样环境湿度。

采样环境中的空气流场变化对汽车的换气率影响很大。气流流场变化主要体现为风向和风速。试验结果表明，同一环境条件下，同一辆汽车在不同的气流流场中，车辆换气率有很大的变化，随着风速的增加而增加，水平气流对车辆换气率的影响大于垂直气流。

由于汽车外部散发出大量VOCs，如果风速过小，将导致汽车周围环境中的VOCs发生积聚，造成环境污染物背景值高。因此，该标准建议环境气流流场为垂直气流，气流速度≤0.3m/s。

试验结果表明，在封闭的测试环境中环境污染物背景值对测试结果有较大的影响。美国ASTM D6670《大型环境舱测定室内材料和物品中挥发性有机物释放的标准操作规范》中建议，环境背景值应低于标准限值的15%，其中，TVOCs值≤0.01mg/m^3，任一组分浓度值≤0.002mg/m^3。因此，该标准规定环境污染物背景值应符合甲醛≤0.02mg/m^3、甲苯≤0.02mg/m^{3}的要求[3]。

为了验证标准的可实施性，北京市劳动保护科学研究所于2006年按《车内挥发性有机物和醛酮类物质采样测定方法》HJ/T 400—2007建设了一整套车内空气污染采样与分析技术平台，于2010年实施了技术升级改造，具有实施国际和国家多项车内空气质量检测方法的能力，至今已为国内外多个汽车生产企业提供了整车检测服务。

6.3.1.2 分析方法

（1）苯、甲苯、二甲苯、乙苯、苯乙烯测定分析方法

测定分析车内空气中苯、甲苯、二甲苯、乙苯、苯乙烯浓度时，选择用填充有Tenax-TA吸附剂的采样管采集一定体积的车内空气样品，将样品中的有机组分采集在采样管中。用干燥的惰性气体吹扫采样管后将采样管加热，热脱附出的有机组份随载气进入冷阱，经二次热脱附进入毛细管气相色谱质谱联用仪，进行定性定量分析。

（2）甲醛、乙醛、丙烯醛测定分析方法

测定分析车内空气中甲醛、乙醛、丙烯醛浓度时，选择用填充涂渍有 DNPH 的固体吸附剂的采样管采集一定体积的车内空气样品，样品中的醛酮组分保留在采样管中。醛酮组分在强酸作为催化剂的条件下与涂渍于硅胶上的 DNPH 反应，按照图 6-2 中所示的反应式生成稳定的有颜色的腙类衍生物。其中 R 和 R^1 是烷基或芳香基团（酮）或是氢原子（醛）。使用高效液相色谱仪的紫外或者二极管阵列检测器检测，保留时间定性，峰面积（峰高）定量。

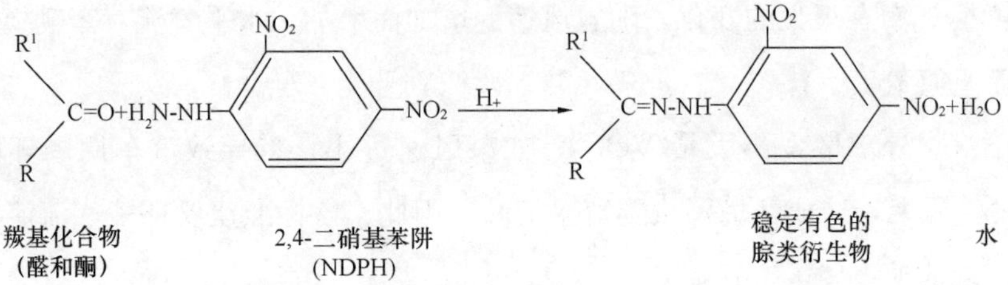

R^1, R, C=O+H_2N-NH, NO_2, NO_2, H_+, R^1, R, C=N-NH, NO_2, NO_2+H_2O

羰基化合物（醛和酮）

2,4-二硝基苯阱（NDPH）

稳定有色的腙类衍生物

水

图 6-2 DNPH 反应

6.3.2 日本 JAMA 降低 VOCs 自主行动计划采样方法

日本 JAMA 采样方法中也使用恒温恒湿的采样环境舱（以下称为检测槽），将整车放置在检测槽中进行样品采集。整个采样过程由三个阶段组成：预处理阶段、封闭放置阶段、乘车模式阶段（图 6-3）。

（1）预处理阶段。为使初始的车厢内空气质量与检测槽内空气质量相同而进行预处理。同时，为进行检测槽内和车厢内的空气采样和车厢内温度控制做好准备。首先，检测槽充分通风，保持 23±2℃的温度（直至检测结束）。再将车辆放入检测槽，关闭发动机，直到车辆温度与检测槽温度相同。此后，打开所有车门，放置 30 分钟以上。

（2）封闭放置阶段。用红外照射灯提高车厢内采集位置附近的温度，测定乘用车、货车时为 40℃，测定客车时为 35℃（到达设定温度的时间与设备能力有关，最好选择在 0.5～2h 内达到设定温度的设备）。控制车厢内的采样位置附近温度并放置车辆，测定乘用车、货车时为 40±2℃，测定客车时为 35±2℃。达到指定温度经 4.5h 后随即开始采集车厢内的空气，采集 30s。但采集前需空抽 10s。

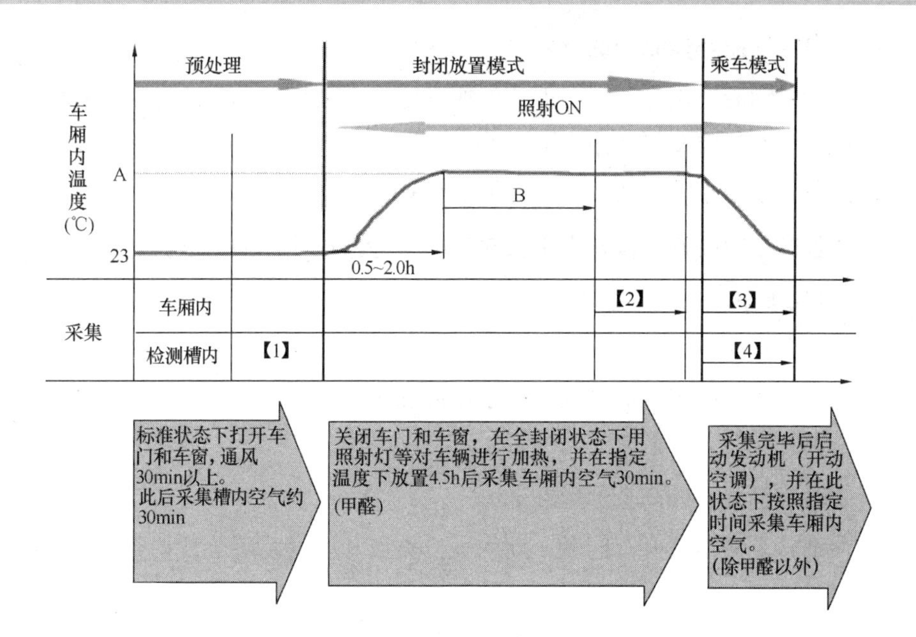

图 6-3 检测时间表

（3）乘车模式阶段。采集完封闭放置状态下的车厢空气后，立即换成采集各种化学物质的采样管。打开驾驶席的车门，启动发动机和空调，立即关上车门（在乘用车及货车中，10s 之内关闭车门。客车同样也需要在 10s 之内关闭车门，但如果因结构上的原因需要 10s 以上时，则采取乘车后先关闭车门等措施，尽量缩短车门打开时间）。关闭车门后，立即对车厢内空气和检测槽内空气进行采集，测定乘用车时采集 15min，测定货车时采集 30min，测定客车时采集 120min[4]。

6.3.3 韩国建设交通部标准采样方法

韩国建设交通部制订的《新制造汽车车内空气质量管理标准》规定的试验条件如下（见表 6-1）：

试验进行时间及试验车辆车内温度　　表 6-1

试验进行时间	温度固定化（最少 12h）	换气（30min）	常温密封（2h）	采样（15min）
试验车辆车内温度	25℃	25℃	25℃	25℃

（1）检测前车辆准备

① 车内空气循环操纵杆的方向是在内部循环位置。

② 试验车辆需把出厂时车内拥有的所有塑料包装全部拆下。

③ 车内所有的门全部关闭。

④ 试验车辆至少在试验前 12h 使其温度稳定在零上 25℃的环境中。

⑤ 准备过程中要确保操作者不会对整个试验造成其他的污染。

（2）试验舱准备

① 试验车辆需固定化，在试验期间温度必须维持在 25±2℃。

② 试验车辆需固定化，试验时记录温度和湿度。

（3）检测准备

① 试验车辆所有的门全部敞开 30min。

② 在试验车辆的所有车门敞开期间采样人员和温度系统等设备要准备就绪。

（4）检测

① 关闭检测车辆的所有车门，并进行密封。

② 在检测车辆密封 2h 后，采集车内样品和试验舱内样品[5]。

6.4 评价方法

在评价车内空气质量时，评价限值与检测方法是密切联系的。检测方法体现了评价限值的卫生学意义，不同的检测方法与其评价限值是配合使用的。例如采用《车内挥发性有机物和醛酮类物质采样测定方法》HJ/T 400—2007 得到的检测结果，使用《室内空气质量标准》GB/T 18883—2002 进行评价，显然是不合适的，因为它们体现的卫生学意义不同。

制定评价限值的依据是人员暴露剂量，即暴露浓度与接触时间的乘积。在暴露剂量一定的条件下，接触时间越短，人员可以承受的暴露浓度越高。另外，在符合卫生学要求的基础上，尽可能降低评价限值以利于提高乘员的健康水平。同时也要兼顾当前汽车工业技术水平，促进工业界技术创新，以无毒物质替代有毒物质的使用，以低毒物质替代高毒物质的使用。

6.4.1 国家标准《乘用车内空气质量评价指南》GB/T 27630—2011

在制订国家标准《乘用车内空气质量评价指南》GB/T 27630—2011 过程中，

规定的污染物种类的筛选原则如下：

(1) HJ/T 400—2007 标准的分析方法能检出的物质；

(2) 毒性较大，对人体健康影响较大的物质；

(3) 车内检出频率较高的物质；

(4) 污染物控制措施符合国家当前的技术发展水平，经济可行。

按照《车内挥发性有机物和醛酮类物质采样测定方法》HJ/T 400—2007，在被检车辆中定性检测到有机物 200 多种，其中苯、甲苯、二甲苯、苯乙烯、乙苯、甲醛、乙醛在车内空气中的检出率高达 98%。根据车内污染物的种类、来源，以及对车辆主要内饰材料本身挥发特性的分析，确定以苯、甲苯、二甲苯、苯乙烯、乙苯、甲醛、乙醛和丙烯醛作为主要控制物质，参见表 6-2。

车内空气中有机物浓度的含量 **表 6-2**

《乘用车内空气质量评价指南》GB/T 27630—2011

序号	项目	浓度单位 (mg/m³)
1	苯	≤0.11
2	甲苯	≤1.10
3	二甲苯	≤1.50
4	乙苯	≤1.50
5	苯乙苯	≤0.26
6	甲醛	≤0.10
7	乙醛	≤0.05
8	丙乙烯	≤0.05

6.4.2 日本 JAMA 降低 VOCs 自主行动计划

日本 JAMA 建议采用日本厚生劳动省规定的室内空气污染物浓度指导值作为评价整车车内空气质量的限值。但是，日本室内空气污染物规定了 13 种物质（表 6-3），而车内空气中有一些物质是未发现的，如毒死蜱等杀（防、驱）虫剂。因此，实际上涉及车内空气污染物的包括：甲醛、乙醛、甲苯、二甲苯、乙苯、苯乙烯、邻苯二甲酸二丁酯、十四烷、邻苯二甲酸二（2-乙基己）酯。由于苯在日本是禁止使用的，是不允许被检出的，所以未规定苯的限值。

厚生劳动省规定的 13 种污染物室内浓度指导值（2002 年 1 月规定） **表 6-3**

污染物	室内浓度指导值	主要来源
甲醛	$100\mu g/m^3$(0.08ppm)	胶合板、壁纸等的胶粘剂
甲苯	$260\mu g/m^3$(0.07ppm)	室内装修材料、家具等的胶粘剂、涂料
二甲苯	$870\mu g/m^3$(0.20ppm)	
对二氯苯	$240\mu g/m^3$(0.04ppm)	衣物防虫剂、厕所芳香剂
乙苯	$3800\mu g/m^3$(0.88ppm)	胶合板、家具等的胶粘剂、涂料
苯乙烯	$220\mu g/m^3$(0.05ppm)	隔热材料、浴室组件、榻榻米里材
毒死蜱	$1\mu g/m^3$(0.07ppb) 儿童则为 $0.1\mu g/m^3$(0.007ppb)	防蚁剂
邻苯二甲酸二丁酯	$220\mu g/m^3$(0.02ppm)	涂料、颜料、胶粘剂
十四烷	$330\mu g/m^3$(0.04ppm)	煤油、涂料
邻苯二甲酸二(2-乙基己)酯	$120\mu g/m^3$(7.6ppb)	壁纸、地板材料、电线护套
二嗪磷	$0.29\mu g/m^3$(0.02ppb)	杀虫剂
乙醛	$48\mu g/m^3$(0.03ppm)	建材、壁纸等的胶粘剂
仲丁威(BPMC)	$33\mu g/m^3$(3.8ppb)	白蚁驱虫剂

6.4.3 韩国《新制造汽车车内空气质量管理标准》

为了对新制造汽车车内材料挥发的有害物进行管理，韩国建设交通部制订了《新制造汽车车内空气质量管理标准》以实现安全驾驶和保护国民健康。该标准规定：为管理新制造汽车车内的空气质量，建设交通部有权每两年亲自采集汽车车内空气样本，检验是否满足标准。在确实必要的条件下，还可以要求制造商提供相关资料。同时，对于采样试验的结果是否满足建议的基准要求（表 6-4），建设交通部有权发布，并在不满足建议标准要求的情况下有权要求汽车制造商采取一定措施以满足标准要求。以上评价限值是与其标准附录中规定的检测方法配套使用的。如果采用日本 JAMA 检测方法所得到的检测结果，使用该评价限值评价，是不科学的，没有完整的卫生学意义。

新制造汽车车内空气质量基准 表 6-4

序　号	物质名称	浓度限值（$\mu g/m^3$）
1	甲醛	250
2	苯	30
3	甲苯	1000
4	二甲苯	870
5	苯乙烷	1600
6	苯乙烯	300

6.5 控 制 技 术

通过研究，现在业界已形成共识，解决车内空气污染问题必须采取源头治理措施，整车企业与零部件供应商责无旁贷。如果已形成车内空气污染，现在已知的可采取的净化措施大部分是不经济的，有些净化措施会适得其反，在消除一些污染物的同时又产生了一些污染物。

车内空气污染问题成因比较简单，主要是车体材料释放有害物质。车内空气污染物的成分较为复杂，研究表明，车内空气中存在的挥发性有机物有几百种之多，包括烃类、醛类、酮类物质等。车内空气污染状况与车辆制造工艺和零部件种类有直接关系，影响较大的汽车仪表台板、门内饰板、地毯、顶棚、汽车线束、座椅总成等。

车内空气污染控制的关键主要包括：内饰设计与材料选择，更新制造与组装工艺，零部件、整车污染物实验室检测，总装线整车 VOCs 现场快速监测等。

6.5.1 内饰设计与材料选择

（1）设计过程中控制车内空气污染

在整车内饰设计过程中，实施车内空气质量预评价，按内饰设计方案预测整车空气中污染物浓度值。首先，收集内饰件污染物散发量数据，建立零部件污染物散发数据库，测量各种内饰件的车内空气污染物散发量。然后，根据内饰设计方案，选取零部件散发量数据进行预测计算，通过不断地修正内饰设计方案，直到预测结果合格。最后，通过内饰件拼装，进行整车车内空气质量验证检测。

（2）使用符合标准的车辆内饰材料

在整车生产过程中，应根据确定的内饰设计方案，按已在设计方案中确定的污染物散发量选择车内饰件。在选择与计算内饰件散发量时，人们有一个误区，即人们习惯于材料的散发量，但是在车内空气污染控制中，由于每个内饰件涉及使用的材料较复杂，建议采用单个内饰件的散发量为计算单位。

为了保证产品一致性，在内饰件使用过程中，应对零部件散发量进行检测。在开展内饰件污染控制时，最忌讳使用其他厂家开发的检测评价方法，而应采用自主开发的检测评价方法。目前的检测评价方法主要有日系的气袋法、德系的热解吸法等，其中使用气袋法的厂家较多。气袋法虽然简便实用，但是气袋对一些有机物具有强烈的吸附性，造成测量结果的不准确。建议采用经过特殊处理的不锈钢小型环境舱测定内饰件的散发量。

（3）适当延长污染物散发时间

在整车组装过程中，改善工艺流程，适当延长内饰件有机物散发时间，加快散发，有利于整车车内空气质量的提高。例如，当内饰件供应商将内饰件生产出来后，先将内饰件放置在温度略高于常温且空气洁净通风的环境中，然后再包装送货。

6.5.2 更新制造与组装工艺

（1）以冷加工替代热加工

更新内饰件生产工艺，对降低内饰件有机物散发量非常重要。通常，内饰件多由有机物制成，现在大多是由热注塑和热压工艺制造。内饰件中会残留部分挥发性有机物，是造成车内空气污染的主要因素。将热压工艺改造为冷压工艺，可以大幅降低挥发性有机物的残留，降低内饰件的散发量。

（2）以卡扣连接替代胶粘合

更新整车组装工艺，对改善整车车内空气质量也是非常重要的。目前许多整车组装时，使用胶粘剂将内饰件安装到车架上。胶粘剂会散发出挥发性有机物，导致车内空气污染。新的组装工艺是使用卡扣连接，与汽车回收要求相结合，既便于安装又便于拆解。大幅度降低胶粘剂的使用量，可以改善车内空气质量。

6.5.3 总装线整车抽检

生产线产品一致性检验对于过程工业来说是产品质量控制的重要手段。目前，开展总装线整车 VOCs 现场快速检测是控制车内空气质量的唯一手段。北京市劳动保护科学研究所与仪器生产厂家合作研制了 VOCs 在线快速检测系统，采用现场快速检测技术，实现了整车生产线 VOCs 在线检验。

6.5.4 不合格分析

对过程工业生产中质量不合格产品的分析，对于保证产品质量、及时发现质量风险点至关重要。在整车制造过程中，基于 VOCs 检测分析结果和 VOCs 控制经验判断 VOCs 来源，从内饰设计、原材料选择、工艺流程、车间环境、仓储条件以及运输过程等方面，推断有可能导致不合格发生的原因。

6.6 车内空气污染调查

2012 年 8～12 月，北京、天津、上海、重庆、南京、大连、厦门、青岛、深圳、沈阳、长春、哈尔滨、杭州、济南、武汉、广州、成都、西安、昆明、香港、澳门 21 个城市的消费者协会（消委会、消保委）及中国消费者报社，共 22 家消费维权单位与北京市劳动保护科学研究所联合，依据 2012 年 3 月 1 日颁布实施的国家标准《乘用车内空气质量评价指南》GB/T 27630—2011 和《车内挥发性有机物和醛酮类物质采样分析方法》HJ/T 400—2007，在国内首次开展了汽车内空气质量比较试验活动，发布了《汽车室内空气质量比较试验报告》。报告显示：市场在售的乘用车内空气质量状况总体较好，达标率为 93.02%，但车内空气中存在的挥发性有机物有上百种之多，而国家标准只对其中最常见 8 种挥发性有机物的浓度限值作了规定。为此，22 家消费维权单位建议国家标准中增加挥发性有机物的检测项目，在检测方法中增加模拟车辆实际使用时的状态，呼吁要健全检测监控体系，从源头切断车内空气污染源。

此次比较试验用车采取公开征集的形式，共检测了消费者提供的购买两个月以内（截至报名时间）且符合《乘用车内空气质量评价指南》GB/T 27630—2011 相关要求的 25 个汽车品牌（包括进口品牌）的 43 个在用车型，几乎囊括了目前车市中从低端到高端的主流车型。检测依照《乘用车内空气质量评价指南》GB/T 27630—2011 和《车内挥发性有机物和醛酮类物质采样测定方法》HJ/T 400—2007 的规定，对 43 款车型车内空气中的苯、甲苯、二甲苯、乙苯、苯乙烯、甲醛、乙醛、丙烯醛 8 种常见挥发性有机物浓度进行了测试。比较试验结果显示，车内空气质量状况总体较好，达标率为 93.02%，只有 3 辆样车的车内挥发性有机物浓度超标，超标的挥发性有机物为甲醛或乙醛。其他车型虽然也检测出了甲醛和乙醛，但其含量都在国家标准规定的浓度范围之内，而其他 6 项挥发性有机物未检出。

《汽车室内空气质量比较试验报告》显示，该次比较试验中结果最好的是以沃尔沃 S60、一汽丰田 RAV4 领衔的 8 款车型，占比 18.60%。其中，沃尔沃 S60 的甲醛浓度值只有 0.014mg/m³，是所有被检车型中浓度最低的；一汽丰田 RAV4 的甲醛浓度值为 0.017mg/m³。自主品牌在此次评测中也颠覆了人们的一贯看法，受检的 6 款自主品牌车型中，吉利帝豪、华晨骏捷 FSV、长安悦翔等 5 款自主品牌也表现较佳（表 6-5）。相比之下，部分中高档车及高档车型的车内空气质量与低价位车型相比，并没有像其价位一样高出一筹。由此可以看出，车内空气质量状况与汽车价位并不成正比。

车内空气质量比较试验结果（单位：mg/m³） **表 6-5**

汽车品牌	车型	检测物	甲醛	乙醛	丙烯醛	苯	甲苯	乙苯	苯乙烯	二甲苯	星级
		标准值	≤0.10	≤0.05	≤0.05	≤0.11	≤0.10	≤1.50	≤0.26	≤1.50	
沃尔沃	S60		0.014	0.020	<0.001	<0.001	0.016	0.001	<0.001	<0.003	★★★★★
一汽丰田	RAV4		0.017	0.021	<0.001	<0.001	0.013	0.003	<0.001	0.005	★★★★★
东风日产	轩逸		0.018	0.014	<0.001	<0.001	<0.001	0.002	<0.001	<0.003	★★★★★
北京现代	ix35		0.019	0.021	<0.001	<0.001	<0.001	<0.001	<0.001	<0.003	★★★★★
马自达	马自达 5		0.025	0.025	<0.001	<0.001	0.012	<0.001	<0.001	<0.003	★★★★★
北京现代	索纳塔 8		0.030	0.023	<0.001	<0.001	<0.001	<0.001	<0.001	<0.003	★★★★★
东风悦达起亚	智跑		0.032	0.024	<0.001	<0.001	<0.001	0.005	<0.001	<0.003	★★★★★
华晨中华	骏捷 FSV		0.039	0.018	<0.001	<0.001	<0.001	0.020	0.010	0.009	★★★★★
一汽丰田	皇冠		0.015	0.036	<0.001	<0.001	<0.001	0.007	<0.001	<0.003	★★★★

续表

汽车品牌	车型	检测物	甲醛	乙醛	丙烯醛	苯	甲苯	乙苯	苯乙烯	二甲苯	星级
		标准值	≤0.10	≤0.05	≤0.05	≤0.11	≤0.10	≤1.50	≤0.26	≤1.50	
长安福特	蒙迪欧		0.017	0.043	<0.001	<0.001	<0.001	0.053	<0.001	0.208	★★★★
一汽丰田	锐志		0.018	0.037	<0.001	<0.001	<0.001	0.005	<0.001	<0.003	★★★★
一汽大众	速腾		0.020	0.029	<0.001	<0.001	0.067	0.004	<0.001	0.018	★★★★
长安	悦翔		0.020	0.049	<0.001	<0.001	0.004	<0.001	<0.001	<0.003	★★★★
丰田	雷克萨斯ES240		0.021	0.049	<0.001	<0.001	<0.001	<0.001	<0.001	<0.003	★★★★
上海大众	帕萨特		0.024	0.033	<0.001	<0.001	<0.001	<0.001	<0.001	<0.003	★★★★
北京奔驰	C200		0.024	0.050	<0.001	<0.001	0.008	<0.001	<0.001	<0.003	★★★★
华晨宝马	5系		0.025	0.042	<0.001	<0.001	0.021	0.002	<0.001	0.004	★★★★
东风悦达起亚	K2		0.028	0.028	<0.001	<0.001	<0.001	0.010	<0.001	<0.003	★★★★
吉利	帝豪		0.029	0.029	<0.001	<0.001	<0.001	<0.001	<0.001	<0.003	★★★★
东风雪铁龙	C5		0.030	0.029	<0.001	<0.001	<0.001	0.002	<0.001	<0.003	★★★★
长安福特	福克斯		0.032	0.032	<0.001	<0.001	0.155	0.008	<0.001	0.020	★★★★
上海汽车	荣威350		0.033	0.031	<0.001	<0.001	0.011	0.002	<0.001	<0.003	★★★★
一汽大众	迈腾		0.033	0.045	<0.001	<0.001	0.030	0.002	<0.001	0.004	★★★★
上海通用	雪佛兰科鲁兹		0.036	0.035	<0.001	<0.001	<0.001	0.002	<0.001	<0.003	★★★★
一汽丰田	卡罗拉		0.037	0.033	<0.001	<0.001	<0.001	0.003	<0.001	<0.003	★★★★
广汽丰田	凯美瑞		0.038	0.033	<0.001	<0.001	<0.001	0.005	<0.001	<0.003	★★★★
一汽大众	奥迪Q5		0.038	0.035	<0.001	<0.001	0.049	0.004	<0.001	0.007	★★★★
一汽大众	奥迪A4		0.038	0.039	<0.001	<0.001	<0.001	0.007	<0.001	<0.003	★★★★
北京现代	悦动		0.043	0.035	<0.001	<0.001	0.011	0.002	<0.001	<0.003	★★★★
雷诺	科雷傲		0.045	0.037	<0.001	<0.001	0.002	0.002	<0.001	<0.003	★★★★
上海通用	凯越		0.046	0.030	<0.001	<0.001	<0.001	<0.001	<0.001	<0.003	★★★★
上海大众	斯柯达晶锐		0.048	0.029	<0.001	<0.001	<0.001	0.001	<0.001	<0.003	★★★★
东风本田	CRV		0.048	0.029	<0.001	<0.001	0.010	0.001	<0.001	0.002	★★★★
比亚迪	S6		0.049	0.027	<0.001	<0.001	0.001	0.021	<0.001	0.004	★★★★
上海大众	POLO		0.067	0.024	<0.001	<0.001	<0.001	0.001	<0.001	<0.003	★★★
上海大众	途观		0.063	0.043	<0.001	<0.001	<0.001	0.010	<0.001	<0.003	★★

续表

汽车品牌	车型	检测物	甲醛	乙醛	丙烯醛	苯	甲苯	乙苯	苯乙烯	二甲苯	星级
		标准值	≤0.10	≤0.05	≤0.05	≤0.11	≤0.10	≤1.50	≤0.26	≤1.50	
上海大众	斯柯达昊睿		0.064	0.032	<0.001	<0.001	<0.001	0.004	<0.001	<0.003	★★
东风日产	逍客		0.064	0.033	<0.001	<0.001	0.009	<0.001	<0.001	<0.003	★★
上海通用	君威		0.080	0.036	<0.001	<0.001	0.009	<0.001	<0.001	<0.003	★★
东风标致	408		0.082	0.035	<0.001	<0.001	0.008	<0.001	<0.001	<0.003	★★
东风标致	508		0.017	0.068	<0.001	<0.001	<0.001	0.033	<0.001	0.014	★
东风本田	思域		0.047	0.054	<0.001	<0.001	0.048	<0.001	<0.001	<0.003	★
长城	H6		0.344	0.049	<0.001	<0.001	0.044	0.002	0.003	0.012	☆

注：五星车为8项指标均低于标准值50%的车型；四星车为苯和甲醛均低于标准值50%、其他6项指标有一项在标准值50%～100%之间的车型；三星车为苯和甲醛中任一项在标准值的50%～100%之间，而其他指标均低于标准值50%的车型；二星车为任意两项指标在标准值的50%～100%之间的车型；一星车为除了苯和甲醛之外的其他6类物质中任意一项高于标准值的车型；无星车为苯和甲醛中任意一项高于标准值的车型。[6]

6.7 小　结

国家标准《乘用车内空气质量评价指南》GB/T 27630—2011的实施对车内空气质量起到了安全保障作用，能够保证车内乘员有一个安全的环境空间，不再受车内空气污染的困扰，对保护乘员安全和健康具有重要的环境效益。对我国汽车内饰行业的发展起到规范作用，促进内饰行业和相关企业的技术进步和可持续发展。

参考文献

[1] 中汽协会行业信息：2013年9月全国乘用车销售情况简析. http://www.caam.org.cn/zhengche/20131011/1605103260.html.

[2] 中华人民共和国国家环境保护部和国家质量监督检验检疫总局：GB/T 27630—2011 乘用车内空气质量评价指南，北京：中国环境科学出版社，2011.

[3] 中华人民共和国国家环境保护总局：HJ/T 400—2007 车内挥发性有机物和醛酮类物质采

样测定方法. 北京：中国环境科学出版社，2011.

[4] 日本机动车协会(JAMA)：降低 VOCs 自主行动计划.

[5] 韩国建设交通部：新规制作汽车车内空气质量管理标准，韩国首尔，2007.

[6] 南京等 21 城市消协，中国消费者报，北京劳保所. 汽车室内空气质量比较试验报告. 中国消费者报，2012 年 12 月 12 日.

绿色建筑室内空气质量评价 7

绿色建筑室内环境评价指标

源自：《绿色建筑评价标准》（修编）

从20世纪80年代后期开始，建筑物可持续发展运动已得到很好的推广，国外已提出多种建筑物环境性能评价方法，引起了全球范围内的关注。这些评估体系，基本上都是以健康、舒适的居住环境，节约能源和资源、减少对自然环境影响为目标，从场地规划与土地利用、自然和生态环境影响、节约能源和可再生能源利用、节约资源和资源再利用、室内外环境质量等诸方面，制定标准和相应的评分体系。这些评估体系的制定及推广应用对各个国家在城市建设中倡导“绿色”概念，引导建造者注重绿色和可持续发展起到了重要的作用。本章介绍了国内外绿色建筑评价标准中关于室内环境的内容，并重点比较了国内外绿色建筑评价标准的评分方法和各标准关于室内空气品质的评价内容。

7.1 我国绿色建筑评价指标体系

绿色建筑是指在建筑的全寿命周期内，最大限度地节约资源（节能、节地、节水、节材），保护环境和减少污染，为人们提供健康、适用和高效的使用空间，与自然和谐共生的建筑。自《绿色建筑评价标准》GB/T50378—2006 正式实施以来，为完善我国绿色建筑评价标准体系，总结近年来在评价绿色建筑实践过程中遇到的问题和我国绿色建筑方面的研究成果，相继编制了《绿色办公建筑评价标准》（征求意见稿）、《绿色医院建筑评价细则》（报批稿）和《绿色建筑评价标准》（修编）。目前，我国绿色建筑评价指标体系由节地与室外环境、节能与能源利用、节水与水资源利用、节材与材料资源利用、室内环境质量和运营管理六类指标组成[1]。每类指标包括控制项、一般项与优选项。绿色建筑应满足所有控制项的要求，并按满足一般项数和优选项数的程度，划分为三个等级，等级划分按表 7-1 和表 7-2 所示。

划分绿色建筑等级的项数要求（住宅建筑） **表 7-1**

等级	一般项数（共 40 项）						优选项数（共 9 项）
	节地与室外环境（共 8 项）	节能与能源利用（共 6 项）	节水与水资源利用（共 6 项）	节材与材料资源利用（共 7 项）	室内环境质量（共 6 项）	运营管理（共 7 项）	
★	4	2	3	3	2	4	—
★★	5	3	4	4	3	5	3
★★★	6	4	5	5	4	6	5

划分绿色建筑等级的项数要求（公共建筑） **表 7-2**

等级	一般项数（共 43 项）						优选项数（共 14 项）
	节地与室外环境（共 6 项）	节能与能源利用（共 10 项）	节水与水资源利用（共 6 项）	节材与材料资源利用（共 8 项）	室内环境质量（共 6 项）	运营管理（共 7 项）	
★	3	4	3	5	3	4	-
★★	4	6	4	6	4	5	6
★★★	5	8	5	7	5	6	10

在评分方法上，当建筑满足全部控制项的要求通过初审后，按照一般项、优选项的具体评价内容逐项评分，并汇总各类指标的得分，再依据各类指标的权重系数进而得到基本分。同时，还附加对项目的创新点、推广价值、综合效益的评价。由总得分来区分同一星级绿色建筑的相对水平，如表 7-3 所示。

权重系数表 **表 7-3**

建筑种类	住 宅	公共建筑
指标名称	权值	权值
节地与室外环境	0.15	0.15
节能与能源利用	0.20	0.20
节水与水资源利用	0.20	0.15
节材与材料资源利用	0.15	0.20
室内环境质量	0.20	0.15
运营管理	0.10	0.15

7.1.1 我国绿色建筑评价标准中对室内空气质量的要求

在《绿色建筑评价标准》GB/T 50378—2006“室内环境质量”这一部分的评价指标中又可细分为光环境、声环境、热环境和室内空气质量等，下文主要介绍室内空气质量部分内容。标准中对住宅建筑和公共建筑在室内空气质量方面的要求有所不同，如表 7-4 和表 7-5 所示。

室内环境质量评价指标整理（住宅建筑） **表 7-4**

分 类	条 款 内 容	属 性
室内空气质量	居住空间能自然通风，通风开口面积在夏热冬暖和夏热冬冷地区不小于该房间地板面积的 8%，在其他地区不小于 5%	控制项
	室内游离甲醛、苯、氨、氡和 TVOC 等空气污染物浓度符合国家标准《民用建筑室内环境污染控制规范》GB 50325 的规定	控制项
	设置通风换气装置或室内空气质量监测装置	一般项

室内环境质量评价指标整理（公共建筑） 表 7-5

分 类	条款内容	属 性
室内空气质量	采用集中空调的建筑，新风量符合国家标准《公共建筑节能设计标准》GB 50189 的设计要求	控制项
	室内游离甲醛、苯、氨、氡和 TVOC 等空气污染物浓度符合国家标准《民用建筑工程室内环境污染控制规范》GB 50325 中的有关规定	控制项
	建筑设计和构造设计有促进自然通风的措施	一般项
	设置室内空气质量监控系统，保证健康舒适的室内环境	优选项

国家标准《绿色建筑评价标准》GB/T 50378—2006 是总结我国绿色建筑方面的实践经验和研究成果，借鉴国际先进经验制定的第一部多目标、多层次的绿色建筑综合评价标准。该标准明确了绿色建筑的定义、评价指标和评价方法，确立了我国以“四节一环保”为核心内容的绿色建筑发展理念和评价体系。自 2006 年发布实施以来，有效指导了我国绿色建筑实践工作，累计评价项目数量已超过五百个。该标准已经成为我国各级、各类绿色建筑标准研究和编制的重要基础。“十一五”期间，我国绿色建筑快速发展。随着绿色建筑各项工作的逐步推进，绿色建筑的内涵和外延不断丰富，各行业、各类别建筑践行绿色理念的需求不断提出，《绿色建筑评价标准》已不能完全适应现阶段绿色建筑实践及评价工作的需要。因此，我国住房和城乡建设部组织开展了《绿色建筑评价标准》的修订工作。

修编的《绿色建筑评价标准》的指标体系由节地与室外环境、节能与能源利用、节水与水资源利用、节材与材料资源利用、室内环境质量、施工、运行管理七类指标组成[2]。每类指标均包括控制项和评分项。每类指标的评分项总分为 100 分。为鼓励绿色建筑技术、管理的提升和创新，评价指标体系还统一设置加分项。绿色建筑必须满足本标准所有控制项的要求，并按总得分确定等级，总得分为相应类别指标的评分项得分经加权计算后与加分项的附加得分之和，按下式进行计算：

$$\Sigma Q = w_1 Q_1 + w_2 Q_2 + w_3 Q_3 + w_4 Q_4 + w_5 Q_5 + w_6 Q_6 + w_7 Q_7 + Q_8 \quad (7\text{-}1)$$

其中权重见表 7-6。绿色建筑分为一星级、二星级、三星级三个等级。三个等级的绿色建筑均应满足本标准所有控制项的要求，且每类指标的评分项得分不应小于 40 分。当绿色建筑总得分分别达到 50、60、80 分时，绿色建筑等级分别为一星级、二星级、三星级。室内环境质量部分控制项和评分项条款如表 7-7 所示。

绿色建筑分项指标权重 表 7-6

		节地与室外环境 w_1	节能与能源利用 w_2	节水与水资源利用 w_3	节材与材料资源利用 w_4	室内环境质量 w_5	施工管理 w_6	运行管理 w_7
设计阶段	居住建筑	0.21	0.24	0.20	0.17	0.18		
	公共建筑	0.16	0.28	0.18	0.19	0.19		
运行阶段	居住建筑	0.17	0.19	0.16	0.14	0.14	0.10	0.10
	公共建筑	0.13	0.23	0.14	0.15	0.15	0.10	0.10

修编版绿标室内空气质量部分[2] 表 7-7

序号	控制项要求
1	室内空气中的氨、甲醛、苯、总挥发性有机物、氡等污染物浓度应符合现行国家标准《室内空气质量标准》GB/T 18883 的有关规定

序号	评 分 项	分值
1	优化建筑空间、平面布局和构造设计，改善自然通风效果	13
2	气流组织合理	7
3	主要功能房间中人员密度较高且随时间变化大的区域设置室内空气质量监控系统	8
4	地下车库设置与排风设备联动的一氧化碳浓度监测装置	5

序号	加 分 项	分值
1	对主要功能房间采取有效的空气处理措施	1
2	室内空气中的氨、甲醛、苯、总挥发性有机物、氡、可吸入颗粒物等污染物浓度不高于现行国家标准《室内空气质量标准》GB/T 18883 规定限值的 70%	1

7.1.2 《绿色办公建筑评价标准》(征求意见稿) 对室内空气质量的要求

绿色办公建筑评价指标及其权重系数共分 3 级[3]。第 1 级指标是节地与室外环境、节能与能源利用、节水与水资源利用、节材与材料资源利用、室内环境质量、运营管理；第 2 级指标是指第 1 级指标下设的指标；第 3 级指标为标准条文。与日本 CASBEE 评价体系类似，绿色办公建筑评价指标按属性分为“建筑环境质量”指标（简称 Q 指标）和“建筑环境负荷减少”指标（简称 LR 指标）。其中室内环境质量的内容全部属于 Q 指标。第 3 级指标（条文）分为控制项和可选项两类，控制项不设权重系数，可选项中每级相同属性指标（Q 或 LR）的权重系数之和为 1。

绿色办公建筑应满足所有控制项的要求，可选项的Q指标和LR指标分别计算得分。最后根据Q指标和L指标得分在Q-L图中所处的位置，确定绿色等级。表7-8和表7-9具体介绍了室内空气质量部分的评价条款及其权重设置。

绿色办公建筑中室内空气质量部分条款整理[3] 表7-8

序号	条款内容	属性
1	建筑材料中有害物质含量符合现行标准GB 18580～GB 18588的要求，放射性核素的限量符合现行标准GB 6566的要求	控制项
2	建筑中游离甲醛、苯、氨、氡和TVOC等空气污染物浓度符合现行标准《民用建筑工程室内环境污染控制规范》GB 50325中的有关规定，运行建筑室内空气质量应符合现行标准《室内空气质量标准》GB/T 18883有关规定	控制项
3	采用集中空调的建筑，新风量符合现行标准《公共建筑节能设计标准》GB 50189的设计要求	控制项
4	合理设计新风采气口位置，保证新风质量及避免二次污染的发生	控制项
5	在建筑中采取禁烟措施，或采取措施尽量避免室内用户以及送回风系统直接暴露在吸烟环境中	可选项
6	在装饰装修设计中，采用合理的预评估方法，对室内空气质量进行源头控制或采取其他保障措施	可选项
7	报告厅、会议室、公共区域等人员变化大的区域有针对空气品质的实时监测或人工监测措施	可选项
8	地下停车场有针对一氧化碳浓度监控措施	可选项

绿色办公建筑室内环境质量权重设置表[3] 表7-9

<table>
<tr><th rowspan="2">一级指标</th><th rowspan="2">权重</th><th rowspan="2">二级指标</th><th rowspan="2">权重</th><th rowspan="2">三级指标</th><th colspan="2">权重</th></tr>
<tr><th>设计</th><th>运行</th></tr>
<tr><td rowspan="8">室内环境质量</td><td rowspan="8">0.50</td><td rowspan="8">室内空气质量</td><td rowspan="8">0.30</td><td>8.4.1</td><td>×</td><td>—</td></tr>
<tr><td>8.4.2</td><td>×</td><td>—</td></tr>
<tr><td>8.4.3</td><td>—</td><td>—</td></tr>
<tr><td>8.4.4</td><td>—</td><td>—</td></tr>
<tr><td>8.4.5</td><td>×</td><td>0.20</td></tr>
<tr><td>8.4.6</td><td>0.70</td><td>0.50</td></tr>
<tr><td>8.4.7</td><td>0.15</td><td>0.15</td></tr>
<tr><td>8.4.8</td><td>0.15</td><td>0.15</td></tr>
</table>

7.1.3 《绿色医院建筑评价细则》（报批稿）中对室内空气质量的要求

中国医院协会于2011年7月编制了《绿色医院评价标准》，住房和城乡建设部科技发展促进中心与卫生部医院管理研究所于2011年8月编制了《绿色医院建筑评价细则》，两个评价标准有较大不同。目前双方着手联合重新编制关于绿色医院的评价标准。这里，简要介绍一下绿色医院关于室内空气质量部分的评价内容。

评价条文分为控制项和评分项，要求绿色医院建筑必须满足其所有要求。评分项共15条，共设置75分。分别将控制项和评分项按照光环境、声环境、热环境、室内空气品质和其他方面分类。表7-10给出了室内空气质量部分的条款[4]。

绿色医院室内空气质量部分条款整理[4] 表7-10

序号	控制项内容
1	医院建筑内所有人员长期停留的场所有保障各房间新风量的通风措施。新风量符合现行《综合医院建筑设计规范》JGJ 49的规定，新风量可以调节
2	室内游离甲醛、苯、氨、氡和TVOC污染物浓度符合现行国家标准《民用建筑工程室内环境污染控制规范》GB 50325的规定
3	采用送、排风量可以独立调节的通风系统保证相邻相通房间之间的静压差符合现行《综合医院建筑设计规范》JGJ 49、《传染病医院建筑设计规范》的有关规定及设计要求
4	室内沉降菌浓度（或浮游菌浓度）符合现行《医院消毒卫生标准》GB 15982和《综合医院建筑设计规范》JGJ 49的规定
5	手术室、重症监护室（ICU）和无菌室等洁净度要求高的房间内的换气次数、截面风速、含尘浓度和排风量等参数符合现行《医院洁净手术部建筑技术规范》GB 50333、《军队医院洁净护理单元建筑技术标准》YFB 004的规定
6	医院建筑内部有防止污染区气流流向清洁区的措施。呼吸道传染病区气流方向符合现行《传染病医院建筑设计规范》的规定
7	洁净用房、严重污染的房间，其空调系统自成体系，各空调分区应能互相封闭，避免空气途径的院内感染
8	洁净用房采用阻隔式空气净化装置作为房间的送风末端
9	洁净用房内未采用普通的风机盘管机组或空调器

续表

序号	评 分 项	分值
1	采用预评估避免室内化学污染	4
2	集中空调系统和风机盘管机组回风口，采用低阻力、高效率的净化过滤设备	5
3	对医疗过程产生的废气设置可靠的排放系统	5
4	新风系统过滤净化设施的设置符合《综合医院建筑设计规范》JGJ 49 的规定	5
5	设置室内空气质量监控系统，保证健康舒适的室内环境	5

其中，在绿色医院评价标准中，室内环境部分的控制项中，室内空气质量占所有控制项中的53%。而在评分项中，室内空气品质内容有 5 条，共 24 分。因此，无论是控制项还是评分项，室内空气品质都占有最大的比重。还可以看到，在空调方面，无论是系统形式还是设备选用，亦或是参数设定（如新风量、换气次数等）方面，重点都集中于防止空气污染、避免交叉感染等室内空气品质问题上，而在热舒适等方面的关注度降低。

7.2 美国 LEED-NC 评价中对室内空气质量的要求

LEED 评估体系由美国绿色建筑协会主持开发，并遵循其政策和方针。2005 年 10 月，经过两年的开发工作，该组织推出了适用于新建和重大改建工程的 LEED-NC 2.2 版，如今已有 LEED-NC 2009 版。LEED-NC 2.2 版评估体系包括场地规划、能源与大气、节水、材料与资源、室内环境品质和创新加分 6 大方面，如图7-1所示，其每一个方面又包括了 2～8 个子条款，每一个子条款又包括了若干细

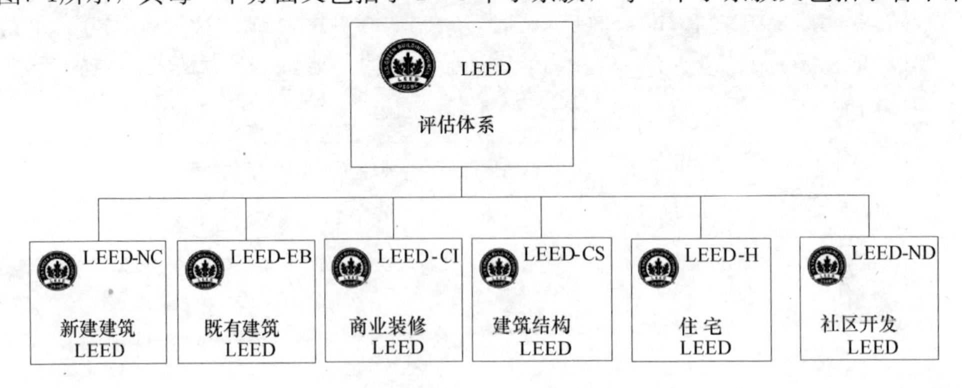

图 7-1 LEED-NC 2.2 版评估体系

则，共 41 个指标，总分 69 分。

表 7-11 给出了两个 LEED-NC 版本在各评价分项上的比重。可以看出，与 LEED-NC 2.2 相比，由于总分值的提高，LEED-NC 2009 降低了在室内环境评价方面的权重，从 22%降低到了 14%，下降幅度较大。但是室内环境质量中的各项评价内容和分值设置均未改变，具体整理如表 7-12 所示。

两版本 LEED-NC 各评价项目的比重[5,6]　　表 7-11

版本	可持续场址	节水	能源与大气	材料与资源	室内质量	创新	
LEED-NC 2.2	20%	7%	25%	19%	22%	7%	
LEED-NC 2009	24%	9%	32%	13%	14%	创新	地域优先
						5%	4%

LEED 室内空气质量部分评价条款整理（注：P 表示控制项）　　**表 7-12**

评价项目	目　　的	分值
最低室内空气质量品质	为提高建筑室内空气质量，建立最低的室内空气质量性能（IAQ），为用户提供健康舒适的环境	P
环境吸烟控制（ETS）	最小化建筑用户、室内表面和通风系统暴露于烟气环境（ETS）	P
室外新风控制	为通风系统设置监控能力，维护用户的舒适和健康	1
提高风速	提供额外的室外新风通风，以改善室内空气质量，改善用户的舒适、健康和工作效率	1
建设 IAQ 管理计划	建设中：减少由施工、装修产生的室内空气质量问题，维护建筑供热和建筑用户的舒适与健康	1
	入住前：减少由施工、装修产生的室内空气质量问题，维护建筑供热和建筑用户的舒适与健康	1
低排放材料	胶粘剂和密封剂：减低室内空气中有毒、有味、刺激的污染物含量，保护施工人员和用户的健康、舒适	1
	涂料和涂层：减低室内空气中有毒、有味、刺激的污染物含量，保护施工人员和用户的健康、舒适	1
	地毯系统：减低室内空气中有毒、有味、刺激的污染物含量，保护施工人员和用户的健康、舒适	1
	复合木材和植物纤维制品：减低室内空气中有毒、有味、刺激的污染物含量，保护施工人员和用户的健康、舒适	1
室内化学品及污染源控制	最小化用户接触有害颗粒物及化学污染物的可能性	1

7.3 日本 CASBEE 中对室内空气质量的要求

CASBEE 体系的创新点是定义环境负荷为“L”（Load）、建筑物的环境质量与性能为“Q”（Quality），将两者明确区分并分别评价。以此为基础提出了非常简明的评价指标——建筑物环境效率 BEE（Building Environmental Efficiency）[7]。BEE=Q/L，充分体现了绿色建筑的理念，即通过最少的环境载荷达到最大的舒适性改善。其中室内环境的评价项目便包含在环境质量与性能（Q）部分，具体的评价项目分类基本与我国绿色建筑评价标准相同。

CASBEE 体系分别从声环境、热环境、光环境和室内空气品质这四个方面对室内环境质量进行评价。其中，室内空气品质的评价则主要是对确保室内空气品质的材料选定、通风换气方法、施工方法等及其优劣程度进行评价。具体说明见表 7-13。其中二级、三级权重如表 7-14 所示。

CASBEE 室内空气质量评价项目及说明　　表 7-13

三级	四级	评价项目	说　明
室内空气品质	1. 污染源对策	1.1 化学污染物质	评价是否采取了积极而充分的措施来避免化学污染物对室内空气的污染
		1.2 矿物纤维对策	在长期停留的房间中避免使用矿物纤维状产品（石棉、玻璃棉、岩棉等），以防纤维状物质飞散
		1.3 螨类与霉菌	评价在室内装修时采用何种程度的一直螨类、霉菌发生或便于清扫与维护的材料
		1.4 军团菌对策	评价对军团菌极易繁殖的场所，如冷却塔、热水槽等采取的对策
	2. 新风	2.1 新风量	评价是否考虑了充足的新风量
		2.2 自然通风性能	评价是否充分设置了可以开启的窗户
		2.3 新风口位置的考虑	评价新风口的设置位置。新风口应尽量做到能引入最优势的外部空气。室外污染源包括汽车、工厂、建筑的排风口和排热口等
		2.4 送风设计	在中央空调系统中，通常新风与回风混合，根据各室负荷大小分配送风量。虽然总新风量满足要求，但有些场所的新风量并不能满足要求。此项评价各室的新风量的达标状况

续表

三级	四级	评价项目	说　明
室内空气品质	3. 运行管理	3.1 CO_2 的监测	评价是否采用了控制 CO_2 含量、实施保证健康的室内空气品质监测系统
		3.2 吸烟控制	评价是否采取了全楼禁烟或设置吸烟室，是否采取了防止非吸烟者被动吸烟的措施及其完善程度

CASBEE-新建室内环境部分权重　　表 7-14

评价项目	二级权重	评价项目	三级权重
室内空气品质	0.25	1. 污染源对策	0.50
		2. 新风	0.30
		3. 运行管理	0.20

7.4 国内外绿色建筑评价标准中相关条文的比较

7.4.1 评分方法比较

上述几个评价标准在评分方法上各有不同，有的对于申请认证的建筑并没有单项的得分要求，只要求总分达到一定程度就可以得到认证，如美国 LEED 体系；有的是根据满足评价指标的项数来判定建筑物的绿色等级，如《绿色建筑评价标准》GB/T 50378—2006；有的则是依据 Q/L 的比值来确定，如日本 CASBEE 体系等。下面对上述几个评价标准的评分方法进行对比，参见表 7-15。

评分方法比较　　表 7-15

评价标准	评分方法
《绿色建筑评价标准》GB/T 50378-2006	绿色建筑应满足所有控制项的要求，并按满足一般项数和优选项数的程度，划分为★、★★、★★★三个等级
《绿色办公建筑评价标准》（征求意见稿）	绿色办公建筑应满足所有控制项的要求，可选项的 Q 指标和 LR 指标分别计算得分。最后根据 Q 指标和 L 指标得分在 Q-L 图中所处的位置（即 Q/L 的值），确定绿色等级，由高到低划分为 A、B、C 三个等级，分别对应★★★、★★和★

续表

评价标准	评分方法
《绿色建筑评价标准》(修编)	绿色建筑必须满足本标准所有控制项的要求，并按七类指标分别计算评分项的得分率，最后按加权计算后的总得分率 ΣQ 划分为三个等级
美国 LEED	对选址、节能、室内环境等六个大方面的单独打分，再对其结果进行求和，最后通过总分来判断绿色等级，由高到低分别是铂金级、金级、银级和通过级共四个等级
日本 CASBEE	对各评价项目评分后，依照权重系数，累加得到 Q 和 L 的分值，依据 BEE＝Q/L 的值评定建筑物的绿色等级，由高到低划分为 S 级、A 级、B＋级、B-级和 C 级共五个等级

7.4.2 室内空气质量评价内容的比较

国际上室内空气领域的著名专家——丹麦技术大学的 Fanger 院士指出：室内空气品质对人健康的影响比室外空气更重要[9]。在国内外诸多的体系当中，“室内空气品质”都被列为评估的项目之一。但各个体系之间在室内空气品质方面的条文并不完全相同。

(1)《绿色建筑评价标准》GB/T50378—2006

标准 5.5.4 中提出，应根据《民用建筑工程室内环境污染控制规范》GB 50325 的规定，严格控制室内游离甲醛、苯、氨、氡和 TVOC 等空气污染物的浓度，从而保证人们的身体健康。需要有资质的第三方检测机构出具检测报告方可获得相关分数。《民用建筑工程室内环境污染控制规范》GB 50325—2001 为质检总局和建设部联合发布的强制性标准，用于民用建筑装修材料的环境污染控制。该标准明确对 5 项指标给出了规定，见表 7-16。

民用建筑工程室内环境污染物浓度限量　　表 7-16

污染物	Ⅰ类民用建筑工程	Ⅱ类民用建筑工程
氡（ppb）	≤200	≤400
游离甲醛（mg/m^3）	≤0.08	≤0.12
苯（mg/m^3）	≤0.09	≤0.09
氨（mg/m^3）	≤0.2	≤0.5
TVOC（mg/m^3）	≤0.5	≤0.6

《绿色建筑评价标准》在 5.5.14 节中提出，为保护人体健康，预防和控制室内空气污染，可在主要功能房间设计和安装室内污染监控系统，利用传感器对室内主要位置进行温湿度、二氧化碳、空气污染物浓度等进行数据采集和分析。室内污染监控系统应能够将所采集的有关信息传输至计算机或监控平台，实现对公共场所空气质量的采集、数据存储、实时报警、历史数据的分析与统计、处理和调节控制等功能，保障场所良好的空气质量。评价依据为审核设计资料并现场核实。

(2)《绿色建筑评价标准》(修编)

与《绿色建筑评价标准》GB/T 50378—2006 相比，修编的绿色建筑评价标准在室内空气质量方面有较大改变。其中控制项 8.1.7 提出，应根据现行国家标准《室内空气质量标准》GB/T 18883 严格控制室内游离氨、甲醛、苯、总挥发性有机物、氡五类空气污染物浓度，详见表 7-17。

《室内空气质量标准》GB/T 18883 室内污染物的指标要求　　表 7-17

污染物	标准值	备注
氨 NH_3	≤0.20mg/m^3	1 小时均值
甲醛 HCHO	≤0.10mg/m^3	1 小时均值
苯 C_6H_6	≤0.11mg/m^3	1 小时均值
总挥发性有机物 TVOC	≤0.60mg/m^3	8 小时均值
氡 ^{222}Rn	≤400Bq/m^3	年平均值

修编的绿色建筑评价标准 8.2.10 要求通过优化建筑空间、平面布局和构造设计，达到改善自然通风效果。该项是在 2006 年版一般项第 4.5.4、5.5.7 条基础上发展而来，居住建筑可通过通风开口面积与房间地板面积的比值来简化判断，对于不容易实现自然通风的公共建筑保证建筑在过渡季典型工况下平均自然通风换气次数大于 2 次/h（按面积计算）。修编的绿色建筑评价标准新增了对气流组织的要求。8.2.11 项的第 2 条款要求卫生间、餐厅、地下车库等区域的空气和污染物避免串通到室内别的空间或室外活动场所。住区内尽量将厨房和卫生间设置于建筑单元（或户型）自然通风的负压侧，防止厨房或卫生间的气味因主导风反灌进入室内，而影响室内空气质量。同时，可以对于不同功能房间保证一定压差，避免气味散发量大的空间（比如卫生间、餐厅、地下车库等）的气味或污染物串通到室内别的空间或室外主要活动场所。卫生间、餐厅、地下车库等区域如设置机械排风，应保证

负压，还应注意其送风口和排风口的位置，避免短路或污染。

修编的绿色建筑评价标准 8.2.12 适用于集中通风空调各类公共建筑的设计、运行评价，住宅建筑不参评。该项是在 2006 年版一般项第 4.5.11 条、优选项 5.5.14 条基础上发展而来，对二氧化碳，要求检测进、排风设备的工作状态，并与室内空气污染监测系统关联，实现自动通风调节，对甲醛、颗粒物等其他污染物，要求可以超标实时报警。

修编的绿色建筑评价标准 8.2.13 提出地下车库设置与排风设备联动的一氧化碳浓度检测装置。该项是在 2006 年版一般项第 4.5.11 条、优选项 5.5.14 条基础上发展而来。地下车库空气流通不好，容易导致有害气体浓度过大，对人体造成伤害。有地下车库的建筑，车库设置与排风设备联动的一氧化碳检测装置，超过一定的量值时需报警，并立刻启动排风系统。所设定的量值可参考国家标准《工作场所有害因素职业接触限值 化学有害因素》GBZ2.1-2007（一氧化碳的短时间接触容许浓度上限为 30 mg/m^3）等相关标准的规定。

修编的绿色建筑评价标准在新增的加分项 11.2.6 中提出，对主要功能房间，例如间歇性人员密度较高的空间或区域或人员经常停留空间或区域，采取有效的空气处理措施，包括在空气处理机组中设置中效过滤段、在主要功能房间设置空气净化装置等。

加分项 11.2.7 提出，室内空气中的氨、甲醛、苯、总挥发性有机物、氡、可吸入颗粒物等污染物浓度不高于现行国家标准《室内空气质量标准》GB/T 18883 规定限值的 70%。该项是第 8.1.7 条的更高层次要求。以 TVOC 为例，英国 BREEAM 新版文件的要求已提高至 300μg/m^3，比我国现行国家标准还要低不少。甲醛更是如此，多个国家的绿色建筑标准要求均在 50～60μg/m^3 的水平，相比之下，我国的 0.08mg/m^3 的要求也高出了不少。在进一步提高对于室内环境质量指标要求的同时，也适当考虑了我国当前的大气环境条件和装修材料工艺水平，因此，将现行国家标准规定值的 70%作为室内空气品质的更高要求。

(3)《绿色办公建筑评价标准》(征求意见稿)

《绿色办公建筑评价标准》在室内空气质量方面，控制项共 4 条，明显多于绿色建筑评价标准 2006 年版及修编版。其中 8.4.1 要求针对 1）室内装饰装修材料：人造板、溶剂型木器涂料、内墙涂料、胶粘剂、木家具、壁纸、聚氯乙烯卷材地板、地毯、地毯衬垫等；2）混凝土外加剂；3）室内使用的石材、瓷砖、卫浴洁具；4）掺加了工业废渣的建筑主体材料，如粉煤灰砌块等建筑材料中的有害物质含量必须符合 GB 18580～GB 18588，放射性核素的限量必须符合现行标准 GB 6566 的要求，并且由具有资质的第三方检测机构出具建材产品检验报告。

8.4.2 条要求建筑中游离甲醛、苯、氨、氡和 TVOC 等空气污染物浓度符合现行标准《民用建筑工程室内环境污染控制规范》GB 50325 中的有关规定，运行建筑室内空气质量应符合现行标准《室内空气质量标准》GB/T 18883 有关规定，从而保证人们的舒适和健康。

（4）《绿色医院建筑评价细则》（报批稿）

绿色医院建筑评价技术细则在室内空气质量方面上的强制性要求较多，共 9 条。8.1.6 条提出在有人员长期停留的场所设置通风系统，保障新风量不小于表 7-18 中的新风量指标，以保证医院建筑内所有人员的健康，提供人体呼吸所需的氧气，稀释污染物和异味，排除室内污染物。同时，由于医院建筑内人员数量在不断变化，应根据人员数量的变化相应地调节新风量。

医院建筑新风量指标 **表 7-18**

房间类型	新风量指标（$m^3/(h \cdot 人)$）
病房	50
诊室	30
X 光室	30
X 光的操作室及暗室	30
体疗室	50
理疗室	30
一般手术室	60

标准中指出医院建筑作为民用建筑的一部分，应根据《民用建筑工程室内环境污染控制规范》GB 50325—2001 的规定，严格控制室内游离甲醛、苯、氨、氡和 TVOC 污染物浓度，从而保证人们的身体健康。而且，医院建筑不同于其他公共建筑的最大区别在于很多功能房间因需要进行污染控制，故与其相邻相通房间之间往往有静压差要求，尤其是对于手术室、ICU、无菌室、中心供应室等洁净用房，呼吸道传染病区、负压隔离病房等污染用房，静压差的控制更显重要。因此采用送、排风量可以独立调节的通风系统保证相邻相通房间之间的静压差符合现行《综

合医院建筑设计规范》JGJ 49、《传染病医院建筑设计规范》的有关规定及设计要求。

此外，医院是病患聚集场所，建筑内往往细菌、病毒和过敏原等微生物数量较高，污染严重，易发生交叉感染。因此要求室内沉降菌浓度（或浮游菌浓度）符合现行《医院消毒卫生标准》GB 15982 和《综合医院建筑设计规范》JGJ 49 的规定。

绿色医院建筑评价技术细则在室内空气品质上的评分项也较多，共五项，重点关注在采用预评估避免室内化学污染、集中空调系统和风机盘管的净化过滤、废弃排放系统、新风系统的净化过滤和室内空气质量监控系统。具体地，标准中提出采用材料的散发率或分离系数、扩散系数等计算方法进行室内装饰装修设计，避免甲醛、苯和甲苯等浓度超出国家标准规定。

（5）美国 LEED 标准

为了提高建筑室内空气品质并为用户提供健康舒适的环境，美国 LEED 体系在室内环境质量方面，尤其是对室内化学污染方面分三个部分进行了规定，包括入住前的室内空气品质管理、室内使用材料的污染物释放规范（包括胶粘剂和密封剂、涂料和涂层、地毯系统材料、复合木材和植物纤维制品）以及室内化学污染控制。

入住前，LEED 体系要求建筑室内相关污染物的指标达到表 7-19 中规定的要求，检测通过方能获得该项分数。对不同污染物的采样方式以及采样时室内环境所应具备的条件都有细致的要求。

LEED 体系对入住前建筑室内污染物的指标要求　　表 7-19

污染物	最大浓度限值
甲醛（Formaldehyde）	50ppb
颗粒物（PM10）	50mg/m^3
可挥发有机物总量（TVOC）	500mg/m^3
*4-苯基环己烯（4-PCH）	6.5mg/m^3
一氧化碳（CO）	9 ppm，并且不高于室外水平 2 ppm

在室内使用材料的污染物释放规范方面，LEED 体系对建筑中所使用的各种材料都提出了具体的指标要求。例如，对不同种类胶、各种用途的涂料和涂层等用料中所含 VOCs 的含量做了严格的限制，具体参照美国加利弗尼亚州的南海岸空气

质量管理区（South Coast Air Quality Management District）的要求；气溶胶、建筑内墙面和天花板的建筑涂料、涂层和基参考《商业胶绿色标志标准》18GS-36。对于地毯和复合木板，评估体系中要求按照美国地毯研究所以及加州颁布的CA01350文件中的要求进行核查，通过方可获得该项分数。加州CA01350文件中规定，需要使用环境舱法对相关材料进行检测，并对甲醛、TVOC等污染物的释放做了限量指标要求。对于入住前施工阶段，LEED要求制定并实施一个室内空气质量管理方案，而且LEED-home还特别要求针对氡含量、燃烧产生的CO以及地下室空气品质进行监测和采用改善措施。

总体来说，LEED评估体系在室内空气品质的角度提出了从既有建筑到建筑装修，从质量管理到具体指标要求的全系列评估办法。作为一个绿色建筑评估体系，引用了多个相关行业的标准作为考核的技术依据，如针对木板类材料，完全按照CA01350标准中的规定进行考核，这一点值得借鉴。同时，所引用的标准采用了环境舱法对板材进行测试，符合目前国际趋势。但LEED评估体系中并没有对房间中常用的家具用品进行单独的产品质量约束。

（6）日本CASBEE

保证健康的室内空气品质至关重要，因此必须在材料选择、通风方法、施工方法等方面进行仔细的考虑。CASBEE体系是对上述因素的考虑程度进行评价。其基本思想首先是尽可能避免污染物产生，其次是利用通风方法除去所产生的污染物，加之有效的运行管理。由CASBEE体系对室内空气品质的评价体现出一点，即保证室内空气品质最有效的方法是控制污染物的散发，也就是说首先应该考虑的是最大限度地控制建筑本身及设备产生的污染散发量。从这个意义上讲，控制污染源比通风和运行管理更为重要。这些均可由室内空气品质的下设评价指标内容和权重中体现，如图7-2所示。

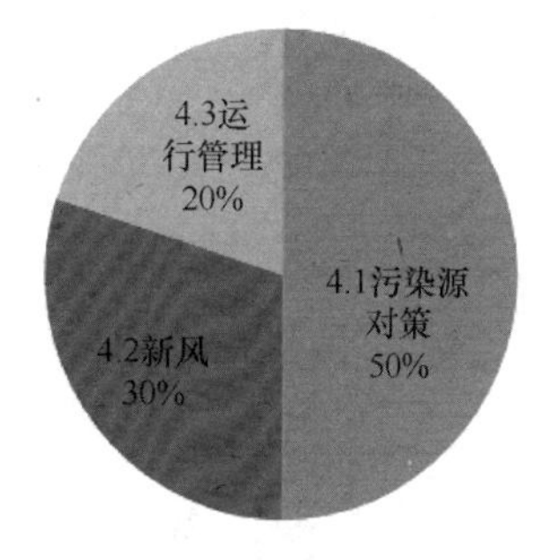

图7-2 CASBEE室内空气品质评价内容及权重

上述国内外几个绿色建筑评估体系所关注的项目并不完全一致，但都将室内环境质量当做评估过程中的一个重要指标来考察。各个标识体系对所关注的不同项目都按照其重要性给出了一个权重。通过比较可知，室内环境质量这一因素在国内外绿色建筑评估中占到了15%～20%的比重，成了评估体系中较为重要的环节。国内的绿色建筑评估体系与国外体系在这一方面的关注程度上基本一致，这也从另一个角度说明室内环境质量问题已经得到了越来越多的人的关注。

前文所述的几个绿色建筑评估体系对室内空气污染物的限量以及这些污染物的测试方法也不尽相同。从对象上可分为针对室内空气中有害物限量要求和室内材料物品所含有害物限量要求。LEED体系对这两个因素分别作了规定，而《绿色建筑评价标准》GB/T 50378—2006仅对室内空气中有害物限量做了要求。美国的LEED体系对室内空气中的甲醛、颗粒物、TVOC、一氧化碳及4-苯基环已烯5类物质的含量进行了规定，并详细规定了检测这些物质的环境要求以及检测方法。在所介绍的我国的体系中对检测环境和方法的要求较之LEED相对粗糙。

还需要着重说明的是，我国的绿色建筑评估体系中关于室内污染物浓度指标的部分均参考了我国现有的国家标准。其中绿色建筑评价标准完全按采用了GB 50325中的要求。值得注意的是，绿色建筑评价标准所参考的国标为强制性标准，也就意味着，被评估的建筑在工程验收时必须通过该标准的要求。也就是说绿色建筑“绿色”与否无法通过室内空气中污染物的含量进行区别。这一点稍显不合理。因为绿色建筑应该是建筑中的“榜样”，各方面的指标可以定得稍微高一些，才能从这个角度为绿色建筑设立一些门槛。

室内材料物品所含污染物的要求方面，LEED比我国的体系要成熟得多。原因是LEED体系采用了更为科学的环境舱测试法对多种VOC进行了含量的限制；而我国的体系要么没有考虑这个部分，要么直接引用了我国对于10种材料污染物含量的国家标准。以木质板材为例，对于甲醛的测试采用的钻孔萃取法或干燥器法目前都被认为是不科学的方法，因为这样的测试并不能真实反映木材的实际散发状况。

7.5 小　　结

本章主要介绍了国内的《绿色建筑评价标准》GB/T 50378—2006及其修编稿、《绿色办公建筑评价标准》(征求意见稿)、《绿色医院建筑评价技术细则》(报批稿)，以及国际上美国LEED-NC和日本CASBEE-新建评价标准中关于室内空气质量的内容，并重点比较了国内外标准的评分方法和各标准关于室内空气品质的评价内容。各标准或因各国国情的不同，或因建筑类型的不同，所关注的评价内容在不同程度上有相应的差别，但都将室内环境质量作为评估过程中一个重要指标来考察，是绿色建筑中不可或缺的一部分。

参考文献

[1] GB/T 50378—2006，绿色建筑评价标准［S］. 北京：中国建筑工业出版社，2006.

[2] 《绿色建筑评价标准》(修订稿)，2013.

[3] 《绿色办公建筑评价标准》(征求意见稿)，2011.

[4] 《绿色医院建筑评价技术细则》(报批稿)，2011.

[5] USGBC，Green building rating system for new construction & major renovations (LEED-NC)，Version 2.2. US Green Building Council (USGBC)，2004.

[6] USGBC，Green building rating system for new construction & major renovations (LEED-NC)，Version 2009. US Green Building Council (USGBC).

[7] 日本可持续建筑协会编著，石文星译. 建筑物综合环境性能评价体系——绿色设计工具［M］. 北京：中国建筑工业出版社，2005.

8 “十一五”期间我国建筑室内环境科技成果

上海世博会沪上·生态家

源自：韩继红等. 沪上·生态家解读. 中国建筑工业出版社，2010.

建筑室内环境极大地影响着人们的生活质量、健康水平和生产效率，是衡量一个国家或地区经济发展和人民生活水平的重要指标，是建筑业可持续发展关键技术体系的重要组成部分。中国过去20多年快速的现代化和城镇化进程，导致了中国城市的室外环境和室内环境经历了最急剧的变化。当务之急是如何充分认识这种变化过程中一些重要室内环境问题及其健康危害，尽量借鉴发达国家的经验和教训，避免犯他们犯过的错误，并探寻具有我国特色、行之有效的室内环境污染控制策略和措施，降低健康风险。在此背景下，“十一五”期间我国在建筑室内环境领域加强了对科技研发的支持力度，科技部会同建设部等部委分别组织实施了国家科技支撑计划“城镇人居环境改善与保障关键技术研究”和国家高技术研究发展计划“室内典型空气污染物净化关键技术与设备”等重大研究项目，项目团队研制了一系列新技术、新产品，取得了丰硕的成果。

8.1　污染源散发测试

（1）空气质量测试舱

项目团队研制了直流式 30m³、大型室内空气质量测试舱（图 8-1 和图 8-2）。采用风机为动力源的直流系统，简化了系统形式和建造工艺，克服了以往采用回风系统带来的加工工艺复杂、建造成本较高等问题。系统背景浓度均符合 ASTM 标准要求，填补了国内高精度大型室内空气质量测试舱空白，为测试舱性能标定，建材、家具、净化器等多种产品性能检测，以及室内空气污染控制技术的研发提供了坚实的硬件基础。

图 8-1　上海市建筑科学研究院超净大型室内空气质量测试舱

图 8-2　清华大学大型室内空气质量测试舱

项目团队研制了满足 ASTM D 5116 标准要求的小型室内空气质量测试舱系统（图 8-3），能够同时进行多个小型测试单元的测试，可根据实际需要增减测试单元的数量，调控更加灵活方便；通过风机和静压箱的配合使用，保证了常规低压流量计使用的灵活性和可靠性；利用一套温湿度和空气洁净度处理系统统一调控多个测试单元的供气，相比国际同类产品，整套装置的成本降低70%以上，为室内材料、物品污染物散发测试舱检测法的有效推广奠定了关键基础。

图 8-3 小型室内空气质量测试舱系统

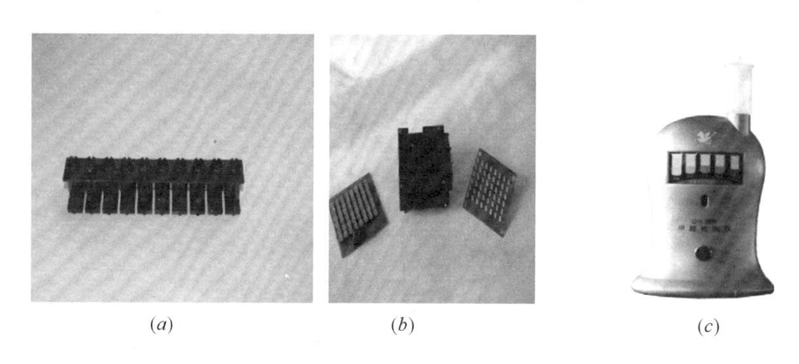

(a) (b) (c)

图 8-4 比色装置与甲醛检测仪

(a) 连体式比色装置；(b) 48通道阵列式比色装置；(c) 甲醛检测仪

(2) 空气污染检测装置与仪器

项目团队发明了一种具有集束式光源/单色器的比色装置（图8-4a与b），可将28个不同波长的超高亮发光二极管采用蜂窝结构既做光源，又做单色器。可实现光源、单色器、比色池和检测器四个分件结合成一个模块化的比色装置，将检测样品由原来的20个增加到80个以上。由于模块化，可一次性插入，无可动部件，提高了检测的精度和检测时效性。此外，采用多个模块组合叠加技术，可实现更多样品的同时检测。

项目团队研制了苯系物现场快速检测仪、新式气泡吸收器和便携式甲醛检测仪（图 8-4*c*），并形成生产线。解决了现行国家标准检测方法周期长、速度慢等问题，该成果一方面提高了检测效率，另一方面与国家标准形成互补，可广泛应用于低成本、快速、半定量检测中，从而为空气检测进入百姓家庭提供了支持。

（3）建材 VOCs 散发检测方法

研究表明建材中 VOCs 的散发过程及其对室内环境的污染情况受四个散发关键参数控制，即：建材中 VOCs 初始可散发浓度 C_0，VOCs 在建材中的扩散系数 D_m，VOCs 在建材和空气界面的分配系数 K，建材表面处的对流传质系数 h_m。如果通过环境舱测定了上述参数，就可以借助于数学模型来预测实际环境或者环境舱中某一时刻建材 VOCs 的散发特性（浓度、散发速率等），进而可以方便地对建材质量进行评价和分级。在“十一五”项目的研究过程中，遵循这一思路提出了建材散发检测方法，多气固比建材 VOCs 散发检测等方法[1-3]。检测方法的原理如下。

当实验室中存在多个相同规格的环境舱时，将不同体积的同种建材分别放入各个环境舱中，让其同时并行散发。当散发过程达到平衡时，不同体积建材的环境舱（对应于环境舱体积与建材体积之比 R 不相同）将具有不同的平衡浓度（图 8-5），根据 VOCs 质量守恒，可建立如下关系式：

$$\frac{1}{C_{\text{equ},i}}=\frac{1}{C_0}R_i+\frac{K}{C_0}\quad(i=1,2,\cdots)\tag{8-1}$$

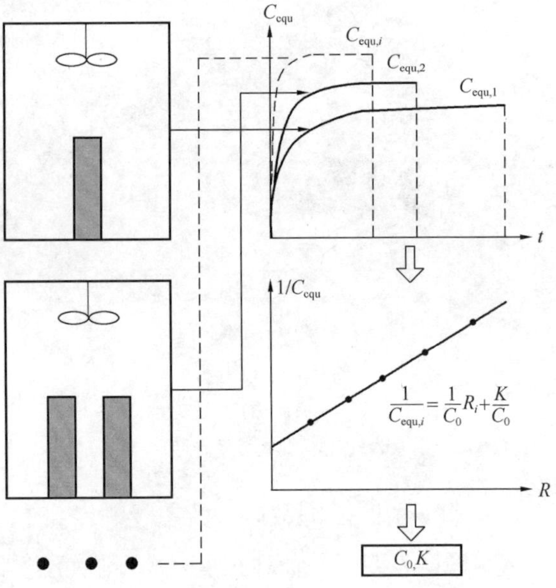

图 8-5　多气固比法测定原理示意图

式中，R_i 为第 i 个环境舱中舱体积与建材体积之比；$C_{\text{equ},i}$ 为该舱中的 VOCs 平衡浓度。

因此，如果用上式对实验数据线性拟合，然后就可以根据斜率和截距获得 C_0 和 K。该方法的最大优点在于，在环境舱充裕的条件下，所有散发实验可以同时进行，从而大大地缩短实验时间。对于一系列并行实验，R 值最大的环境舱其达到平衡所需要的时间最长，但通常也不超过 24h，这使得多气固比法非常便于工程应用。

8.2 过程控制

8.2.1 中央空调净化单元组件

项目团队针对空调系统冷却盘管、滴水盘、风道产生细菌繁殖并传播的问题，集成前期研发的新型高效吸附技术、抗菌技术、常温催化及光催化等净化技术研发了具有净化功能和杀菌功能的新型空调系统组件，如图 8-6 所示。通过在粗效过滤网、中效过滤网上负载抗菌材料，并结合紫外线强化杀菌手段，主动杀菌与被动抑菌相结合，大大提高设备的效率和寿命，实现了技术上的耦合强化，具有抗菌和综合去除室内灰尘、甲醛、VOCs、细菌等各种污染物的能力。结构上采用组件化方式，突破了进行简单拼接而导致系统阻力大的问题，并具有易于拆装、便于维修、高效节能的特点。解决了目前空调系统只具备对大颗粒的低效过滤、缺乏空气净化功能或者只有单一的净化功能而对各种复合污染物无能为力的问题，为较大规模的室内空气品质改善（如公共场所）提供了一种解决方案，具有很强的实用性和通用性。

8.2.2 中央空调甲醛和苯系污染物净化模块

中央空调要求甲醛和苯系污染物净化模块具有低阻力和高效净化功能。中央空调甲醛净化单元采用新型蜂窝状净化模块，如图 8-7 所示，实现了低风阻高效率。苯系复合污染物净化模块通过优化净化材料的组装结构，如图 8-8 所示，扩大了受风面积，降低了气流阻力，为在中央空调中应用提供了实用化条件。上述中央空调净化单元在实际空调机组上进行了试装和试运行，通过实际送风量测试表明，该系列净化单元能够较好地应用于中央空调风系统中。目前，该中央空调净化功能模块已在北京市密云县工业开发区建立了生产线（图 8-9），占地面积 1000m^2。

图 8-6 中央空调空气过滤单元组件

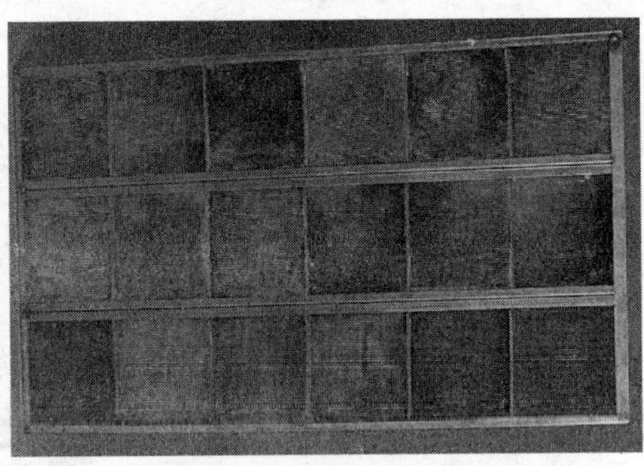

图 8-7 新型蜂窝状净化模块

图 8-8 苯系复合污染物净化模块

图 8-9 中央空调净化功能模块生产线

8.3 末端治理

8.3.1 新型净化材料

针对室内典型复合污染物的治理，项目团队研制了一系列高性能的吸附、催化、吸附催化一体化材料（见图 8-10），在室内空气净化方面显示了良好的应用前景。研发的金属铬有机复合吸附材料的比表面积高达 5346 m^2/g，对苯的静态吸附量可达 1293 mg/g，具备了良好的抗湿性，湿度在 90%以下对苯的动态饱和吸附量仍可达 650 mg/g，尤其适用于室内气体污染的吸附净化；以有机膨润土为基料，开发了多孔黏土异构吸附材料和 ZD-1 型黏土基碳复合吸附材料，其中多孔黏土异构吸附材料比表面积达 740 m^2/g，孔容达 0.75 cm^3/g，接近或高于普通活性炭。该材料对苯、四氯化碳等典型 VOCs 的吸附能力在中高浓度时优于活性炭，对苯的吸附量达到 600 mg/g，对四氯化碳的吸附量达到 760 mg/g；在光催化材料制备方面也取得重要进展，开发的 TiO_2 纳米管阵列材料，光催化降解醛酮等污染物的量子产率比 Degussa P25 TiO_2 光催化降解提高 3～5 倍。以上新型材料均在示范研究样机中得到应用，在室内空气净化方面显示了巨大的前景。

图 8-10 新型净化材料

8.3.2 新型抗菌材料

从目前我国整体情况看，抗菌产品尚处于发展阶段，对银系列抗菌剂的研究开发尤其不足，例如银离子应用中的变色问题仍未解决，生产规模和能力仍然不足。项目团队将无机银离子抗菌材料的研制作为重点（见图 8-11），以期解决其关键科学和技术问题，实现产业化生产和应用。在无机银系抗菌材料制备方面取得系列突破：①形成层状磷酸盐载体制备的创新工艺与专利技术。以水溶性无机盐、磷酸为原料，采用无机酸为反应络合剂，通过优化反应动力学，实现了在常压、低温条件下合成层状磷酸锆载体，反应周期短（2h）、产物收率高（99%以上）。②发明了一种酸碱调控－络合离子交换机制，突破了层状磷酸盐与银离子交换周期长、交换率低的关键问题，实现了在 2h 内离子交换率可达到 99%以上的目标。③通过引入烧结助剂和“价态稳定机制”，解决了银离子变色的难题，形成了核心专利技术。整体工艺生产成本低、产品性能优异，对大肠杆菌、金黄色葡萄球菌、白色念珠菌等抗菌率均在 99%以上，为产业化打下坚实的基础，在材料设计与构效关系研究基础上，创新材料制备的工艺，将银系无机抗菌材料层状载体的制备周期由文献报到的 12h 缩短为 2h，回收率由文献报到的 90%提高到 99%，大大降低了生产成本，突破了规模化生产的瓶颈，建成了年产 1500 吨的规模生产线。

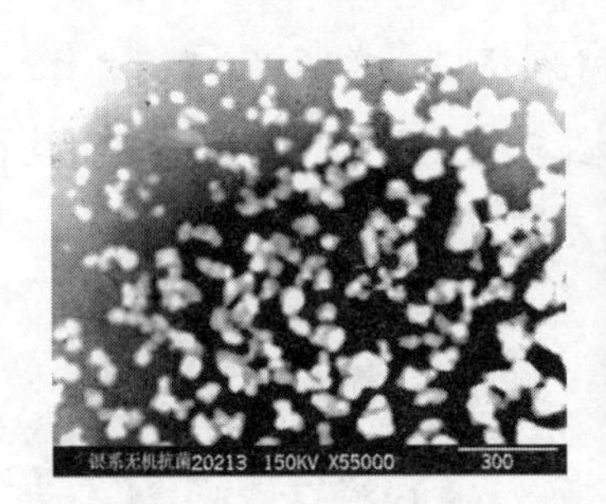

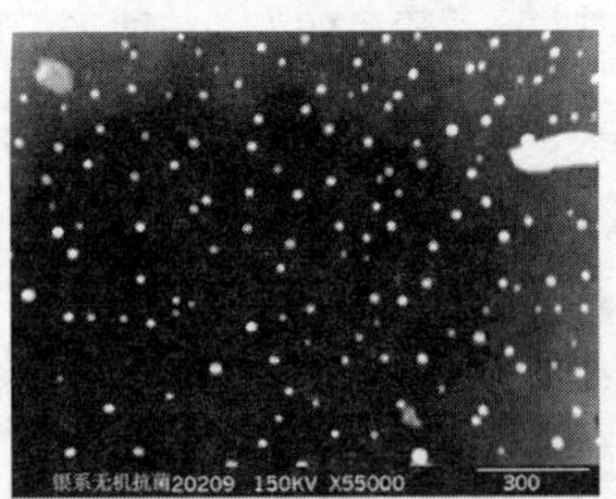

图 8-11 银系无机抗菌材料扫描电镜图

项目团队制备了沸石和硅藻土多孔性抗菌材料载体，并利用其良好的吸附性能，制备了锌系抗菌材料，抗菌率达 99%，并建立新型抗菌剂年产 500 吨生产线；设计完成抗菌性能达 99%，适用于中央空调管道内的有机-无机纳米复合抗菌涂料，达到规模生产能力；通过有机-无机的抗菌材料的不同复合机制，将无机的缓释效果与有机的高效功能结合，制备出系列具有缓释高效性能的新型抗菌材料。为了制备高效的空气微生物杀灭材料，利用 TiO_2 的光催化效果和负电性，制备了具有主动吸附微生物功能的二氧化钛纳米管阵列，并在管腔内吸附了银离子，制备了既具备主动吸附空气中微生物，又具有良好抗菌性能的纳米抗菌材料。经抗菌材料检测中心测试，材料抗菌率达 96.5%，在直径为 1cm 管壁生长纳米管阵列的管内，一次空气除菌率可达 43%。此外，全面分析研究了抗菌材料的检测方法，制定颁布了国家标准《纳米无机抗菌材料性能检测方法》GB/T 21510—2008，对推动行业发展、规范市场产品具有重要意义。

8.3.3 室温催化氧化甲醛技术

项目团队研制了室温净化甲醛的贵金属负载型 TiO_2 催化剂，发现贵金属催化剂间不同的氧化活性使反应停留在不同阶段，因而展示出不同的室温催化氧化甲醛活性，其中负载 Pt 的催化剂活性最高。Pt/TiO_2 催化剂可在高空速下转化甲醛为无害的水和二氧化碳，反应完全按照化学计量进行。Pt/TiO_2 催化剂在国际上首次实现了常温下对甲醛的非光催化完全氧化。这种催化材料无需能耗，在室温及各种湿度条件下可将甲醛气体完全转化成无害的水和二氧化碳，具有净化效率高、应用寿命长、无需光照等优势，是目前最新最有应用前景的净化甲醛技术。通过对 Pt/TiO_2 粉体催化剂混合、溶液旋蒸、干燥、焙烧、活化、制浆、涂覆等步骤在蜂窝陶瓷等载体上制成实用型 Pt/TiO_2 催化剂模块，并组装成甲醛净化功能组件。

基于空气净化技术和净化材料的研究成果，建立了从催化剂原料、净化功能组件到空气净化器的整套生产工艺，规模化生产了不同规格的空气净化器（图 8-12），并已上市销售。作为甲醛净化催化材料和室内空气净化器的科研开发和产业化基地，北京亚都产业化基地的生产能力达到年产 10 万台空气净化器。经第三方清华大学建筑环境检测中心对四款新技术空气净化器产品进行检测（30 m^3 标准测试舱，温度 25℃，湿度 50%）：当初始甲醛浓度超国标 14 倍情况下，四款新技术空气净化器开机净化 6 小时后，甲醛浓度都可降低到国标 0.1 mg/m^3 以下。与国外品牌空气净化器净化甲醛性能对比，本项目的室温催化净化器对甲醛的净化效率

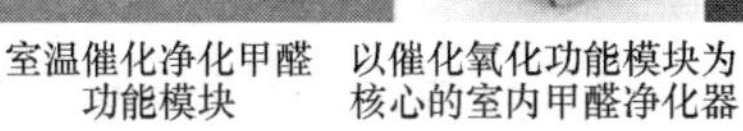

室温催化净化甲醛功能模块　以催化氧化功能模块为核心的室内甲醛净化器　奥运附属设施内催化净化甲醛示范装置

图 8-12　室温甲醛催化氧化技术应用

明显高于其他以吸附技术为主的国外品牌净化器。项目研制的系列甲醛室温催化氧化室内空气净化器成为市场的主流产品，成功应用到2008年北京奥运会场馆的空气质量保障项目中。

8.3.4 空气净化器

应用新的空气净化模块的研究成果开发了空气净化器产品“醛·净360”和KZ301型空气净化器（见图8-13)。该空气净化模块，采用球形—溶胶法成型的球形γ氧化铝载体，可以很好地解决多种空气污染物问题。经检测，KZ301型空气净化器对甲醛、苯、可吸入颗粒物的净化效率分别为98%、91%和100%（未检出)，并通过了国家家用电器质量监督检验中心的风量、噪声和安全项目的检验。测试表明，该两款净化器对甲醛的净化性能优异，同时也充分考虑了可吸入颗粒物和苯、甲苯等VOCs的净化要求，是比较全面的高效率空气净化器产品。

(*a*)

(*b*)

图8-13 空气净化器

(*a*) 醛净360；(*b*) KZ301型

8.4 示 范 工 程

8.4.1 沪上·生态家

“沪上·生态家”位于2010年上海世博会城市最佳实践区北部街坊，作为一座展示未来人居的都市住宅体验馆，是代表上海城市参展的唯一实物案例[4]（图8-14)。

“沪上·生态家”建筑面积3147m^2，地上4层，地下1层，采用因地制宜的设计原则和自主创新关键技术，以“生态建造、乐活人生”为主题，以“节能减排、资源回用、环境宜居、智能高效”为理念，形成了应对“夏热冬冷地区、高密度、大城市”的地域特点，并可供全球城市交流、借鉴、推广的适宜技术体系。

该示范工程在室内环境质量控制的功能定位上是一个多区域的环境控制技术应

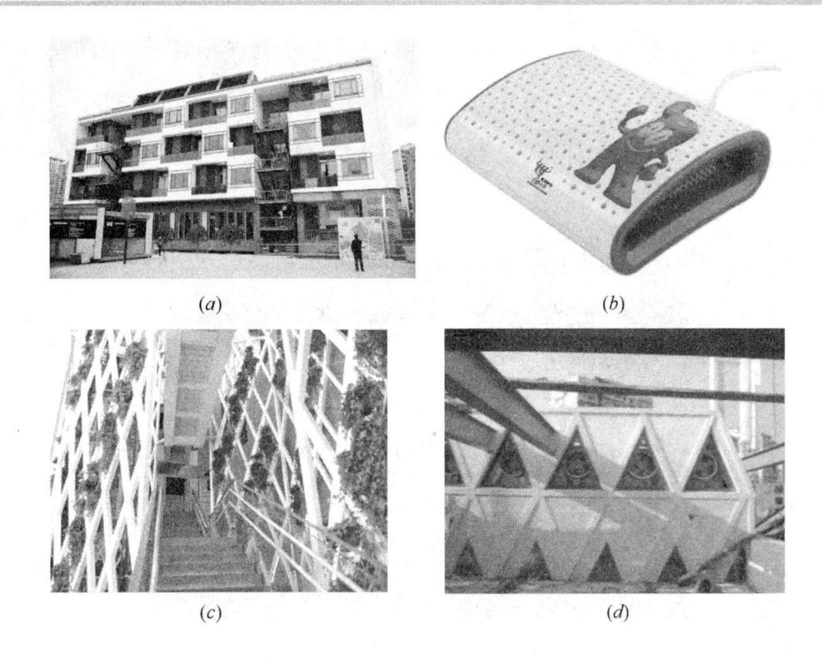

图 8-14 “沪上·生态家”实景图局部图

(a)：“沪上·生态家”实景图；(b) 净化 VOCs 和细菌功能的室内空气净化器；

(c) 中庭单元式绿化；(d) 顶部辅助排风

用，它不仅包括提供参观展览服务的公共空间，更重要的是还包含了提供老年人、儿童等对环境有特殊要求人群的生活起居空间。针对沪上生态家不同功能区域对室内空气质量需求的差异性，制定了分层次分类别的控制目标。针对该控制目标，在控制方法的选择和优化组合方案上，在通用区域内，源头上采用低污染物散发的装修材料，通风上采用被动设计实现自然通风，汇控制上采用室内具有净化功能的立体绿化；针对老人、儿童等对环境有更高要求的人群活动区域，除上述实施被动式的控制方法以外，还采用了主动式的净化装置，进一步提升了局部空间的室内空气质量。正是这种分层次分类别的目标定位，低成本低能耗的优化控制方法集成，最终使“沪上·生态家”的综合室内空气质量得到保障，实现室内空气质量参数达标率 100%，圆满实现了“环境宜居”的设计目标。

8.4.2 奥运幼儿园

该建筑是为展示北京奥运会“绿色、科技、人文”三大理念而建造，目标是建成赛会期间的“三大理念展示中心”、赛后的生态幼儿园建筑（能够为儿童提供一个舒适、健康、活泼的教育成长环境）和节能示范建筑（图 8-15）。奥运村幼儿园微能耗楼总建筑面积 3067m^2，其中托幼总建筑面积为 2000m^2，社区管理用房总建筑面积为 982m^2；地上总建筑面积为 2982m^2，局部地下设备机房建筑面积为 85m^2。

图 8-15　奥运村幼儿园实景图及局部图

（*a*）奥运村幼儿园建成后的鸟瞰图；（*b*）辅微循环通风器；（*c*）幼儿园可开启外窗；（*d*）自然通风中庭；（*e*）无动力自然通风风帽

奥运村幼儿园采用可控的通风方式控制室内空气品质：可控制开启角度外窗，能够实现不同的自然通风量，从而保障室内环境；微循环技术实现通风换气，保证足够的换气量，避免室内装饰材料释放的有害气体长期缓释对人体造成的危害；通风中庭与安装在外窗下面的窗式自然通风器以及建筑的排风系统，构成了室内的循环系统，保证室内空气品质；经处理过的新风以置换通风的形式高效送入工作区，从而能够有效去除工作区内的湿负荷以及稀释区域内的污染物，保障工作区的良好空气品质。

奥运村幼儿园作为整个奥运村的一部分，也协助奥运村获得了多项大奖。具体获奖情况如下：2008 年，美国财政部长鲍尔森先生为北京奥运村颁发“能源与环境设计先锋金奖”，肯定了奥运村在绿色建筑上所作的贡献；2009 年 3 月获“北京市奥运工程科技创新特别奖”；2009 年 3 月获“北京市奥运工程环境保护技术进步奖”。

8.5 总 结 与 展 望

“十一五”期间我国对人居环境的保护和改善日益重视，加大了科技投入并取得了一定的成绩。通过重大研究项目的带动，基本建立和完善了建筑室内环境保障技术体系，制定和颁布了一系列标准规范，借助科技示范工程建设，有效跨越“先污染后治理，边污染边治理”的老路，整体提升了城镇人居环境质量水平。但是与国外发达国家相比较，在关键技术研究和集成创新等方面仍然存在着一定的差距。具体表现在：（1）甲醛、VOCs 等典型污染物未得到完全控制，建筑结构性污染和家具等用品性污染突出；（2）SVOCs 等新型污染物污染危害逐渐凸显，健康效应及其控制技术基础研究不足；（3）颗粒物及其复合污染物耦合特性研究的匮乏导致当前控制技术相对落后。

建筑室内健康环境保障与改善已成为社会迫切需求、百姓特别关心、政府非常关注的一个问题。由于目前室内环境污染依然严峻，因此基于“十一五”既有研究基础，亟需加大力度持续、深入地开展室内环境健康保障与改善关键技术系统化、规模化研究。在可持续发展观念日渐普及的新形势下，必须走以人为本的高效生态发展模式，依靠科技创新、技术进步，应对人居环境面临的压力，遏制恶化趋势，力争在“十二五”末，实现建筑室内污染有效控制，实质性推动我国相关产业的健康发展。

参 考 文 献

[1] Wang X K and Zhang Y P. A new method for determining the initial mobile formaldehyde concentrations, partition coefficients and diffusion coefficients of dry building materials. Journal of the Air & Waste Management Association, 2009, 59: 819-825.

[2] Xiong J Y, Chen W H, Smith J F, et al. An improved extraction method to determine the initial emittable concentration and the partition coefficient of VOCs in dry building materials. At-

mospheric Environment, 2009, 43: 4102-4107.

[3] Xiong J Y, Yan W, Zhang Y P. Variable volume loading method: a convenient and rapid method for measuring the initial emittable concentration and partition coefficient of formaldehyde and other aldehydes in building materials. Environmental Science & Technology, 2011, 45: 10111-10116.

[4] 韩继红,张颖.沪上·生态家解读.北京:中国建筑工业出版社,2010.

附录1

《中国环境科学学会室内环境与健康分会》简介

学会名称：本学会的名称为中国环境科学学会室内环境与健康分会，英文译名为 Indoor Environment and Health Branch, Chinese Society for Environment Sciences，英文缩写为 IEHB。

学会性质：中国环境科学学会室内环境与健康分会是中国环境科学学会的分支机构，2008年正式得到国家民政部批准成立。由致力或关心室内环境与健康的个人或团体组成的群众性学术团体。主要支持单位是中国科学技术协会、国家环境保护总局及中国环境科学学会。

学会宗旨：

1. 推动室内环境科学及工程的开展、科研，产品研发促进室内环境与健康多学科的创新性发展，协助制定和宣传有关室内环境的政策和法规，重视对政府机构和会员的咨询和信息交流；

2. 推广室内环境控制科技成果的应用、开展室内环境治理及控制技术的学术交流和培训，普及并宣传室内环境控制知识；

3. 加强与相关国际组织的合作、促进国际与地区性室内环境学术组织的联系和交往。

历史沿革：20世纪90年代初，随着我国经济的快速发展，新建建筑大量涌现，住宅建筑装饰装修材料和人造板家具造成的室内空气污染对人体健康造成危害。为深入了解室内环境污染与公众健康安全状况，推动我国室内环境与健康事业的发展，2001年5月，在昆明召开了“首届室内环境质量学术研讨会”，会上来自全国不同机构的88位学者成立了“中国科学技术委员会工程联合会室内环境专业委员会”，现在的“中国环境科学学会室内环境与健康分会”是在此基础上发展起来的。

分会成员来自高校、研究机构、管理机构、企业等单位（包括中国台湾、中国香港的相关单位），是我国室内环境与健康领域各方面人才最广泛的交流平台。分会建立以来逐年扩大，会员中现有顾问院士 8 名，特聘专家 7 名，委员 83 名。2012 年为充分发挥青年工作者在我国室内环境与健康领域的重要作用，分会成立了青年委员会，以鼓励青年学者为分会的发展与建设贡献力量。分会成立以来，积极开展国内外学术交流与研讨，除每年度举办学术沙龙外，每两年主办召开一次综合性学术年会，以推进学科交叉，活跃创新思想、推进多方合作。分会与中央电视台举办室内空气污染咨询节目；与北京电视台合作举办了“关注室内环境，健康从空气开始”大型公益活动；相继在全国开展多城市的室内空气质量与健康调查；出版科普书籍和学术专著；积极开展室内环境与健康科技咨询与科普宣传活动，举办家装大讲堂，接受媒体专访，解答公众关心的热点问题，为相关企业进行业务培训与指导，受到企业和市民的欢迎与好评。

学会出版物：为了推动我国室内环境与健康事业的发展，分会于 2012 年组织多名专家共同编著了第一本《中国室内环境与健康研究进展报告 2012》正式出版，2014 年出版了第二本研究进展报告。为保持本研究报告的连续性分会将不定期的相继出版以供读者参考。本报告从不同的学科视角聚焦当代环境与健康领域的实际需求，本着国际视野和本土研究的愿景，促使“室内环境与健康”领域的理论与实践能在更高层面紧密结合，为进一步开展室内环境与健康研究提供有用资料，具有一定的参考价值。

中国环境科学学会室内环境与健康分会敞开大门，面向社会，真诚欢迎企业和各方人士加入到我们的队伍中来，共同为推动中国室内环境与健康事业的发展做出贡献！

挂靠单位：北京大学环境科学与工程学院

秘 书 处：清华大学建筑技术科学系

联系方式：清华大学建筑技术科学系

地　　址：清华大学建筑技术科学系旧土木工程馆 233 房间

邮　　编：100084

电　　话：010-62773417

联 系 人：刘馨悦

电子邮箱：liuxinyue1230@mail.tsinghua.edu.cn

分会网站：http://www.chinacses.org/cn/chinaiehb/iehb.html

附录 2

相关国家标准索引

1. $PM_{2.5}$控制标准

1.1 美国 $PM_{2.5}$控制标准

美国国家环境保护局于 1971 年 4 月 30 日首次制定发布了《国家环境空气质量标准》(National Ambient Air Quality Standards，NAAQS)。自 1971 年首次制定颗粒物环境空气质量标准后分别于 1987 年、1997 年、2006 年和 2012 年进行过四次修订。

美国颗粒物（$PM_{2.5}$）空气质量标准制修订情况　　附表 1

时间	标准类别	项目指标	平均时间	浓度限值（μg/m³）	达标统计要求
1997 年	一级和二级	PM2.5	24h	65	98%分位数，三年平均
			一年	15.0	年算数平均值，三年平均
2006 年	一级和二级	$PM_{2.5}$	24h	35	98%分位数，三年平均
			一年	15.0	年算数平均值，三年平均
2012 年	一级	$PM_{2.5}$	一年	12.0	年算数平均值，三年平均
	二级		一年	15.0	年算数平均值，三年平均
	一级和二级		24h	35	98%分位数，三年平均

注：98%分位数为一年中 $PM_{2.5}$ 24h 平均浓度的第 98 百分位对应的浓度值。

1.2 欧盟及其成员国 $PM_{2.5}$控制标准

2008 年 5 月，欧盟发布《关于欧洲空气质量及更加清洁的空气指令》，新标准规定了 $PM_{2.5}$的目标浓度限值，暴露浓度限值和消减目标值（AEI）。

欧盟制定的 $PM_{2.5}$目标浓度限值、暴露浓度限值和消减目标值　　附表 2

项目	质量浓度（μg/m³）	统计方式	法律性质	每天允许超标天数
$PM_{2.5}$目标浓度限值	25	1 年	于 2010 年 1 月 1 日起施行，并将于 2015 年 1 月 1 日起强制施行	不允许超标
$PM_{2.5}$暴露浓度限值	20[1)]	以 3 年为基准	在 2015 年生效	不允许超标
$PM_{2.5}$消减目标值	18[2)]	以 3 年为基准	在 2020 年尽可能完成消减量	不允许超标

注：1）为平均暴露指标（AEI）；2）根据 2010 年的 AEI，在指令中设置百分比消减要求（0～20%），从而计算得到。

1.3 世界卫生组织（WHO）的 $PM_{2.5}$ 控制标准

2006年10月6日，WHO发布了适合全球的最新《空气质量标准》（AQG）。该标准确定了 $PM_{2.5}$ 的标准值，提出了 $PM_{2.5}$ 的三个过渡时期的目标值。

WHO制定的 $PM_{2.5}$ 标准值和目标值 **附表3**

项目		统计方式	PM10 ($\mu g/m^3$)	$PM_{2.5}$ ($\mu g/m^3$)	选择浓度的依据
目标值	IT-1	年均浓度	70	35	相对于标准值而言，在这个水平的长期暴露会增加约15%的死亡风险
		日均浓度	150	75	以已发表的多项研究和Meta分析中得出的危险度系数为基础（短期暴露会增加约5%的死亡率
	IT-2	年均浓度	50	25	除了其他健康利益外，与IT-1相比，在这个水平的暴露会降低约6%的死亡风险
		日均浓度	100	50	以已发表的多项研究和Meta分析中得出的危险系数为基础（短期暴露会增加2.5%的死亡率）
	IT-3	年均浓度	30	15	除了其他健康利益外，与IT-2相比，在这个水平的暴露会降低约6%的死亡风险
		日均浓度	75	37.5	以已发表的多项研究和Meta分析中得出的危险度系数为基础（短期暴露会增加1.2%的死亡率）
标准值		年均浓度	25	10	对于 $PM_{2.5}$ 的长期暴露，这是一个最低安全水平，在这个水平，总死亡率、心肺疾病死亡率和肺癌死亡率会增加（95%以上可信度）
		日均浓度	50	25	建立在24h和年均暴露安全的基础上

1.4 我国的 $PM_{2.5}$ 控制标准

我国环境控制质量标准GB 3095首次发布于1982年，分别经过1996年和2000年和2011年的三次修订。

环境空气污染物基本项目浓度限值变更对照表　　**附表 4**

项目	平均时间	浓度限值				单位	备注
		一级		二级			
		新	现行	新	现行		
SO_2	年平均	20	20	60	60	μg/m³	不变
	24h 平均值	50	50	150	150		
	1h 平均值	150	150	500	500		
NO_2	年平均	40	40	40	40		
	24h 平均值	80	80	80	80		
	1h 平均值	200	200	200	200		放松
CO	24h 平均值	4	4	4	4	mg/m³	不变
	1h 平均值	10	10	10	10		
O_3	日最大 8h 平均	100	/	160	/	μg/m³	新增
	1h 平均值	160	120	200	160		放松
颗粒物（PM_{10}）	年平均	40	40	70	100		收紧
	24h 平均值	50	50	150	150		不变
颗粒物（$PM_{2.5}$）	年平均	15	/	35	/		新增
	24h 平均值	35	/	75	/		

* 注："新"表示 GB 3095—2012，"现行"表示 GB 3095—1996。

1.5　国内外颗粒物卫生标准

美国职业安全与卫生标准、美国政府工业卫生委员会、德国职业健康协会标准给出的是工业环境中颗粒物的极限值。美国环境空气质量标准等给出的是一般环境中颗粒物浓度标准，中国香港针对的是办公建筑与公共场所的可吸入颗粒物的限制。

国内外室内颗粒物标准对照（单位：mg/m³）　　**附表 5**

国内外空气质量标准	$PM_{2.5}$		PM_{10}	
	年平均	日平均	年平均	日平均
美国环境空气质量标准（2000 年）	0.015	0.065	—	0.15
美国职业安全与卫生标准	5	—	—	—
德国职业健康协会（2000 年）	1.50	＜4μm	4	
加拿大住宅极限标准（1995 年）	0.10（1 小时平均）	0.040	—	

续表

国内外空气质量标准	$PM_{2.5}$		PM10	
	年平均	日平均	年平均	日平均
美国工业卫生委员会（2011年）	3	—	10	
中国香港空气质量标准（2003年）	—	—	0.055	0.18
中国室内空气质量标准（2002年）	—	—	—	0.15
澳大利亚环境空气质量标准（2003年）	0.008	0.025	—	0.05
新西兰环境空气质量指导（2000年）	—	—	0.04	0.12

2. 室内装饰装修材料木家具中有害物质限量标准

国家标准《室内装饰装修材料木家具中有害物质限量》GB 18584—2001于2001年发布首次实施。

标准中有害物质限量值　　附表6

有害物质		限量值（mg/m^3）
甲醛		≤0.10
VOC	苯	≤0.11
	甲苯	≤0.20
	二甲苯	≤0.20
	TVOC	≤0.60

3. 车内空气质量标准

3.1 我国国家标准《乘用车内空气质量评价指南》GB/T 27630—2011

为保障车内空气质量，国家标准GB/T 27630—2011《乘用车内空气质量评价指南》于2011年发布实施。

车内空气中有机物浓度的含量（《乘用车内空气质量评价指南》GB/T 27630—2011限值）

附表7

序号	项目	浓度单位（mg/m^3）
1	苯	≤0.11
2	甲苯	≤1.10

续表

序号	项目	浓度单位（mg/m^3）
3	二甲苯	≤1.50
4	乙苯	≤1.50
5	苯乙苯	≤0.26
6	甲醛	≤0.10
7	乙醛	≤0.05
8	丙乙烯	≤0.05

3.2　日本 JAMA 降低 VOC 自主行动计划

日本 JAMA 建议采用日本厚生劳动省规定的室内空气污染物浓度指导值作为评价整车车内空气质量的限值。日本室内空气污染物规定了 13 种物质。

厚生劳动省规定的 13 种物质室内浓度指导值（2002 年 1 月规定）　**附表 8**

物质名	室内浓度指导值	主要来源
甲醛	100$\mu g/m^3$（0.08ppm）	胶合板、壁纸等的胶粘剂
甲苯	260$\mu g/m^3$（0.07ppm）	室内装修材料、家具等的胶粘剂、涂料
二甲苯	870$\mu g/m^3$（0.20ppm）	
对二氯苯	240$\mu g/m^3$（0.04ppm）	衣物防虫剂、厕所芳香剂
乙苯	3800$\mu g/m^3$（0.88ppm）	胶合板、家具等的胶粘剂、涂料
苯乙烯	220$\mu g/m^3$（0.05ppm）	隔热材料、浴室组件、榻榻米里材
毒死蜱	1$\mu g/m^3$（0.07ppb）儿童则为 0.1$\mu g/m^3$（0.007ppb）	防蚁剂
邻苯二甲酸二丁酯	220$\mu g/m^3$（0.02ppm）	涂料、颜料、粘合剂
十四烷	330$\mu g/m^3$（0.04ppm）	煤油、涂料
邻苯二甲酸二（2—乙基己）酯	120$\mu g/m^3$（7.6ppb）	壁纸、地板材料、电线护套
二嗪磷	0.29$\mu g/m^3$（0.02ppb）	杀虫剂
乙醛	48$\mu g/m^3$（0.03ppm）	建材、壁纸等的粘合剂
仲丁威（BPMC）	33$\mu g/m^3$（3.8ppb）	白蚁驱虫剂

3.3 韩国《新制造汽车车内空气质量管理标准》

韩国建设交通部制订的《新制造汽车车内空气质量管理标准》是为了针对新制造汽车车内材料挥发的有害物实施适当的管理，以实现安全驾驶和保护国民健康。

新制造汽车车内空气质量基准 附表9

序号	物质名称	浓度限值（$\mu g/m^3$）
1	甲醛	250
2	苯	30
3	甲苯	1000
4	二甲苯	870
5	苯乙烷	1600
6	苯乙烯	300

4. 绿色建筑标准

4.1 我国绿色建筑评价指标体系

国家标准《绿色建筑评价标准》GB/T 50378—2006 于 2006 年发布实施，对住宅建筑和公共建筑分别提出评价指标，指标体系由节地与室外环境、节能与能源利用、节水与水资源利用、节材与材料资源利用、室内环境质量和运营管理六类指标组成。每类指标包括控制项、一般项与优选项。

划分绿色建筑等级的项数要求（住宅建筑） 附表10

等级	一般项数（共40项）						优选项数（共9项）
	节地与室外环境（共8项）	节能与能源利用（共6项）	节水与水资源利用（共6项）	节材与材料资源利用（共7项）	室内环境质量（共6项）	运营管理（共7项）	
★	4	2	3	3	2	4	—
★★	5	3	4	4	3	5	3
★★★	6	4	5	5	4	6	5

划分绿色建筑等级的项数要求（公共建筑）　　附表 11

<table>
<tr><th rowspan="2">等级</th><th colspan="6">一般项数（共 43 项）</th><th rowspan="2">优选项数
（共 14 项）</th></tr>
<tr><th>节地与
室外环境
（共 6 项）</th><th>节能与
能源利用
（共 10 项）</th><th>节水与
水资源利用
（共 6 项）</th><th>节材与材
料资源利用
（共 8 项）</th><th>室内环
境质量
（共 6 项）</th><th>运营
管理
（共 7 项）</th></tr>
<tr><td>★</td><td>3</td><td>4</td><td>3</td><td>5</td><td>3</td><td>4</td><td>—</td></tr>
<tr><td>★★</td><td>4</td><td>6</td><td>4</td><td>6</td><td>4</td><td>5</td><td>6</td></tr>
<tr><td>★★★</td><td>5</td><td>8</td><td>5</td><td>7</td><td>5</td><td>6</td><td>10</td></tr>
</table>

4.2　美国 LEED-NC 评估体系

2005 年 10 月，美国绿色建筑协会推出了适用于新建和重大改建工程的 LEED-NC 2.2 版评估体系，如今已有 LEED-NC 2009 版。LEED-NC 2.2 版评估体系包括场地规划、能源与大气、节水、材料与资源、室内环境品质和创新加分 6 大方面。

两版本 LEED-NC 各评价项目的比重　　附表 12

<table>
<tr><th>版本</th><th>可持续场址</th><th>节水</th><th>能源与大气</th><th>材料与资源</th><th>室内质量</th><th colspan="2">创新</th></tr>
<tr><td>LEED-NC 2.2</td><td>20%</td><td>7%</td><td>25%</td><td>19%</td><td>22%</td><td colspan="2">7%</td></tr>
<tr><td rowspan="2">LEED-NC 2009</td><td rowspan="2">24%</td><td rowspan="2">9%</td><td rowspan="2">32%</td><td rowspan="2">13%</td><td rowspan="2">14%</td><td>创新</td><td>地域
优先</td></tr>
<tr><td>5%</td><td>4%</td></tr>
</table>

4.3　日本 CASBEE 中对室内空气质量的要求

CASBEE 体系分别从声环境、热环境、光环境和室内空气品质这四个方面对室内环境质量进行评价。

CASBEE 室内环境评价项目及说明　　附表 13

<table>
<tr><th>三级</th><th>四级</th><th></th><th>说　明</th></tr>
<tr><td rowspan="4">室内空气品质</td><td rowspan="4">1. 污染源对策</td><td>1.1　化学污染物质</td><td>评价是否采取了积极而充分的措施来避免化学污染物对室内空气的污染</td></tr>
<tr><td>1.2　矿物纤维对策</td><td>在长期停留的房间中避免使用矿物纤维状产品（石棉、玻璃棉、岩棉等），以防纤维状物质飞散</td></tr>
<tr><td>1.3　螨类与霉菌</td><td>评价在室内装修时采用何种程度的一直螨类、霉菌发生或便于清扫与维护的材料</td></tr>
<tr><td>1.4　军团菌对策</td><td>评价对军团菌极易繁殖的场所，如冷却塔、热水槽等采取的对策</td></tr>
</table>

续表

三级	四级		说　明
室内空气品质	2. 新风	2.1　新风量	评价是否考虑了充足的新风量
		2.2　自然通风性能	评价是否充分设置了可以开启的窗户
		2.3　新风口位置的考虑	评价新风口的设置位置。新风口应尽量做到能引入最优势的外部空气。室外污染源包括汽车、工厂、建筑的排风口和排热口等
		2.4　送风设计	在中央空调系统中，通常新风与回风混合，根据各室负荷大小分配送风量。虽然总新风量满足要求，但有些场所的新风量并不能满足要求。此项评价各室的新风量的达标状况
	3. 运行管理	3.1　CO_2 的监测	评价是否采用了控制 CO_2 含量、实施保证健康的室内空气品质监测系统
		3.2　吸烟控制	评价是否采取了全楼禁烟或设置吸烟室，是否采取了防止非吸烟者被动吸烟的措施及其完善程度

附录3 赞助企业介绍

上海朗诗建筑科技有限公司

朗诗集团创立于2001年12月24日，是一家具有绿色科技特色的股份制绿色集团。经过十多年的发展，朗诗已从一家专业的绿色地产公司转型为以绿建科技能力为核心，集绿建技术服务、绿色地产开发、绿色养老服务和绿色金融服务于一体的纵向多元化的绿色集团公司。

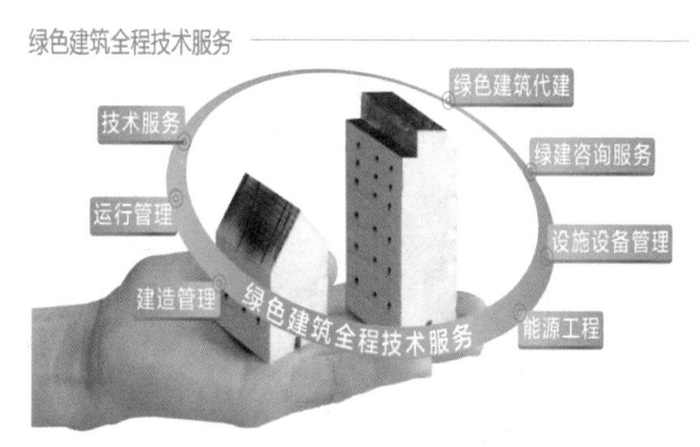

上海朗诗建筑科技有限公司是朗诗集团的全资子公司，其作为朗诗集团的核心业务板块，是国内领先从事绿色建筑研发、设计、技术咨询的专业公司，服务于房地产开发已有10余年成熟经验，已经为20多个项目提供绿色建筑技术的服务，总建筑面积超过300万平方米，其中有12个项目获得国家绿色建筑三星级设计标识，1个项目获得绿色建筑三星级运行标识，目前全国共有2个项目获此标识，1个项目获得房地产开发项目综合性大奖“广厦奖”，1个项目获得环保部“低碳建筑”认证。

公司拥有绿色建筑相关专利近150项，参与多个国家“十一五”、“十二五”课题，以及参与多个行业标准的编制，拥有国内外中高级研发、咨询、设计人员近100名。

公司还建立长兴朗诗研发基地，占地40000平方米。该基地定位为以“房子”为实验对象、开放性的绿色建筑综合应用实验平台。目前已建成的有一栋全木结构的培训楼，在建的项目有与德国被动房事务所合作设计建设的被动房（酒店）以及一栋约3000平方米的综合实验楼。

上海朗诗建筑科技有限公司致力于成为中国最具竞争力的绿色建筑技术集成服务商。

飞利浦中国研究院

飞利浦中国研究院于2000年在上海成立。我们专注于通过突破性的创新提高人们的“健康舒适、优质生活”，我们也特别重视来自新兴市场的挑战。

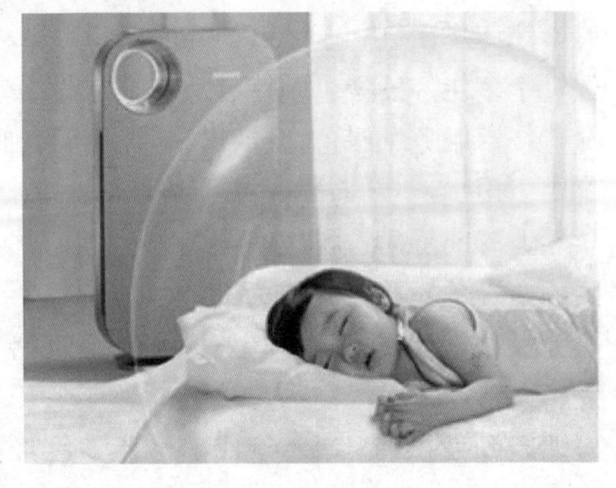

我们通过与业务部门的共同创造，以及与工业界和学术界的伙伴合作，加速创新。我们是飞利浦全球研究机构中不可分割的一部分，与世界各地的飞利浦研究院都有着广泛的合作。

目前飞利浦亚洲研究院有超过160名研发人员，主要从事四个领域的研究：优质生活，医疗保健，光源及控制和照明应用及服务。

优质生活部的目标是通过创新解决方案，满足消费者的需求和促进中国和全球市场的可持续业务增长。其研究领域包括：空气净化，亚洲烹饪技术，包括营养提取及感官质量管理，母婴护理技术。

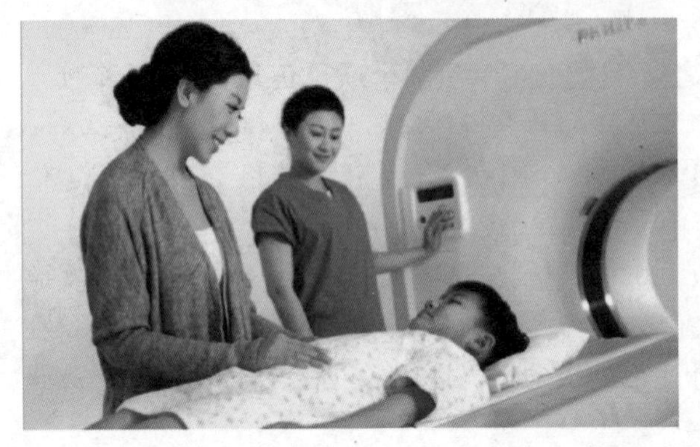

医疗保健部着重研究广泛的一系列针对专业和个人医疗市场的技术和应用。创新的重点是：针对超声与核磁共振的成像技术，慢性病管理和解决方案，医疗信息技术与分析，针对中国市场的社区和家用医疗保健和临床研究，改善睡眠与呼吸的解决方案以及先进的临床研究。

光源及控制部拥有广泛的专业能力和知识，致力于开发富影响力的创新成果，以促进中国和全球专业照明及消费照明业务的可持续增长。目前创新领域为：感应与控制，照明架构及解决方案，智能照明及控制，研究市场的潜在需求，定议实现方法。

照明应用和服务部致力于通过开发创新的照明解决方案以及积极参与本地标准的制定来创造价值。其研究领域包括：智能照明解决方案，医疗LED照明及应用，及汽车二级市场解决方案。

新业务发展部基于以市场为导向的理念，引导研究院的策略和研究方向，寻找和分析新技术和业务趋势。新业务发展部评估研究方案的商业价值，并寻求与外部的合作机遇以加速创新。